高等教育工程造价系列规划教材

工程造价控制

主　编　刘　钦
副主编　张　焕
参　编　葛立杰　龚健冲　梁　涛
　　　　胡云鹏　郑利萍
主　审　关　罡

机械工业出版社

本书在介绍工程造价及工程造价控制的基本概念、建设项目工程造价的构成、工程造价的计算方法及计算依据的基础上，对建设项目决策阶段、设计阶段、招投标阶段、施工阶段、竣工阶段的造价控制内容及方法进行了全面的介绍。本书系统性强，前后知识连贯，便于学习与掌握。

本书可作为高等院校工程造价、工程管理专业的教材，也可供工程设计、施工、管理和咨询等单位的工程造价与工程管理专业人员参考。

图书在版编目（CIP）数据

工程造价控制/刘钦主编. —北京：机械工业出版社，2009.12（2022.7重印）
（高等教育工程造价系列规划教材）
ISBN 978-7-111-29061-2

Ⅰ. 工⋯ Ⅱ. 刘⋯ Ⅲ. 建筑造价管理—高等学校—教材 Ⅳ. TU723.3

中国版本图书馆 CIP 数据核字（2009）第 208976 号

机械工业出版社（北京市百万庄大街22号 邮政编码100037）
策划编辑：冷 彬 责任编辑：冷 彬 隋兰兰 版式设计：张世琴
封面设计：张 静 责任校对：张玉琴 责任印制：邰 敏
北京富资园科技发展有限公司印刷
2022年7月第1版第7次印刷
169mm×239mm · 20印张 · 385千字
标准书号：ISBN 978-7-111-29061-2
定价：48.00元

电话服务 网络服务
客服电话：010-88361066 机 工 官 网：www.cmpbook.com
　　　　　010-88379833 机 工 官 博：weibo.com/cmp1952
　　　　　010-68326294 金 书 网：www.golden-book.com
封底无防伪标均为盗版 机工教育服务网：www.cmpedu.com

高等教育工程造价系列规划教材
编审委员会

主任委员： 齐宝库
副主任委员： 陈起俊
委　　员（按姓氏笔画排序）：

于英乐	于香梅	马　楠	王东欣	王秀燕
王俊安	王炳霞	王　赫	白丽华	刘亚臣
刘　迪	刘　钦	庄　丽	朱　峰	闫　瑾
齐宝库	冷　彬	吴信平	张国兴	张爱勤
李旭伟	李希胜	李锦华	杨会云	邵军义
陈起俊	李顺利	房树田	郑润梅	赵秀臣
都沁军	崔淑杰	曹晓岩	董　立	赖少武

序

伴随着人类社会经济的发展和物质文化生活水平的提高，人们一方面对工程项目的功能和质量要求越来越高，另一方面又期望工程项目建设投资尽可能少、效益尽可能好。随着经济体制改革和经济全球化进程的加快，现代工程项目建设呈现出投资主体多元化、投资决策分权化、工程发包方式多样化、工程建设承包市场国际化以及项目管理复杂化的发展态势。而工程项目所有参建方的根本目的都是追求自身利益的最大化。因此，工程建设领域对具有合理的知识结构、较高的业务素质和较强的实作技能，胜任工程建设全过程造价管理的专业人才需求越来越大。

高等院校肩负着培养和造就大批满足社会需求的高级人才的艰巨任务。目前，全国300多所高等院校开设的工程管理专业几乎都设有工程造价专业方向，并有近50所院校独立设置工程造价（本科）专业。要保证和提高专业人才培养质量，教材建设是一个十分关键的因素。但是，由于高等院校的工程造价（本科）专业教育才刚刚起步，尽管许多专家、学者在工程造价教材建设方面付出了大量心血，但现有教材仍存在诸多不尽如人意之处，并且均未形成能够满足工程造价专业人才培养需要的系列教材。

机械工业出版社审时度势，于2007年下半年在全国范围内对工程造价专业教学和教材建设的现状进行了广泛的调研，并于年底在北京召开了"工程造价系列规划教材编写研讨会"，成立了"高等教育工程造价系列规划教材编审委员会"。本人同与会的各位同仁就该系列教材的体系以及每本教材的编写框架进行了讨论。随后的两三个月内，详细研读了陆续收到的各位作者提供的教材编写大纲，并提出自己的修改意见和建议。许多作者在教材编写过程中与我进行了较为充分的沟通。

通过作者们一年多的辛勤劳动，"高等教育工程造价系列规划教材"的撰写工作即将全面告竣，并将陆续正式出版。该套系列教材是作者们在广泛吸纳各方面意见，认真总结以往教学经验的基础上编写的，充分体现了以下特色：

（1）强调知识体系的系统性。工程项目建设全过程造价管理是一个十分复

杂的系统工程,要求其专业人才具有较为扎实的工程技术、管理、经济和法律四大平台知识。该套系列教材注重四大平台知识的融汇、贯通,构建了全面、完整、系统的专业知识体系。

(2) 突出教材内容的实践性。近年来,我国建设工程计价模式、方法和管理体制发生了深刻的变化。该套系列教材紧密结合我国现行工程量清单计价和定额计价并存的特点,注重以定额计价为基础,突出工程量清单计价方法,并对《建设工程工程量清单计价规范》(GB 50500—2008) 在工程造价专业教学与工程实践中的应用与执行进行了较好的诠释;同时,教材内容紧密结合我国造价工程师等执业资格考试和注册制度的要求,较好地体现出培养工程造价专业应用型人才的特色。

(3) 注重编写模式的创新性。作者们结合多年对该学科领域的理论研究与教学和工程实践经验,在该套系列教材中引入和编写了大量工程造价案例、例题与习题,力求做到理论联系实际、深入浅出、图文并茂和通俗易懂。

(4) 兼顾学生就业的广泛性。工程造价专业毕业生可以广泛地在国内外土木建筑工程项目建设全过程的投资估算、经济评价、造价咨询、房地产开发、工程承包、招标代理、建设监理、项目融资与项目管理等诸多岗位从业,同时也可以在政府、行业、教学和科研单位从事教学、科研和管理工作。该套系列教材所包含的知识体系较好地兼顾了不同行业各类岗位工作所需的各方面知识,同时也兼顾了本专业课程与相关学科课程的关联与衔接。

在本套系列教材即将面世之际,我谨代表高等教育工程造价系列规划教材编审委员会,向在教材撰写中付出辛劳和心血的同仁们表示感谢,还要向机械工业出版社高等教育分社的领导和编辑表示感谢,正是他们的适时策划和精心组织,为我们教学一线上的同仁们创建了施展才能的平台,也为我国高等院校工程造价专业教育做了一件好事。

工程造价在我国还是一个年轻的学科领域,其学科内涵和理论与实践知识体系尚在不断发展之中,加之时间有限,尽管作者们作出了极大努力,但该套系列教材仍难免存在不妥之处,恳请各高校广大教师和读者对此提出宝贵意见。我坚信,该套系列教材在大家的共同呵护下,一定能够成为极具影响力的精品教材,在高等院校工程造价专业人才培养中起到应有的作用。

2009 年 4 月于沈阳

前 言

工程造价控制是工程造价专业、工程管理专业投资与造价方向必修的一门专业课。通过本课程学习，学生应掌握工程造价控制的基础知识、基本原理和方法，具备从事工程造价控制工作的基本能力。

本教材依据《建设工程工程量清单计价规范》(GB 50500—2008)、《标准施工招标文件》（国家发改委、财政部、建设部等九部委第56号令）、《建筑工程价款结算暂行办法》（财建【2004】369号）、《建筑安装工程费用组成》（建标【2003】206号）等与工程造价相关的规范、办法等，结合工程实际进行编写，在教材内容安排上系统性较强，前后知识连贯，形成完整的知识体系。本教材注重工程造价控制的应用操作程序，给出了大量的参考表格格式和一些实际例子，使学生学习完后，基本上可以掌握各阶段工程造价控制工作程序，熟悉程序中的相关内容，有利于学生实际能力的培养，满足毕业后能很快适用工作岗位的要求。

本教材共8章。具体的编写分工为：河南城建学院刘钦编写第1章、第8章，河北建筑工程学院张焕编写第4章，河北建筑工程学院葛立杰编写第2章第2.1、2.2节及第7章，河南工业职业技术学院龚健冲编写第3章，平顶山市河道管理处梁涛编写第6章，河南城建学院胡云鹏编写第5章，河北建筑工程学院郑利萍编写第2章第2.3～2.5节。全书由刘钦统稿、修改并定稿。

本书由郑州大学关罡教授担任主审，他对书稿提出了很多宝贵的意见，在此表示衷心的感谢。

本书在编写过程中参考了书后所列参考文献中的部分内容，谨在此向其作者致以衷心的感谢。

由于编者水平有限，书中难免有不当之处，恳请读者批评指正。

编　者

目 录

序
前言
第1章 概论 1
1.1 工程造价概述 1
1.2 工程造价控制概述 8
1.3 工程造价咨询 14
1.4 造价工程师 21
思考题 28

第2章 建设项目工程造价的构成 29
2.1 概述 29
2.2 设备及工具、器具购置费 32
2.3 建筑安装工程费 36
2.4 工程建设其他费用 45
2.5 工程建设相关费用 49
思考题 53

第3章 工程造价计算方法 54
3.1 工程造价计算方法概述 54
3.2 定额计价法 56
3.3 建设工程定额 58
3.4 工程量清单计价法 82
3.5 工程造价指数 99
思考题 101

第4章 建设项目投资决策阶段工程造价控制 103
4.1 建设项目投资决策阶段与工程造价有关的工作内容 103
4.2 建设项目投资估算 108
4.3 建设项目财务评价 124
思考题 147

第5章 建设项目设计阶段工程造价控制 150
5.1 概述 150
5.2 工程设计方案优选 159
5.3 设计概算 171
5.4 施工图预算 189
思考题 199

第6章 建设工程招投标阶段工程造价控制 200
6.1 概述 200
6.2 建设工程施工招标 204
6.3 建设工程施工投标 212
6.4 工程承包合同价的确定 225
思考题 232

第7章 建设工程施工阶段工程造价控制 233
7.1 概述 233
7.2 工程变更 235
7.3 工程计量 239
7.4 工程价款支付 242
7.5 工程索赔 245
7.6 工程价款调整 256
7.7 工程结算 259
7.8 投资控制 262
思考题 271

第8章 建设项目竣工阶段工程造价控制 …… 273

8.1 建设项目竣工阶段与工程造价有关的工作内容 …… 273
8.2 竣工结算 …… 280
8.3 竣工决算 …… 289
8.4 保修费用的处理 …… 301
思考题 …… 304

参考文献 …… 307

第1章
概　　论

1.1　工程造价概述

1.1.1　建筑安装工程的概念

按照我国国民经济行业的分类标准，建筑业的建筑安装工程包括房屋工程、土木工程、建筑安装工程、建筑装饰工程等。

1. 房屋工程

房屋工程是指房屋主体工程的施工活动，包括住宅、商业楼、宾馆、饭店、公寓楼、写字楼、办公楼、学校、医院、机场、码头、火车站、汽车站、室内体育馆、娱乐场馆、厂房、仓库等工程的施工。

2. 土木工程

土木工程是指土木工程主体的施工活动，包括：铁路（含地铁、轻轨、有轨电车等）、道路（含公路、城市道路、飞机场、城市广场等）、隧道、桥梁（含公路桥梁、城市立交桥及高架桥等）工程；水利和港口工程；除厂房外的矿山和工厂生产设施、设备的施工和安装；建筑物以外架线、管道、设备的施工。

3. 建筑安装工程

建筑安装工程是指建筑物主体工程竣工后，建筑物内各种设备的安装，包括：建筑物主体施工中线路、管道及设备的敷设安装；铁路、机场、港口、隧道、地铁的照明和信号系统的安装。

4. 建筑装饰工程

建筑装饰工程是指建筑工程后期的装饰、装修和清理活动，以及对居室的装修活动。

1.1.2　工程造价的概念

工程造价，从字面意思讲是指工程的建造价格，也就是指建成一项工程所有投入的人、材、机、资源的总资金额。一项工程的建设是一个漫长复杂的过程，并且不同工程中所包含的内容也有很大的差异。规模较大的建设项目包含若干个建筑物、构筑物、设备、管线等，要计算它的总投入金额，需要分段、分项，并按照一定的方法、程序计算。工程造价可以从以下两种含义去理解。

第一种含义：工程造价是指建设一项工程预期开支或实际开支的全部固定资产投资费用。显然，这一含义是从投资者——业主的角度来定义的。投资者选定一个投资项目，为了获得预期的效益，就要通过对项目可行性研究进行投资决策，然后进行勘察设计、工程施工、设备采购，直至竣工验收等一系列投资管理活动。在整个投资活动过程中所支付的全部费用形成了固定资产和无形资产，所有这些开支就构成了工程造价。从这个意义上说，工程造价就是完成一个工程建设项目所需费用的总和。

第二种含义：工程造价是指工程价格，即为建成一项工程，预计或实际在土地市场、设备市场、技术劳务市场以及承包市场等交易活动中所形成的建筑安装工程的价格和建设工程总价格。显然，工程造价的第二种含义是以市场经济为前提的，它是以工程这种特定的商品形式作为交易对象，通过招投标或其他交易方式，在进行多次预估的基础上，最终由市场形成的价格。在这里，工程既可以是涵盖范围很广的一个建设项目，也可以是一个单项工程，或者是整个建设过程中的某个阶段，如土地开发工程、建筑安装工程、建筑装饰工程等，或者是其中的某个组成部分。随着技术的进步、分工的细化和市场的完善，工程建设中中间产品会越来越多，商品交换会更加频繁，工程价格的种类和形式也会更为丰富。

通常，人们将工程造价的第二种含义认定为工程承发包价格，承发包价格是工程造价中一种重要的、最典型的价格形式。它是在建筑市场通过招标投标，由需求主体（投资者）和供给主体（承包商）共同认可的价格。鉴于建筑安装工程价格在项目固定资产中占有50%~60%的份额，又是工程建设中最活跃的部分，而施工企业是工程项目的实施者，是建筑市场的主体，所以将工程承发包价格界定为工程造价很有现实意义。但如上所述，这样的界定容易造成对工程造价的含义理解较狭窄。

区别工程造价的两种含义，其理论意义在于为投资者和供应商的市场行为提供理论依据。当政府提出降低工程造价时，是站在投资者的角度充当着市场需求主体的角色；当承包商提出要提高工程造价、提高利润率并获得更多的实际利润时，是要实现一个市场供给主体的利益，这是市场运行机制的必然，不同的利益主体绝不能混为一谈。区别两种含义的现实意义在于：为实现不同的管理目标，不断充实工程造价的管理内容，完善管理方法，更好地为实现各自的目标服务。

1.1.3 工程造价的特点

工程造价的特点是由工程建设的特殊性决定的。

1. 工程造价的大额性

能够发挥投资效用的任何一项工程，不但实物形体庞大，而且造价高昂，动辄数百万、数千万、数亿、十几亿元，特大型工程项目的造价可达百亿、千亿元。工程造价的大额性使其关系到有关各方面的重大经济利益，同时也会对宏观经济产生重大影响。这就决定了工程造价的特殊地位，也说明了工程造价确定与控制的重要意义。

2. 工程造价的个别性

任何一项工程都有特定的用途、功能和规模，每项工程所处地区、地段都不相同。因而不同工程的内容和实物形态都具有差异性，这就决定了工程造价的个别性。

3. 工程造价的动态性

任何一项工程从决策到竣工交付使用，都有一个较长的建设期。在建设期内，有许多影响工程造价的动态因素，如工程内容、设备材料价格、工资标准、费率、利率、汇率等都可能会发生变化，从而导致造价的变动。所以，工程造价在整个建设期处于不确定状态，竣工决算后才能最终确定工程的实际造价。

4. 工程造价的层次性

工程造价的层次性取决于工程的层次性。一个建设项目往往含有多个能够独立发挥设计效能的单项工程（如车间、办公楼、住宅楼等）。一个单项工程又是由若干个能够发挥专业效能的单位工程（如土建工程、电气安装工程等）组成。与工程的层次性相应，工程造价也有三个层次，即建设项目总造价、单项工程造价和单位工程造价。如果专业分工更细，单位工程（如土建工程）的组成部分即分部分项工程也可以成为交换对象，如大型土方工程、桩基础工程、装饰工程等，这样工程造价的层次就增加分部工程和分项工程而成为五个层次。即使从造价的计算和工程管理的角度看，工程造价的层次性也是非常突出的。

5. 工程造价的兼容性

工程造价的兼容性一是表现在它具有两种含义，二是表现在工程造价构成因素的广泛性和复杂性。在工程造价中，首先是成本因素非常复杂；其次为获得建设工程用地支出的费用、项目可行性研究和规划设计费用、与政府一定时期政策（特别是产业政策和税收政策）相关的费用占有相当的份额；最后是盈利的构成也较为复杂，资金成本大。

1.1.4 工程造价计算的特征

工程造价的特点决定了工程造价有如下的计价特征。

1. 计价的单件性

产品的个别性决定了每项工程都必须单独计算造价。

2. 计价的多次性

项目建设周期长、规模大、造价高，因此按建设程序要分阶段进行。相应地也要在不同阶段多次计价，以保证工程造价计算的准确性和控制的有效性。多次计价是一个逐步深化、细化和接近实际造价的过程。对于大型建设项目，其计价过程如图1-1所示。

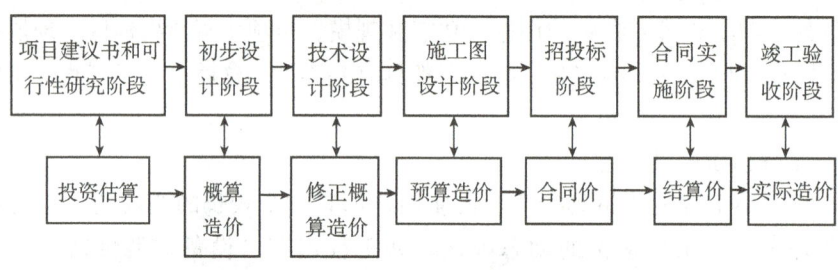

图1-1 建设工程多次计价示意图

注：竖向的双向箭头表示对应关系，横向的单向箭头表示多次计价流程及逐步深化过程。

（1）投资估算 投资估算是指在项目建议书和可行性研究阶段，根据投资估算指标、类似工程的造价资料、现行的设备材料价格并结合工程的实际情况，对拟建项目的投资进行预测和确定。投资估算是判断项目可行性、进行项目决策的主要依据之一。投资估算又是项目筹资和控制造价的主要依据。

（2）概算造价 概算造价是指在初步设计阶段，根据初步设计意图和有关概算定额或概算指标等，通过编制工程概算文件，预先计算出工程建造投入的最高控制额度。概算造价较投资估算造价的准确性有所提高，但应在投资估算造价的控制之内，并且是控制拟建项目投资的最高限额。概算造价可分为建设项目概算总造价、单项工程概算综合造价和单位工程概算造价三个层次。

（3）修正概算造价 修正概算造价是指当采用三阶段设计时，在技术设计阶段，随着对初步设计的深化，建设规模、结构性质、设备类型等方面可能要进行必要的修改和变动，因此初步设计概算也需要作必要的修正和调整。但一般情况下，修正概算造价不能超过概算造价。

（4）预算造价 预算造价又称施工图预算，是指在施工图设计阶段，根据施工图以及各种计价依据和有关规定计算的工程预期造价。它比概算造价或修正概算造价更为详尽和准确，但不能超过初步设计概算。

(5) 合同价 合同价是指签订总承包合同、建筑安装工程承包合同、设备材料采购合同时,由发包方和承包方共同协商作为双方结算基础的工程合同价格。合同价属于市场价格,它是由承发包双方根据市场行情共同议定和认可的成交价格,但它并不等同于最终决算的实际工程造价。

(6) 结算价 结算价是指在合同实施阶段,以合同价为基础,同时考虑影响工程造价的设备与材料价差、工程变更等因素,按合同规定的调价范围和调价方法对合同价进行必要的修正和调整后确定的价格。结算价是该工程承发包范围内的实际价格。

(7) 实际造价 实际造价是指在竣工验收阶段,根据工程建设过程中实际发生的全部费用,编制竣工决算,最终确定建设工程的实际价格。

3. 计价的组合性

工程造价的计算是分部组合而成,这一特征和建设项目的组合性有关。一个建设项目是一个工程综合体,这个综合体可以分解为许多有内在联系的独立和不能独立的工程,如图 1-2 所示。从计价和工程管理的角度,分项工程还可以分解。由此可以看出,建设项目的这种组合性决定了计价的过程是一个逐步组合的过程。这一特征在计算概算造价和预算造价时尤为明显,同时也反映到合同价和结算价中。工程造价的计算顺序是:分项工程单价→分部工程单价→单位工程造价→单项工程造价→建设项目总造价。

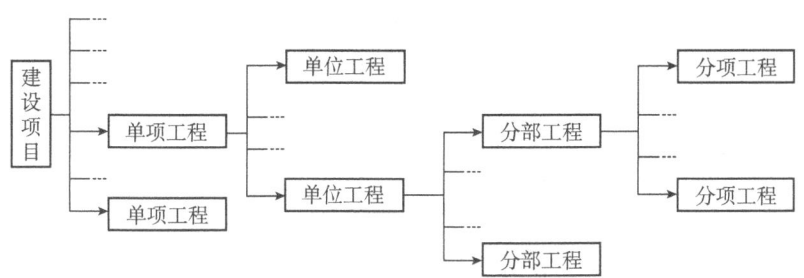

图 1-2 建设项目分解示意图

4. 计价方法的多样性

工程的多次计价有不同的计价依据,对造价的精确度要求也不相同,这就决定了计价方法有多样性特征,如计算概、预算造价的方法有单价法和实物法等,计算投资估算的方法有设备系数法、生产能力指数估算法等。不同的方法利弊不同,适应条件也不同,计价时要根据具体情况加以选择。

5. 计价依据的复杂性

由于影响造价的因素多,所以计价依据的种类也多,主要可分为以下七类:

1) 计算设备数量和工程量的依据。

2）计算人工、材料、机械等实物消耗量的依据。
3）计算工程单价的依据。
4）计算设备单价的依据。
5）计算其他费用的依据。
6）政府规定的税、费。
7）物价指数和工程造价指数。

依据的复杂性不但使计算过程复杂，而且要求计价人员能收集、筛选、整理各类依据，并加以正确应用。

1.1.5　工程造价的作用

工程造价涉及国民经济各部门、各行业，涉及社会再生产中的各个环节，也直接关系到人民群众的生活和城镇居民的居住条件，所以它的作用范围和影响程度都很大。其作用主要表现在以下几方面。

1. 工程造价是项目决策的依据

工程造价决定着项目的一次投资费用。投资者是否有足够的财务能力支付这笔费用，是否认为值得支付这项费用，是项目决策中要考虑的主要问题，也是投资者必须首先解决的问题。因此，在项目决策阶段，建设工程造价就成为项目财务分析和经济评价的重要依据。

2. 工程造价是制订投资计划和控制投资的依据

投资计划是按照建设工期、工程进度和建设工程价格等逐年分月加以制定的。正确的投资计划有助于合理和有效地使用资金。

工程造价在控制投资方面的作用非常明显。工程造价是通过多次预估，最终通过竣工决算确定下来的。每一次预估的过程就是对造价的控制过程，每一次估算都不能超过前一次估算，这种控制是在投资者财务能力的限度内为取得既定的投资效益所必需的。建设工程造价对投资的控制也表现在利用制定各类定额、标准、参数来对建设工程造价的计算依据进行控制上。在市场经济条件下，造价对投资控制的作用成为投资的内部约束机制。

3. 工程造价是筹措建设资金的依据

投资体制的改革和市场经济的建立，要求项目的投资者必须有很强的筹资能力，以保证工程建设有充足的资金供应。工程造价基本决定了建设资金的数量，从而为筹措资金提供了比较准确的依据。当建设资金来源于金融机构的贷款时，金融机构在对项目的偿贷能力进行评估的基础上，也需要依据工程造价来确定给予投资者的贷款数额。

4. 工程造价是评价投资效果的重要指标

建设工程造价是一个包含着多层次造价的指标体系。对于一个工程项目而言，它既是建设项目的总造价，又包含着单项工程造价和单位工程造价，同时也包含单位生产能力的造价，或单位平方米建筑面积的造价等。它能够为评价投资效果提供多种评价指标，并能够形成新的价格信息，为今后类似项目的投资提供参照系。

5. 工程造价是合理进行利益分配和调节产业结构的手段

工程造价的高低，涉及国民经济各部门和企业间的利益分配。在计划经济体制下，政府为了用有限的财政资金建成更多的工程项目，总是趋向于压低建设工程造价，使建设中的劳动消耗得不到完全补偿，价值不能完全实现，而未被实现的部分价值则被重新分配到各个投资部门，为项目投资者所占有。这种利益的再分配有利于各产业部门按照政府的投资导向迅速发展，也有利于按宏观经济的要求调整产业结构，但是也会严重损害建筑企业的利益，从而使建筑业的发展长期处于落后状态，与整个国民经济的发展不相适应。在市场经济中，工程造价也无例外地受供求状况的影响，并在围绕价值的波动中实现对建设规模、产业结构和利益分配的调节。再加上政府正确的宏观调控和价格政策导向，工程造价在这方面的作用会充分发挥出来。

1.1.6 工程造价计价的相关概念

1. 静态投资

静态投资是以某一基准年、月的建设要素的价格为依据所计算出的建设项目投资的瞬时值。但它包含因工程量误差而引起的工程造价的增减。静态投资包括：建筑安装工程费、设备和工器具购置费、工程建设其他费用、基本预备费等。

2. 动态投资

动态投资是指为完成一个工程项目的建设，预计投资需要量的总和。它除了包括静态投资所含内容之外，还包括建设期贷款利息、投资方向调节税、涨价预备费等。

静态投资和动态投资的内容虽然有所区别，但两者联系密切。动态投资包含静态投资，静态投资是动态投资最主要的组成部分，也是动态投资的计算基础。

3. 建设项目总投资

建设项目总投资是指投资主体为获取预期收益，在选定的建设项目上所需投入的全部资金。建设项目按用途可分为生产性建设项目和非生产性建设项目。生产性建设项目总投资包括固定资产投资和流动资产投资两部分。而非生产性建设项目总投资只有固定资产投资，不包括流动资产投资。建设项目总投资是指项目总投资中的固定资产投资总额。

4. 固定资产投资

固定资产投资是投资主体为达到预期收益的资金垫付行为。我国的固定资产投资包括基本建设投资、更新改造投资、房地产开发投资和其他固定资产投资四种。

5. 建筑安装工程造价

建筑安装工程造价也称建筑安装产品价格。从投资的角度看，它是建设项目投资中的建筑安装工程投资，也是项目造价的组成部分。从市场交易的角度看，建筑安装工程造价是投资者和承包商双方共同认可的、由市场形成的价格。

1.2 工程造价控制概述

1.2.1 工程造价控制的概念

工程造价控制是工程建设管理工作中的重要组成部分。所谓工程造价控制，就是指在建设工程投资决策阶段、建设项目设计阶段、建设项目招投标阶段、建设项目施工阶段及竣工阶段，把建设项目造价控制在批准的投资限额之内，随时纠正发生的偏差，以保证建设项目投资目标的实现，以求在各个建设项目中能合理使用人力、物力、财力，取得较好的投资效益和社会效益。

1.2.2 工程造价控制的基本原理及基本方法

1. 工程造价控制的基本原理

建设项目是指在一个总体设计或初步设计范围内，由一个或几个有联系的工程项目所组成，经济上统一核算、行政上独立的组织形式，实行统一管理的建设工程总体。工程造价控制是对建设项目全过程的控制，并且是主动控制和动态控制。

（1）建设项目全过程的工程造价控制　建设项目从可行性研究开始，经初步设计、施工图设计、承发包、施工及生产准备、调试、竣工投产、决算、后评估等的整个过程称为建设项目建设全过程。工程造价控制是对建设项目可行性研究、项目竣工、后评估的全过程的投资进行控制。

在通常情况下，对建设项目全过程的工程造价实行有效控制有六个重要环节：一是项目可行性研究报告阶段的投资估算；二是初步设计阶段的设计概算；三是施工图设计阶段的施工图预算；四是工程承发包阶段的合同价确定；五是项目施工阶段的工程结算；六是竣工验收阶段的竣工决算。在不同建设阶段的工程造价控制环节上，其控制的主要内容有：

1）项目决策阶段。根据拟建项目的功能要求、项目的使用要求，科学合理地编制投资估算,将投资估算的误差率控制在允许的范围之内。

2) 初步设计阶段。合理运用设计标准与标准设计、价值工程、限额设计等方法,以可行性研究报告中被批准的投资估算额为本阶段工程造价的控制目标,控制初步设计内容,并依据初步设计内容编制设计概算。如果设计概算超出投资估算,则应查找原因并对初步设计内容进行调整和修改。

3) 施工图设计阶段。施工图设计应以被批准的设计概算为本阶段工程造价的控制目标,应用限额设计、价值工程等方法,控制施工图设计工作的进行。根据设计的施工图,按照一定的方法和程序编制施工图预算。如果施工图预算超过设计概算,则说明施工图设计的内容突破了初步设计的原则,因而应对施工图设计进行调整和修改。

4) 工程承发包阶段。以工程设计文件(包括概、预算)为依据,结合工程施工的具体情况,如现场条件、市场价格、业主的特殊要求等,选择确定承发包方式,对于采用招投标方式进行工程承发包的,应编制招标文件、确定招标控制价,选择合适的合同计价方式,确定工程承包合同的价格。

5) 施工阶段。以施工图预算、工程承包合同价等为控制依据,通过工程计量、控制工程变更等方法,严格按照承包方实际完成的工程量,合理确定工程结算价,控制实际工程费用的支出。

6) 竣工验收阶段。全面汇集在工程建设过程中实际花费的全部费用,编制竣工决算,如实体现建设项目的实际工程造价,并总结分析工程建设的经验,积累技术经济数据和资料,不断提高工程造价管理水平。

在以上六个控制环节中,设计阶段的工程造价控制是重点。工程造价控制贯穿于项目建设全过程,但是必须重点突出。工程造价控制的关键在于施工前的投资决策和设计阶段,而在项目做出投资决策后,控制工程造价的关键就在于设计。建设工程全寿命费用包括工程造价和工程交付使用后的经常开支费用(含经营费用、日常维护修理费用、使用期内大修理和局部更新费用),以及该项目使用期满后的报废拆除费用等。据西方一些国家分析,设计费一般只相当于建设工程全寿命费用的1%以下,但正是这少于1%的费用对工程造价的影响度占75%以上。由此可见,设计质量对整个工程建设的效益是至关重要的。长期以来,我国普遍忽视工程建设项目前期工作阶段的造价控制,而往往把控制工程造价的主要精力放在施工阶段算细账(如审核施工图预算、工程价款结算),这样做尽管也有效果,但毕竟是"亡羊补牢",事倍功半。要有效地控制建设工程造价,就要坚决地把控制重点转到建设前期阶段上来,当前尤其应抓住设计这个关键阶段,以取得事半功倍的效果。

(2) 主动控制与动态控制 具体如下:

1) 主动控制。工程造价控制的总目标是将项目最终的造价控制在投资估算的限额以内,并能对即将发生的偏差及时做出预测,发出信息,在费用失控前采取纠正措施,以便实现计划总目标,这种方法称为主动控制。主动控制反映在决策阶段,就是充分地进行市场调查与分析,准确确定产品定位及建设规模、建设地点,考虑建设过程中的动态因素,合理确定投资估算价;反映在设计阶段,就是采用限额设计、价值工程,优化设计方案,控制设计概算和施工图预算;反映在实施阶段的准备阶段,就是选择科学合理的承发包方式、合理的计价方法、科学的评标方法等,确定承包合同价;反映在实施阶段,就是分解实施阶段造价控制目标,控制工程变更,并及时把实际发生额与目标值进行比较,发现问题及时解决。

主动控制是将"控制"立足于事先主动地采取措施,以尽可能地减少以致避免目标值与实际值的偏离,这是主动的、积极的控制方法。

2)动态控制。在工程造价控制过程中,经常地或定期地将实际发生的工程造价值与相应的计划目标造价值进行比较,若发现实际工程造价偏离目标工程造价值,则应采取纠偏措施,包括组织措施、经济措施、技术措施、合同措施、信息管理措施等,以确保工程项目投资费用目标的实现,这就是工程造价的动态控制。在动态控制过程中要合理确定各个阶段的造价计划目标值,及时收集各工作阶段具体的造价数值,将实际值与目标值比较,以判断是否存在偏差,如实际值与计划值有发生偏差的趋势或已发生偏差,应找出问题所在,采取措施纠偏;如确实已造成不能挽回的损失,则应从中吸取教训,保证以后的工作顺利开展。

2. 工程造价控制的基本方法

在工程项目建设的全过程中,工程造价控制贯穿各个阶段。要有效地控制工程造价,应该从组织、技术、经济、合同与信息管理等多方面采取措施。其中,技术与经济相结合是控制工程造价最有效的手段。

(1)可行性研究 可行性研究是运用多学科综合论证一个工程项目在技术上是否可行、适用和可靠,在财务上是否盈利,并对其社会效益和经济效益进行分析和评价,对其风险进行分析,形成项目可行性研究报告,为投资决策提供科学依据。可行性研究还能为银行贷款、合作者签约、工程设计等提供依据和基础资料,它是决策科学化的必要步骤和手段。

(2)限额设计 在工程项目建设中采用限额设计是我国工程建设领域控制投资支出、有效使用建设资金的有力措施。所谓限额设计,就是要按照批准的设计任务书及投资估算控制初步设计,按照批准的初步设计总概算控制施工图设计。将上阶段设计审定的投资额和工程量先分解到各专业,然后再分解到各单位工程和分部工程。各专业在保证使用功能的前提下,按分配的投资限额控制设计,严格控制技术设计和施工图设计时的不合理变更,以保证总投资额不被突破。限额设计并不是一味考虑节约,它可以处理好技术与经济对立的关系,提高设计质量，扭转投资失控的现象。

（3）价值工程　价值工程是通过各相关领域的协作，对所研究对象的功能与费用进行系统分析，不断创新，旨在提高研究对象价值的思想方法和管理技术。价值工程活动的目的是以研究对象的最低寿命周期成本可靠地实现使用者的所需功能，以获得最佳的综合效益。价值工程是一种以提高价值为目标，以功能分析为核心、以创新为支柱的、技术分析与经济分析相结合的、能有效控制工程成本与功能协调的方法。在工程设计中应用价值工程的原理，在保证建筑产品功能不变或提高的前提下，可以设计出更加符合用户要求的产品，还可降低成本的25%～40%。价值工程运用面很广，还可以运用于施工组织设计、工程选材、结构选型、设备选型以及造价审查等方面。

（4）招投标　实行工程项目招投标制度是我国建设领域的一项重大体制改革，是由计划配置资源向通过市场机制来配置工程资源的转变。工程招投标制度是业主在建设市场上择优购买活动的总称。建设工程招投标制度是建筑市场上建筑产品的交易方式，因此它必然会成为建筑业经济和投资经济的微观运行活动在建筑市场上的交汇。从经济学角度看，工程招投标作为一种交易方式具有两大功能：一是解决业主和承包商之间信息不对称问题，即通过招投标的方式使业主和承包商获得相互的信息；二是能够解决资源优化配置问题，即为业主和承包商相互选择创造条件，使业主和承包商实现双赢。这些功能使得招投标制度在经济学上具有特殊意义，对建筑产品价格由市场竞争形成有重要作用。总之，采取工程招投标这一经济手段，通过投标竞争来择优选定承包商，不仅有利于确保工程质量和缩短工期，更有利于降低工程造价，是造价控制的一个重要手段。

（5）合同管理　在工程项目的全过程造价管理中，合同在现代建筑工程中具有独特的地位。

1）合同确定了工程管理的主要目标，是合同双方在工程进行中各种经济活动的依据。

2）合同一经签订，工程建设各方的关系都转化为一定的经济关系，合同是调节这种经济关系的主要手段。

3）合同是工程履行过程中双方的最高行为准则。

4）业主通过合同分解和委托项目任务，实施对项目的控制。

5）合同是工程过程中双方解决争执的依据。

合同确定工程项目的价格（成本）、工期和质量（功能）等目标，规定着合同双方的责权利关系，所以合同管理必然是工程项目管理的核心。由于工程合同周期长，工程价值量大，工程变更、干扰事件多，合同管理是工程项目全过程造价管理的核心和提高管理水平、经济效益的关键。

工程合同管理工作贯穿于工程实施的全过程和各个方面，合同必须遵守公平合理的原则，风险的分担也应该公平合理。所以在合同的签订和实施过程中必须兼顾双方的利益，公平合理，从而实现合同管理的目标。合同是在双方诚实信用的基础上签订的，合同目标的实现必须依靠合同各方的真诚合作，如果双方缺乏诚实信用，或在合同的签订与实施中出现"信任危机"和"信用危机"，则合同不可能被顺利实施。在市场经济中，诚实信用原则要用经济的、法律的形式来给予保障，如银行保函、保证金和担保措施，以及违约责任赔偿、索赔直至仲裁、诉讼等。

1.2.3 工程造价控制的组织系统

工程造价控制的组织系统是指为了实现工程造价控制目标而进行的有效组织活动，以及与造价控制功能相关的有机群体。具体来说，主要是指国家、地方、部门和企业之间管理权限和职责范围的划分。

工程造价控制组织包括以下三个系统。

1. 政府行政控制管理系统

政府在工程造价控制管理中既是宏观管理主体，也是政府投资项目的微观管理主体。从宏观管理的角度，政府对工程造价控制管理有一个严密的组织系统，设置了多层管理机构，规定了管理权限和职责范围。国家建设行政主管部门的造价管理机构在全国范围内行使控制管理职能，它在工程造价控制管理工作方面承担的主要职责是：

1) 组织制定工程造价管理有关法规、制度并组织贯彻实施。

2) 组织制定全国统一建设工程基础定额和部管行业建设工程定额的制定、修订。

3) 监督指导全国统一建设工程基础定额和部管行业建设工程定额的实施。

4) 制定工程造价咨询企业的资质标准及管理制度，制定工程造价专业技术人员执业准入资格标准及管理制度。

5) 对工程造价咨询企业进行监督管理。

省、自治区、直辖市和行业主管部门的造价管理机构在其管辖范围内行使管理职能，省辖市和地区的造价管理部门在所辖地区内行使管理职能，其职责大体和国家住房和城乡建设部的工程造价管理机构相对应，其组织拟订工程建设国家标准、全国统一定额、建设项目评价方法、经济参数和建设标准、建设工期定额、公共服务设施（不含通信设施）建设标准；拟订工程造价管理的规章制度；拟订部管行业工程标准、经济定额和产品标准，指导产品质量认证工作；指导监督各类工程建设标准定额的实施；拟订工程造价咨询单位的资质标准并监督执行。

2. 企、事业机构管理系统

企、事业机构对工程造价的管理，属于微观管理的范畴。设计机构和工程造价咨询机构按照业主或委托方的意图，在可行性研究和规划设计阶段合理确定和有效控制建设项目的工程造价，通过限额设计等手段实现设定的造价管理目标；在招投标工作中编制标底，参加评标、定标；在项目实施阶段，通过对设计变更、工期、索赔和结算等项管理进行造价控制。设计机构和工程造价咨询机构通过在全过程造价管理中的业绩，赢得自己的信誉，提高市场竞争力。承包企业的工程造价管理是企业管理中的重要组成部分，设有专门的职能机构参与企业的投标决策，并通过对市场的调查研究，利用过去积累的经验，研究报价策略，提出报价；在施工过程中，进行工程造价的动态管理，注意各种调价因素的发生和工程价款的结算，避免收益的流失，以促进企业盈利目标的实现。当然，承包企业在加强工程造价管理的同时，还要加强企业内部的各项管理，特别是要加强成本控制，只有这样才能切实保证企业有较高的利润水平。

3. 行业协会管理系统

在全国各省、自治区、直辖市以及一些大中城市，先后成立了工程造价管理协会，对工程造价咨询工作和造价工程师实行行业管理。

中国建设工程造价管理协会是我国建设工程造价管理的行业协会。中国建设工程造价管理协会成立于1990年7月，它的前身是1985年成立的"中国工程建设概预算委员会"。党的十一届三中全会后，随着我国经济建设的发展、投资规模的扩大，工程造价管理成为投资管理的重要内容，合理、有效地使用投资资金也成为国家发展经济的迫切要求。市场经济体制的确立，改革开放的深入，要求工程造价管理理论和方法都要有所突破。广大概预算工作者也迫切要求相互之间能就专业中的问题，尤其是能对新形势下出现的新问题，进行切磋和交流，所有这些都要求成立一个协会来协助主管部门进行工程造价管理。

中国建设工程造价管理协会的宗旨是：坚持党的基本路线，遵守国家宪法、法律、法规和国家政策，遵守社会道德风尚，遵循国际惯例，按照市场经济的要求，组织研究工程造价行业发展和管理体制改革的理论和实际问题，不断提高工程造价专业人员的素质和工程造价的业务水平，维护各方的合法权益，遵守职业道德，合理确定工程造价，提高投资效益，以及促进国际间工程造价机构的交流与合作服务。

中国建设工程造价管理协会的性质是：由从事工程造价管理与工程造价咨询服务的单位及具有造价工程师注册资格和资深的专家、学者自愿组成的具有社会团体法人资格的全国性社会团体，是对外代表造价工程师和工程造价咨询服务机构的行业性组织。经住房与城乡建设部同意，民政部核准登记，协会属非营利性社会组织。

中国建设工程造价管理协会的业务范围包括：

1）研究工程造价管理体制的改革、行业发展、行业政策、市场准入制度及行为规范等理论与实践问题。

2）探讨提高政府和业主项目投资效益，科学预测和控制工程造价，促进现代化管理技术在工程造价咨询行业的运用，向国家行政部门提供建议。

3）接受国家行政主管部门委托，承担工程造价咨询行业和造价工程师执业资格及职业教育等具体工作，研究提出与工程造价有关的规章制度及工程造价咨询行业的资质标准、合同范本、职业道德规范等行业标准，并推动实施。

4）对外代表我国造价工程师组织和工程造价咨询行业与国际组织及各国同行组织建立联系与交往，签订有关协议，为会员开展国际交流与合作等服务。

5）建立工程造价信息服务系统，编辑、出版有关工程造价方面的刊物和参考资料，组织交流和推广先进工程造价咨询经验，举办有关职业培训和国际工程造价咨询业务研讨活动。

6）在国内外工程造价咨询活动中，维护和增进会员的合法权益，协调解决会员和行业间的有关问题，受理关于工程造价咨询执业违规的投诉，配合行政主管部门进行处理，并向政府部门和有关方面反映会员单位和工程造价咨询人员的建议和意见。

7）指导各专业委员会和地方造价协会的业务工作。

8）组织完成政府有关部门和社会各界委托的其他业务。

1.3 工程造价咨询

1.3.1 工程造价咨询业

1. 咨询及工程造价咨询

所谓咨询，是指利用科学技术和管理人才已有的专门知识、技能和经验，根据政府、企业以至个人的委托要求，提供解决有关决策、技术和管理等方面问题的优化方案的智力服务活动过程。它以智力劳动为特点，以特定问题为目标，以委托人为服务对象，按合同规定条件进行有偿的经营活动。可见，咨询是商品经济进一步发展和社会分工更加细密的产物，也是技术和知识商品化的具体形式。

工程造价咨询是指造价咨询单位面向社会接受委托，承担建设项目的可行性研究投资估算，项目经济评价，设计概算、施工图预算、工程完工结算、竣工决算，工程招标控制价的编制，投标报价的编制和审核，对工程造价的监控以及提供有关工程造价信息资料等业务工作。

2. 咨询业的形成

咨询业作为一个产业部门的形成，是技术进步和社会经济发展的结果。

技术进步使社会分工更加细密，并不断产生新的产业部门，尤其是在国民经济发展程度较高的发达国家出现了"第三产业化"现象。这是因为经济发展程度越高，社会经济生活和个人生活中对各种专业知识和技能、经验的需要越广泛，而要使一个企业或个人掌握和精通经济活动和社会活动所需的各种专业知识、技能和经验，几乎是不可能的。例如，进行物业投资的企业和个人并不很了解有关的技术经济问题，要出国深造或旅游但不知道如何选择学校和旅游线路，要进行国际贸易或项目投资却不掌握国际市场的情况。凡此种种，都需要大量的咨询服务。能够提供不同专业咨询服务的咨询公司应运而生，最为普遍的是房地产和物业咨询服务公司、工程咨询公司、土地价格评估公司、资产评估公司、房地产评估公司、工程监理公司以及工程造价咨询公司等。大量咨询公司的出现，是咨询业形成的标志。

3. 咨询业的社会功能

咨询业作为国民经济中一个新兴产业，具有以下社会功能：

（1）服务功能　咨询业的首要功能就是服务，即为经济发展服务、为社会发展服务和为居民生活服务。在生产领域和流通领域的技术咨询、信息咨询、管理咨询，可以起到加速企业技术进步、提高生产效率和投资效益、提高企业素质和管理水平的作用。在社会发展领域，在环境、人口、文教卫生、婚姻家庭、社会福利与保险等方面的咨询服务，可以促使社会进步与社会稳定，促进社会环境和生态环境的改善，提高人口素质和社会文明程度。对居民生活的咨询服务，主要是在居民的置业、购物、旅游、投资理财、财产分割、婚姻家庭、医疗保健、升学就业等方面提供服务，协助他们做出正确选择，以保护居民正当的合法权益。

（2）引导功能　咨询业是知识密集的智能型产业，它拥有大批专业人才，有能力也有义务为服务对象提供最权威的指导，引导服务对象按照法律法规、政府政策和发展规划、市场信息等，抓住机遇，规避风险，使社会行为和市场行为既符合企业和个人的利益，也符合宏观社会经济发展的要求。

（3）联系功能　咨询业的社会功能，在一定意义上也可以说是架起了一座桥梁。它通过咨询活动把生产和流通，生产流通和消费更密切地联系起来，同时也促进了市场需求主体和供给主体的联系，促进了企业、居民和政府的联系，从而有利于国民经济以至整个社会健康、协调地发展。

4. 我国工程造价咨询业

我国工程造价咨询业是随着社会主义市场经济体制建立逐步发展起来的。在计划经济时期，国家用指令性的方式进行工程造价管理，并且培养和造就了一大批工程概预算人员。进入20世纪90年代中期以后,投资体制的多元化,以及《招标投标法》的颁布实施,工程造价更多的是通过招标投标竞争定价。市场环境的变化,客观上要求有专门从事工程造价管理咨询的机构提供专门化的咨询服务。为了规范工程造价管理中介组织的行为,保障其依法进行经营活动,维护建筑市场的秩序,原建设部先后发布了《工程造价咨询单位资质管理办法(试行)》、《工程造价咨询单位管理办法》、《工程造价咨询企业管理办法》等一系列文件。近十年来,工程造价咨询企业的发展已具备一定规模。至2008年底,据中国建设工程造价信息网公布,全国已有甲级工程造价咨询企业1400多家,乙级企业5000多家。

1.3.2 工程造价咨询企业

工程造价咨询企业是指接受委托,对建设项目投资、工程造价的确定与控制提供专业服务。工程造价咨询企业应当依法取得工程造价咨询企业资质,并在资质等级许可的范围内从事工程造价咨询活动。工程造价咨询企业从事工程造价咨询活动,应遵循独立、客观、公正、诚实信用的原则。任何单位和个人不得损害社会公共利益和他人的合法权益,不得分割、封锁和垄断工程造价咨询市场,不得非法干预依法进行的工程造价咨询活动。

1. 工程造价咨询企业的资质等级和标准

工程造价咨询企业的资质等级分为甲级和乙级。

(1)甲级工程造价咨询企业的资质标准 具体如下:

1)已取得乙级工程造价咨询企业资质证书满3年。

2)企业出资人中,注册造价工程师人数不低于出资人总人数的60%,且其出资额不低于企业注册资本总额的60%。

3)技术负责人已取得造价工程师注册证书,并具有工程或工程经济类高级专业技术职称,且从事工程造价专业工作15年以上。

4)专职从事工程造价专业工作的人员(以下简称专职专业人员)不少于20人,其中,具有工程或者工程经济类中级以上专业技术职称的人员不少于16人;取得造价工程师注册证书的人员不少于10人;其他人员具有从事工程造价专业工作的经历。

5)企业与专职专业人员签订劳动合同,且专职专业人员符合国家规定的职业年龄(出资人除外)。

6)专职专业人员人事档案关系由国家认可的人事代理机构代为管理。

7)企业注册资本不少于人民币100万元。

8)企业近3年工程造价咨询营业收入累计不低于人民币500万元。

9)具有固定的办公场所,人均办公建筑面积不少于10m^2。

10）技术档案管理制度、质量控制制度、财务管理制度齐全。

11）企业为本单位专职专业人员办理的社会基本养老保险手续齐全。

12）在申请核定资质等级之日前3年内无《工程造价咨询企业管理办法》中禁止的行为。

（2）乙级工程造价咨询单位资质标准　具体如下：

1）企业出资人中，注册造价工程师人数不低于出资人总人数的60%，且其出资额不低于企业注册资本总额的60%。

2）技术负责人已取得造价工程师注册证书，并具有工程或工程经济类高级专业技术职称，且从事工程造价专业工作10年以上。

3）专职专业人员不少于12人，其中，具有工程或者工程经济类中级以上专业技术职称的人员不少于8人；取得造价工程师注册证书的人员不少于6人；其他人员具有从事工程造价专业工作的经历。

4）企业与专职专业人员签订劳动合同，且专职专业人员符合国家规定的职业年龄（出资人除外）。

5）专职专业人员人事档案关系由国家认可的人事代理机构代为管理。

6）企业注册资本不少于人民币50万元。

7）具有固定的办公场所，人均办公建筑面积不少于$10m^2$。

8）技术档案管理制度、质量控制制度、财务管理制度齐全。

9）企业为本单位专职专业人员办理的社会基本养老保险手续齐全。

10）暂定期内工程造价咨询营业收入累计不低于人民币50万元。

11）在申请核定资质等级之日前无《工程造价咨询企业管理办法》中禁止的行为。

2. 工程造价咨询企业的业务承接

工程造价咨询企业应当依法取得工程造价咨询企业资质，并在其资质等级许可的范围内承接工程造价咨询业务。工程造价咨询企业依法从事工程造价咨询活动，不受行政区域限制。甲级工程造价咨询企业可以从事各类建设项目的工程造价咨询业务；乙级工程造价咨询企业可以从事工程造价5000万元人民币以下的各类建设项目的工程造价咨询业务。

（1）业务范围　工程造价业务范围包括：

1）建设项目建议书及可行性研究投资估算、项目经济评价报告的编制和审核。

2）建设项目概预算的编制与审核，并配合设计方案比选、优化设计、限额设计等工作进行工程造价分析与控制。

3）建设项目合同价款的确定（包括招标工程工程量清单和标底、投标报价的编制和审核）；合同价款的签订与调整（包括工程变更、工程洽商和索赔费用的计算）及工程款支付，工程结算及竣工结（决）算报告的编制与审核等。

4）工程造价经济纠纷的鉴定和仲裁的咨询。

5）工程造价信息服务的提供等。

工程造价咨询企业可以对建设项目的组织实施进行全过程或者若干阶段的管理和服务。

(2) 咨询合同及其履行　工程造价咨询企业承接工程造价咨询业务时，应当与委托单位签订工程造价咨询合同。工程造价咨询合同一般包括以下主要内容：

1）当事人的名称、地址。

2）咨询项目的名称、委托内容、要求、标准。

3）履行期限。

4）咨询费、支付方式和时间。

5）违约责任和纠纷解决方式。

6）当事人约定的其他内容。

工程造价咨询企业从事工程造价咨询业务时，应该按照有关规定的要求出具工程造价成果文件，并且应在工程造价成果文件上加盖有企业名称、资质等级证书编号的执业印章；加盖执行咨询业务的注册造价工程师执业印章及签字。

3. 工程造价咨询企业执业行为准则

为了规范工程造价咨询企业执业行为，保障国家与公众利益，维护公平竞争秩序和各方合法权益，具有工程造价咨询资质的企业法人在执业活动中均应遵循以下执业行为准则：

1）执行国家的宏观经济政策和产业政策，遵守国家和地方的法律、法规及有关规定，维护国家和人民的利益。

2）接受工程造价咨询行业自律组织的业务指导，自觉遵守本行业的规定和各项制度，积极参加本行业组织的业务活动。

3）按照工程造价咨询企业资质证书规定的资质等级和服务范围开展业务。

4）竭诚为客户服务，以高质量的咨询成果和优良服务获得客户的信任和好评。

5）按照独立、客观、公正和诚实信用的原则开展业务，认真履行合同，依法开展经营活动，努力提高经济效益。

6）靠质量、靠信誉参加市场竞争，杜绝无序和恶性竞争；不得利用与行政机关、社会团体以及其他经济组织的特殊关系搞业务垄断。

7）"以人为本"，鼓励员工更新知识，掌握先进的技术手段和业务知识，采取有效措施组织、督促员工接受继续教育。

8）不得在解决经济纠纷的鉴证咨询业务中分别接受双方当事人的委托。

9）不得同时接受招标人和投标人或两个以上投标人对同一工程项目的工程造价咨询业务。

10）不得阻挠委托人委托其他工程造价咨询企业参与咨询服务；共同提供服务的工程造价咨询企业之间应分工明确，密切协作，不得损害其他单位的利益和名誉。

11）不得转包已承接的工程造价咨询业务。

12）有义务保守客户的技术和商务秘密，客户事先允许和国家另有规定的除外。

1.3.3 我国现行工程造价咨询企业的管理制度

1. 管理部门

国务院建设行政主管部门负责全国工程造价咨询企业的统一监督管理工作。省、自治区、直辖市人民政府建设主管部门负责本行政区域内工程造价咨询企业的监督管理工作。有关专业部门负责对本专业工程造价咨询企业实施监督管理。

2. 资质申请与审批

申请甲级工程造价咨询企业资质的，应当向申请人工商注册所在地省、自治区、直辖市人民政府建设主管部门或者国务院有关专业部门提出申请。申请乙级工程造价咨询企业资质的，由省、自治区、直辖市人民政府建设主管部门审查决定。其中，申请有关专业乙级工程造价咨询企业资质的，由省、自治区、直辖市人民政府建设主管部门商同级有关专业部门审查决定。乙级工程造价咨询企业资质许可的实施程序由省、自治区、直辖市人民政府建设主管部门依法确定。

申请工程造价咨询企业资质等级应当提交下列材料：

1）工程造价咨询企业资质等级申请书。

2）专职专业人员（含技术负责人）的造价工程师注册证书、造价员资格证书、专业技术职称证书和身份证。

3）专职专业人员（含技术负责人）的人事代理合同和企业为其缴纳的本年度社会基本养老保险费用的凭证。

4）企业章程、股东出资协议并附工商部门出具的股东出资情况证明。

5）企业缴纳营业收入的营业税发票或税务部门出具的缴纳工程造价咨询营业收入的营业税完税证明；企业营业收入含其他业务收入的，还需出具工程造价咨询营业收入的财务审计报告。

6）工程造价咨询企业资质证书。

7）企业营业执照。

8）固定办公场所的租赁合同或产权证明。

9）有关企业技术档案管理、质量控制、财务管理等制度的文件。

10）法律、法规规定的其他材料。

新申请工程造价咨询企业资质的，不需要提交前款第5）项、第6）项所列材料。新开办的工程造价咨询单位只能申请乙级工程造价咨询单位资质等级。

工程造价咨询企业资质等级的申请，经资质管理部门审批后，颁发相应的《工程造价咨询企业资质证书》。《工程造价咨询企业资质证书》由国务院建设行政主管部门统一印制，分为正本和副本，具有同等法律效力。

3. 动态管理

省、自治区、直辖市人民政府建设主管部门依照有关法律、法规和办法的规定，对工程造价咨询企业从事工程造价咨询业务的活动实施动态的监督检查。

监督检查机关履行监督检查职责时，有权采取下列措施：

1）要求被检查单位提供工程造价咨询企业资质证书、造价工程师注册证书，有关工程造价咨询业务的文档，有关技术档案管理制度、质量控制制度、财务管理制度的文件。

2）进入被检查单位进行检查，查阅工程造价咨询成果文件以及工程造价咨询合同等相关资料。

3）纠正违反有关法律、法规和办法及执业规程规定的行为。

监督检查机关应当将监督检查的处理结果向社会公布。

监督检查机关进行监督检查时，应当有两名以上监督检查人员参加，并出示执法证件，不得妨碍被检查单位的正常经营活动，不得索取或者收受财物，谋取其他利益。

有关单位和个人对依法进行的监督检查应当协助与配合，不得拒绝或者阻挠。

有下列情形之一的，资质许可机关或者其上级机关，根据利害关系人的请求或者依据职权，可以撤销工程造价咨询企业的资质：

1）资质许可机关工作人员滥用职权、玩忽职守作出准予工程造价咨询企业资质许可的。

2）超越法定职权作出准予工程造价咨询企业资质许可的。

3）违反法定程序作出准予工程造价咨询企业资质许可的。

4）对不具备行政许可条件的申请人作出准予工程造价咨询企业资质许可的。

5）依法可以撤销工程造价咨询企业资质的其他情形。

工程造价咨询企业以欺骗、贿赂等不正当手段取得工程造价咨询企业资质的，应当予以撤销。

工程造价咨询企业取得工程造价咨询企业资质后，不再符合相应资质条件的，资质许可机关根据利害关系人的请求或者依据职权，可以责令其限期改正；

逾期不改的，可以撤回其资质。

有下列情形之一的，资质许可机关应当依法注销工程造价咨询企业资质：

1）工程造价咨询企业资质有效期满，未申请延续的。
2）工程造价咨询企业资质被撤销、撤回的。
3）工程造价咨询企业依法终止的。
4）法律、法规规定的应当注销工程造价咨询企业资质的其他情形。

1.4 造价工程师

1.4.1 造价工程师的各项要求及教育培养

1. 造价工程师的素质要求

造价工程师是指经全国统一考试合格，取得造价工程师执业资格证书，并经注册取得造价工程师注册证书，从事建设工程造价活动的人员。考试合格但未经注册的人员，不得以造价工程师的名义从事建设工程造价活动。凡从事工程建设活动的建设、设计、施工、工程造价咨询、工程造价管理等单位，必须在计价、评估、审查（核）、控制及管理等岗位配备具有造价工程师执业资格的专业技术人员。

造价工程师的工作关系到国家和社会公众的利益，技术性很强，因此，对造价工程师的素质有特殊要求。造价工程师的素质包括以下几个方面：

（1）思想品德方面的素质 造价工程师在执业过程中，往往要接触许多工程项目，有些项目的工程造价高达数千万、数亿元人民币，甚至更多。造价确定是否准确，造价控制是否合理，不但关系到国力，关系到国民经济发展的速度和规模，而且关系到多方面的经济利益关系。这就要求造价工程师具有良好的思想修养和职业道德，既能维护国家利益，又能以公正的态度维护有关各方合理的经济利益，决不能以权谋私。

（2）专业方面的素质 造价工程师专业方面的素质集中表现在以专业知识和技能为基础的工程造价管理方面的实际工作能力。造价工程师应掌握和了解的专业知识主要包括：

1）相关的经济理论与项目投资管理和融资。
2）相关法律、法规和政策与工程造价管理。
3）建筑经济与企业管理。
4）财政税收与金融实务。
5）市场、价格与现行各类计价依据（定额）。
6）招投标与合同管理。

7）施工技术与施工组织。
8）工作方法与动作研究。
9）建筑制图与识图、综合工业技术与建筑技术。
10）计算机应用和信息管理。

（3）身体方面的素质　造价工程师要有健康的身体，以适应紧张而繁忙的工作，同时应具有肯于钻研和积极进取的精神面貌。

以上各项素质只是造价工程师工作能力的基础。造价工程师在实际岗位上应能独立完成建设方案、设计方案的经济比较工作，项目可行性研究的投资估算、设计概算和施工图预算、招标标底和投标报价、补充定额和造价指数等编制与管理工作，应能进行合同价结算和竣工决算的管理，以及对造价变动规律和趋势应具有分析和预测能力。

2. 造价工程师的技能结构

造价工程师是建设领域工程造价的管理者，其执业范围和担负的重要任务，要求造价工程师必须具备现代管理人员的技能结构。

按照行为科学的观点，作为管理人员应具有三种技能，即技术技能、人文技能和观念技能。技术技能是指能使用由经验、教育及训练上的知识、方法、技能及设备，来达到特定任务的能力。人文技能是指与人共事的能力和判断力。观念技能是指了解整个组织及自己在组织中地位的能力，使自己不但能按本身所属的群体目标行事，而且能按整个组织的目标行事。但是，不同层次的管理人员所需具备的三种技能的结构并不相同，造价工程师应同时具备这三种技能，特别是观念技能和技术技能，但也不能忽视人文技能。

3. 造价工程师的教育培养

造价工程师的教育培养是达到其素质和技能要求的基本途径之一。教育方式主要有两类：一是普通高校和高等职业技术学校的系统教育，也称为职前教育；二是专业继续教育，也称为职后教育。

职前（就业前）的学校正规教育，要求在一些学校设置专业，预先使学生获得专业基础知识和基本技能。从长远来看，建立一支稳定的、结构合理的专业队伍是十分必要的。我国现在有部分高等学校及高职院校设立工程造价管理类专业。

职后的专业继续教育属于成人教育，是一种重要的专业培训方式，优点是具有极大的灵活性，培训时间可长可短，学员可以全脱产学习也可以不脱产或半脱产学习，同时，学员多有一定实际经验，一般培训效果较好。此种方式可以作为正规职前教育的一种补充。

此外，造价工程师执业资格的考试和注册制度的实施，要求造价工程师必须不断地接受继续教育，并在实际工作中不断总结经验、积累资料、收集信息，以提高专业能力和技巧，适应市场经济条件下造价管理工作的需要。

1.4.2 造价工程师执业资格制度

1. 我国造价工程师执业资格制度简介

近年来，随着我国市场经济体制的逐步建立、投融资体制的不断改革和建设工程的逐步推行招投标制，工程造价管理逐步由政府定价转变为市场形成造价的机制，这对工程造价专业人员的业务素质提出了更高的要求。因此，为了适应市场经济体制的需要，更好地发挥工程造价专业人员在工程建设中的作用，急需尽快规范工程造价专业人员的执业行为，提高工程造价专业人员的素质。

为了加强建设工程造价专业技术人员的执业准入控制和管理，确保建设工程造价管理工作质量，维护国家和社会公共利益，1996年8月，原国家人事部、原建设部联合发布了《造价工程师执业资格制度暂行规定》，明确国家在工程造价领域实施造价工程师执业资格制度。造价工程师执业资格制度属于国家统一规划的专业技术人员执业资格制度范围。全国造价工程师执业资格制度的政策制定、组织协调、资格考试、注册登记和监督管理工作由原国家人事部和原建设部共同负责。

我国造价工程师执业资格制度是指国家建设行政主管部门或其授权的行业协会，依据国家法律法规制定的规范造价工程师执业行为的系统化规章制度。其主要包括：

1）考试制度和资格标准。
2）注册制度和执业范围与规程、规范体系。
3）继续教育制度。
4）纪律检查与行业监督制度。
5）行业服务质量管理制度。
6）风险管理与保险制度。
7）造价工程师道德规范。

2. 造价工程师的执业

造价工程师是注册执业资格，造价工程师的执业必须依托所注册的工作单位。为了保护其所注册单位的合法权益并加强对造价工程师执业行为的监督和管理，我国规定，造价工程师只能在一个单位注册和执业。

造价工程师的执业范围包括：

1）建设项目投资估算的编制、审核及项目经济评价。
2）工程概算、预算、结算、竣工决算、工程招标标底价、投标报价的编制、审核。
3）工程变更和合同价款的调整和索赔费用的计算。

4) 建设项目各阶段的工程造价控制。
5) 工程经济纠纷的鉴定。
6) 工程造价计价依据的编制、审核。
7) 与工程造价有关的其他事项。

为了加强对造价工程师的注册管理，规范造价工程师的执业行为，2000年3月原建设部颁布了第75号部长令《造价工程师注册管理办法》；2002年7月原建设部制定了《造价工程师注册管理办法的实施意见》；2002年6月中国工程造价管理协会制定了《造价工程师继续教育实施办法》和《造价工程师职业道德行为准则》。造价工程师执业资格制度逐步完善起来。

1.4.3 造价工程师的考试制度

造价工程师执业资格考试实行全国统一大纲、统一命题、统一组织的办法。原则上每年举行一次。国家住房和城乡建设部负责考试大纲的拟定、培训教材的编写和命题工作，统一计划和组织考前培训等有关工作。培训工作按照与考试分开、自愿参加的原则进行。国家人事部负责审定考试大纲、考试科目和试题，组织或授权实施各项考务工作，会同国家住房与城乡建设部对考试进行监督、检查、指导和确定合格标准。

（1）报考条件　凡中华人民共和国公民，遵纪守法并具备以下条件之一者，均可申请参加造价工程师执业资格考试：

1) 工程造价专业大专毕业后，从事工程造价业务工作满5年；工程或工程经济类大专毕业后，从事工程造价业务工作满6年。

2) 工程造价专业本科毕业后，从事工程造价业务工作满4年；工程或工程经济类本科毕业后，从事工程造价业务工作满5年。

3) 获上述专业第二学士学位或研究生班毕业和获硕士学位后，从事工程造价业务工作满3年。

4) 获上述专业博士学位后，从事工程造价业务工作满2年。

（2）考试科目　造价工程师执业资格考试分为四个科目："工程造价管理基础理论与相关法规"、"工程造价计价与控制"、"建设工程技术与计量"（分土建和安装）和"工程造价案例分析"。

对于长期从事工程造价业务工作的专业技术人员，凡符合一定的学历和专业年限条件的人员，可免试"工程造价管理基础理论与相关法规"、"建设工程技术与计量"两个科目，只参加"工程造价计价与控制"和"工程造价案例分析"两个科目的考试。

造价工程师四个科目分别单独考试、单独计分。参加全部科目考试的人员，需在连续的两个考试年度通过应试科目；参加免试部分考试科目的人员，需在一个考试年度内通过应试科目。

(3) 证书取得　通过造价工程师执业资格考试合格者，由省、自治区、直辖市人事（职改）部门颁发造价工程师执业资格证书，该证书全国范围内有效，并作为造价工程师注册的凭证。

1.4.4　造价工程师的注册制度

1. 注册管理部门

国务院建设行政主管部门负责全国造价工程师注册管理工作，造价工程师注册的具体工作委托中国建设工程造价管理协会办理。省、自治区、直辖市人民政府建设行政主管部门（以下简称省级注册机构）负责本行政区域内的造价工程师注册管理工作。特殊行业的主管部门（以下简称部门注册机构）经国务院建设行政主管部门认可，负责本行业内造价工程师注册管理工作。

2. 初始注册

(1) 初始注册条件　具体如下：

1) 经全国造价工程师执业资格统一考试合格，且无以下情形的人员：

①丧失民事行为能力的；②受过刑事处罚，且自刑事处罚执行完毕之日起至申请注册之日不满 5 年的；③在工程造价业务中有重大过失，受过行政处罚或者撤职以上行政处分，且处罚、处分决定之日至申请注册之日不满 2 年的；④在申请注册过程中有弄虚作假行为情形的。

2) 在下述单位从事工程造价工作的人员：①具有工程造价咨询资质的咨询单位；②工程建设领域的建设、勘察设计、施工、工程造价（定额）管理、招标代理、工程监理等单位；③教育岗位直接从事工程造价理论研究或教学工作。

(2) 初始注册程序及要求　具体如下：

申请造价工程师初始注册，按照下列程序办理：

1) 申请人向聘用单位提出申请。

2) 聘用单位审核同意后，连同规定的材料一并报省级注册机构或者部门注册机构。

3) 省级注册机构或者部门注册机构对申请注册的有关材料进行初审，签署初审意见，报国务院建设行政主管部门。

4) 国务院建设行政主管部门对初审意见进行审核，对符合注册条件的，准予注册，并颁发"造价工程师注册证"和造价工程师执业专用章。

每年全国造价工程师执业资格统一考试成绩公布后第 3 个月，由中国建设工程造价管理协会发布注册通知。

(3) 初始注册申报材料的要求　具体如下：

1) 造价工程师初始注册申请表。

2) 造价工程师考试合格证书或考试合格证明的原件和复印件（原件由注册机构审核加盖"已申请注册"专用章后退还本人）。

3) 学历证明和身份证原件及复印件。

4) 在工程造价咨询单位注册的人员，应提交其所在单位工程造价咨询资质证书复印件，其中在专营工程造价咨询、会计师及评估师事务所等中介机构注册的人员，还应提交本人所在地的县级以上（含县级）人才交流中心的人事代理合同、单位聘用合同及缴纳养老保险和医疗保险的凭证。

5) 从事工程造价工作年限证明。

6) 申请人应根据所在工程造价业务岗位提供以下相应的工作业绩证明：①近两年已完成编制或审核的单项或单位工程的估算、概算、预算、标底、结算等成果文件及相应的委托书或合同书一份；②近两年参加编制或审核的全国统一定额或地区统一定额等计价依据的工作报告两份；③近两年发表的工程造价理论研究的报告两份。

未按规定进行初始注册，其全国造价工程师考试合格成绩可保留，但每年必须参加造价工程师的继续教育并达到要求，以便再次申请初始注册。

造价工程师初始注册的有效期限为 2 年，自核准注册之日起计算。

3. 续期注册

（1）续期注册的条件　具体如下：

1) 注册有效期满要求继续执业、且无以下情形的人员：①在注册期内参加造价工程师执业资格年检不合格的；②无业绩证明和工作总结的；③同时在两个以上单位执业的；④未按规定参加造价工程师继续教育或者继续教育未达到标准的；⑤允许他人以本人名义执业的；⑥在工程造价活动中有弄虚作假行为的；⑦在工程造价活动中有过失，造成重大损失的。

2) 在注册期内参加造价工程师执业资格年检合格的人员。

（2）续期注册的办理程序　具体如下：

1) 申请人向聘用单位提出续期注册申请。

2) 聘用单位审核同意后，将续期注册申请表、注册证书、执业期间工作业绩证明、造价工程师继续教育证书及聘用合同一并报省级或部门注册机构。

3) 省级或部门注册机构对申请材料进行审核，对初审合格的人员，准予续期注册；并在注册证书中续期注册栏内签署意见。

4) 省级或部门注册机构应当在准予续期注册后 30 日内，按规定格式填写《造价工程师续期注册情况统计表》、《造价工程师未通过续期注册人员统计表》和相应的软盘，并报中国建设工程造价管理协会备案。

5) 未按规定进行续期注册或经续期注册不合格的人员，由住房与城乡建设

部注销其造价工程师执业资格,并予以公告。

造价工程师注册有效期满要求继续执业的,应当在注册有效期满前 2 个月向省级注册机构或者部门注册机构申请续期注册。

申请造价工程师续期注册,应当提交下列材料:①从事工程造价活动的业绩证明和工作总结;②国务院建设行政主管部门认可的工程造价继续教育证明。

续期注册的有效期限为 2 年,自准予续期注册之日起计算。

4. 变更注册

造价工程师变更工作单位,应当在变更工作单位后 2 个月内到省级注册机构或者部门注册机构办理变更注册。

申请变更注册,按照下列程序办理:

1)申请人向聘用单位提出申请。

2)聘用单位审核同意后,连同申请人与原聘用单位的解聘证明,一并上报省级注册机构或者部门注册机构。

3)省级注册机构或者部门注册机构对有关情况进行审核,情况属实的,予以变更注册。

4)省级注册机构或者部门注册机构应当在准予变更之日起 30 日内,将变更注册人员情况报国务院建设行政主管部门备案。

造价工程师办理变更注册后 1 年内再次申请变更的,不予办理。

1.4.5 造价工程师的权利与义务

经造价工程师签字的工程造价成果文件,应当作为办理审批、报建、拨付工程款和工程结算的依据。

(1)造价工程师享有的权利 具体如下:

1)使用造价工程师名称。

2)依法独立执行业务。

3)签署工程造价文件、加盖执业专用章。

4)申请设立工程造价咨询单位。

5)对违反国家法律、法规的不正当计价行为,有权向有关部门举报。

(2)造价工程师应履行的义务 具体如下:

1)遵守法律、法规,恪守职业道德。

2)接受继续教育,提高业务技术水平。

3)在执业中保守技术和经济秘密。

4)不得允许他人以本人名义执业。

5)按照有关规定提供工程造价资料。

思 考 题

1. 简述工程造价的含义。
2. 工程造价有哪些特点？
3. 工程造价计算有哪些特征？
4. 工程造价控制的基本方法有哪些？
5. 工程造价咨询企业的主要业务范围是什么？
6. 简述我国造价工程师执业资格制度。
7. 造价工程师应具备哪些方面的素质？

第 2 章
建设项目工程造价的构成

2.1 概述

2.1.1 我国现行建设项目总投资构成和工程造价的构成

建设项目总投资包含固定资产投资和流动资产投资两部分，建设项目总投资中的固定资产投资与建设项目的工程造价在量上相等。

1. 建设项目总投资构成

在我国，建设项目总投资划分为固定资产投资和流动资产投资两部分，具体构成见表 2-1。

表 2-1　建设项目总投资及工程造价的构成

建设项目总投资	固定资产投资（工程造价）	设备及工具、器具购置费用	设备购置费	设备原价	工程造价
				设备运杂费	
			工器具及生产家具购置费		
		建筑安装工程费	直接费		
			间接费		
			利润		
			税金		
		工程建设其他费用	土地使用费		
			与项目建设有关的其他费用		
			与未来企业生产经营有关的其他费用		
		预备费	基本预备费		
			涨价预备费		
		建设期贷款利息			
		固定资产投资方向调节税			
	流动资产投资				

（1）固定资产投资　固定资产投资是指建设项目按照拟定的建设内容、建设规模、建设标准、功能和使用要求全部建成并验收合格至交付使用所需的全部费用。固定资产投资包括：用于建筑施工和安装施工所需支出的费用；用于购买工程项目所含各种设备的费用；用于委托工程勘察设计、购置土地所需的费用；建设单位自身进行项目筹建和项目管理所花费的费用等。通常所说的建设工程总造价是指建设工程总投资中的固定资产投资部分。

（2）流动资产投资　流动资产投资是指生产性建设项目为保证其投产后生产和经营活动的正常进行，按规定应列入建设项目费用的铺底流动资金。

2. 我国现行工程造价的构成

表 2-1 中的固定资产投资部分就是我国的工程造价，主要分为：设备及工具、器具购置费用；建筑安装工程费用；工程建设其他费用；预备费；建设期贷款利息；固定资产投资方向调节税等。

2.1.2　世界银行工程造价的构成

1978 年，世界银行、国际咨询工程师联合会对项目的总建设成本（相当于我国的工程造价）作了统一规定，其组成内容有项目直接建设成本、项目间接建设成本、应急费、建设成本上升费用。

1. 项目直接建设成本

项目直接建设成本包括以下内容：

1）土地征购费。

2）场外设施费用，如道路、码头、桥梁、机场、输电线路等设施费用。

3）场地费用。场地费用是指用于场地准备、厂区道路、铁路、围栏、场内设施等的建设费用。

4）工艺设备费。工艺设备费是指主要设备、辅助设备及零配件的购置费用，包括海运包装费用、交货港离岸价，但不包括税金。

5）设备安装费。设备安装费是指设备供应商的监理费用，本国劳务及工资费用，辅助材料、施工设备消耗品和工具等费用，以及安装承包商的管理费和利润等。

6）管道系统费用。管道系统费用是指与管道系统的材料及劳务相关的全部费用。

7）电气设备费。其内容与第 4 项相似。

8）电气安装费。电气安装费是指设备供应商的监理费用，本国劳务与工资费用，辅助材料、电缆管道和工具费用，以及营造承包商的管理费和利润。

9）仪器仪表费。仪器仪表费是指所有自动仪表、控制板、配线和辅助材料的费用以及供应商的监理费用、外国或本国劳务及工资费用、承包商的管理费和利润。

10) 机械的绝缘和油漆费。机械的绝缘和油漆费是指与机械及管道的绝缘和油漆相关的全部费用。

11) 工艺建筑费。工艺建筑费是指原材料、劳务费以及与基础、建筑结构、屋顶、内外装修、公共设施等有关的全部费用。

12) 服务性建筑费用。其内容与第 11 项相似。

13) 工厂普通公共设施费。工厂普通公共设施费包括材料和劳务费以及与供水、燃料供应、通风、蒸汽发生及分配、下水道、污物处理等公共设施有关的费用。

14) 车辆费。车辆费是指工艺操作必需的机动设备零件费用,包括海运包装费用以及交货港的离岸价,但不包括税金。

15) 其他当地费用。其他当地费用是指那些不能归类于以上任何一个项目,不能计入项目间接成本,但在建设期间又是必不可少的当地费用,如临时设备、临时公共设施及场地的维持费,营地设施及其管理,建筑保险和债券,杂项开支等费用。

2. 项目间接建设成本

项目间接建设成本包括以下内容:

(1) 项目管理费 项目管理费是指总部和施工现场管理人员的工资、福利等费用。

1) 总部人员的薪金和福利费,以及用于初步和详细工程设计、采购、时间和成本控制、行政和其他一般管理的费用。

2) 施工管理现场人员的薪金、福利费和用于施工现场监督、质量保证、现场采购、时间及成本控制、行政及其他施工管理机构的费用。

3) 零星杂项费用,如返工、旅行、生活津贴、业务支出等。

4) 各种酬金。

(2) 开工试车费 开工试车费是指工厂投料试车必需的劳务和材料费用(项目直接成本包括项目完工后的试车和空运转费用)。

(3) 业主的行政性费用 业主的行政性费用是指业主的项目管理人员费用及支出(其中某些费用必须排除在外,并在"估算基础"中详细说明)。

(4) 生产前费用 生产前费用是指前期研究、勘测、建矿、采矿等费用(其中某些费用必须排除在外,并在"估算基础"中详细说明)。

(5) 运费和保险费 运费和保险费是指海运、国内运输、许可证及佣金、海洋保险、综合保险等费用。

(6) 地方税 地方税是指地方关税、地方税及对特殊项目征收的税金。

3. 应急费

应急费包括以下内容：

（1）未明确项目的准备金　此项准备金用于在估算时不可能明确的潜在项目，包括那些在做成本估算时因为缺乏完整、准确和详细的资料而不能完全预见和不能注明的项目，并且这些项目是必须完成的，或它们的费用是必定要发生的。在每一个组成部分中均单独以一定的百分比确定，并作为估算的一个项目单独列出。此项准备金不是为了支付工作范围以外可能增加的项目，不是用以应付天灾、非正常经济情况及罢工等情况，也不是用来补偿估算的任何误差，而是用来支付那些几乎可以肯定要发生的费用。因此，它是估算不可缺少的一个组成部分。

（2）不可预见准备金　此项准备金（在未明确项目准备金之外）用于在估算达到了一定的完整性并符合技术标准的基础上，由于物质、社会和经济的变化，导致估算增加的情况可能发生，也可能不发生。因此，不可预见准备金只是一种储备，可能不动用。

4. 建设成本上升费用

建设成本上升费用相当于我国的涨价预备费。通常，估算中使用的构成工资率、材料和设备价格基础的截止日期就是"估算日期"。必须对该日期或已知成本基础进行调整，以补偿直至工程结束时的未知价格增长。

工程的各个主要组成部分（国内劳务和相关成本、本国材料、外国材料、本国设备、外国设备、项目管理机构）的细目划分决定以后，便可确定每一个主要组成部分的增长率，这个增长率是一项判断因素。它以已发表的国内和国际成本指数、公司记录等为依据，并与实际供应商进行核对，然后根据确定的增长率和从工程进度表中获得的每项活动的中点值，计算出每项主要组成部分的成本上升值。

2.2　设备及工具、器具购置费

设备及工具、器具购置费是由设备购置费和工具、器具及生产家具购置费组成的，它是固定资产投资中的积极部分。在生产性工程建设中，设备及工具、器具购置费用占工程造价比重的增大，意味着生产技术的进步和资本有机构成的提高。

2.2.1　设备购置费的构成及计算

设备购置费是指为建设项目购置或自制的达到固定资产标准的各种国产或进口设备、工具、器具的购置费用，它由设备原价和设备运杂费构成，其计算公式为：

$$设备购置费 = 设备原价 + 设备运杂费$$

式中，设备原价是指国产设备或进口设备的原价；设备运杂费是指除设备原价之外的关于设备采购、运输、途中包装及仓库保管等方面支出费用的总和。

1. 国产设备原价的构成及计算

国产设备原价一般指的是设备制造厂的交货价，或订货合同价。它一般根据生产厂或供应商的询价、报价、合同价确定，或采用一定的方法计算确定。国产设备原价分为国产标准设备原价和国产非标准设备原价。

（1）国产标准设备原价　国产标准设备是指按照主管部门颁布的标准图和技术要求，由我国设备生产厂批量生产的，符合国家质量检测标准的设备。国产标准设备原价有两种，即带有备件的原价和不带有备件的原价。在计算时，一般采用带有备件的原价。

（2）国产非标准设备原价　国产非标准设备是指国家尚无定型标准，各设备生产厂不可能在工艺过程中采用批量生产，只能按一次订货，并根据具体的设计图制造的设备。非标准设备原价有多种不同的计算方法，如成本计算估价法、系列设备插入估价法、分部组合估价法、定额估价法等。但无论采用哪种方法，都应该使非标准设备原价接近实际出厂价，并且计算方法要简便。按成本计算估价法，非标准设备原价由材料费、加工费、辅助材料费、专用工具费、废品损失费、外购配套件费、包装费、利润等组成。

2. 进口设备原价的构成及计算

进口设备原价是指进口设备的抵岸价，即抵达买方边境港口或边境车站，且交完关税等税费后形成的价格。进口设备抵岸价的构成与进口设备的交货类别有关。

（1）进口设备的交货类别　进口设备的交货类别可分为内陆交货类、目的地交货类、装运港交货类。

1）内陆交货类。内陆交货是指卖方在出口国内陆的某个地点交货。在交货地点，卖方及时提交合同规定的货物和有关凭证，并负担交货前的一切费用和风险；买方按时接受货物，交付货款，负担接货后的一切费用和风险，并自行办理出口手续和装运出口。货物的所有权也在交货后由卖方转移给买方。

2）目的地交货类。目的地交货是指卖方在进口国的港口或内地交货，包括目的港船上交货价、目的港船边交货价（FOS）和目的港码头交货价（关税已付）及完税后交货价（进口国的指定地点）等几种交货价。它们的特点是：买卖双方承担的责任、费用和风险是以目的地约定交货点为分界线，只有当卖方在交货点将货物置于买方控制下才算交货，才能向买方收取货款。这种交货类别对卖方来说承担的风险较大，在国际贸易中卖方一般不愿采用。

3）装运港交货类。装运港交货即卖方在出口国装运港交货，主要有装运港船上交货价（FOB），习惯称离岸价格，运费在内价（C&F）和运费、保险费在内价（CIF），习惯称到岸价格。它们的特点是：卖方按照约定的时间在装运港交货，只要卖方把合同规定的货物装船后提供货运单据便完成了交货任务，可凭单据收回货款。

装运港船上交货价（FOB）是我国进口设备采用最多的一种货价。采用船上交货价时卖方的责任是：在规定的期限内，负责在合同规定的装运港口将货物装上买方指定的船只，并及时通知买方；负担货物装船前的一切费用和风险，负责办理出口手续；提供出口政府或有关方面签发的证件；负责提供有关装运单据。买方的责任是：负责租船或订舱，支付运费，并将船期、船名通知卖方；负担货物装船后的一切费用和风险；负责办理保险及支付保险费，办理在目的港的进口和收货手续；接受卖方提供的有关装运单据，并按合同规定支付货款。

（2）进口设备抵岸价的构成及计算　　进口设备采用最多的是装运港船上交货价（FOB），其抵岸价的构成可概括为：

进口设备抵岸价 = 货价 + 国际运费 + 运输保险费 + 银行财务费 + 外贸手续费 +
　　　　　　　　关税 + 增值税 + 消费税 + 海关监管手续费 + 车辆购置附加费

1）货价。货价一般是指装运港船上交货价（FOB）。设备货价分为原币货价和人民币货价，原币货价一律折算为美元表示，人民币货价按原币货价乘以外汇市场美元兑换人民币中间价确定。进口设备货价按有关生产厂商询价、报价、订货合同价计算。

2）国际运费。国际运费即从装运港（站）到达我国抵达港（站）的运费。我国进口设备大部分采用海洋运输，小部分采用铁路运输，个别采用航空运输。进口设备国际运费的计算公式为：

$$国际运费（海、陆、空）= 原币货价（FOB）\times 运费率$$

$$国际运费（海、陆、空）= 运量 \times 单位运价$$

其中，运费率或单位运价参照有关部门或进出口公司的规定执行。

3）运输保险费。运输保险费是指对外贸易货物运输保险是由保险人（保险公司）与被保险人（出口人或进口人）订立保险契约，在被保险人交付议定的保险费后，保险人根据保险契约的规定对货物在运输过程中发生的承保责任范围内的损失给予经济上的补偿。这是一种财产保险。其计算公式为：

$$运输保险费 = \frac{原币货价（FOB）+ 国际运费}{1 - 保险费率} \times 保险费率$$

其中，保险费率按保险公司规定的进口货物保险费率计算。

4）银行财务费。银行财务费一般是指中国银行手续费，可按下式简化计算：

银行财务费 = 人民币货价（FOB）× 银行财务费率

5）外贸手续费。外贸手续费是指按商务部规定的外贸手续费率计取的费用，外贸手续费率一般取1.5%。其计算公式为：

外贸手续费 =（装运港船上交货价（FOB）+ 国际运费 + 运输保险费）× 外贸手续费率

6）关税。关税是指由海关对进出国境或关境的货物和物品征收的一种税。其计算公式为：

关税 = 到岸价格（CIF）× 进口关税税率

其中，到岸价格（CIF）包括离岸价格（FOB）、国际运费、运输保险费，它作为关税完税价格。进口关税税率分为优惠和普通两种。优惠税率适用于与我国签订关税互惠条款的贸易条约或协定的国家的进口设备；普通税率适用于与我国未签订关税互惠条款的贸易条约或协定的国家的进口设备。进口关税税率按我国海关总署发布的进口关税税率计算。

7）增值税。增值税是对从事进口贸易的单位和个人，在进口商品报关进口后征收的税种。我国增值税条例规定，进口应税产品均按组成计税价格和增值税税率直接计算应纳税额，即：

进口产品增值税额 = 组成计税价格 × 增值税税率

组成计税价格 = 关税完税价格 + 关税 + 消费税

增值税税率根据规定的税率计算。

8）消费税。消费税是对部分进口设备（如小汽车、摩托车等）征收，一般计算公式为：

$$应纳消费税额 = \frac{到岸价 + 关税}{1 - 消费税税费} \times 消费税税率$$

其中，消费税税率根据规定的税率计算。

9）海关监管手续费。海关监管手续费是指海关对进口减税、免税、保税货物实施监督、管理、提供服务的手续费，对于全额征收进口关税的货物不计本项费用。其公式如下：

海关监管手续费 = 到岸价 × 海关监管手续费率（一般为0.3%）

10）车辆购置附加费：进口车辆需缴进口车辆购置附加费。其公式如下：

进口车辆购置附加费 =（到岸价 + 关税 + 消费税 + 增值税）× 进口车辆购置附加费率

【例2-1】 某公司进口一批设备，银行财务费为5万元，外贸手续费为19万元，关税税率为20%，增值税税率为17%，抵岸价为1800万元。该批设备无消费税、海关监管手续费，则该批进口设备的到岸价格（CIF）为：

$$\frac{(1800 - 5 - 19) 万元}{(1 + 17\%) \times (1 + 20\%)} = 1264.96 万元$$

3. 设备运杂费的构成及计算

（1）设备运杂费的构成　设备运杂费通常由运费和装卸费、包装费、设备供销部门的手续费、采购与仓库保管费组成。

1）运费和装卸费。国产设备由设备制造厂交货地点起至工地仓库（或施工组织设计指定的需安装设备的堆放地点）止所发生的运费和装卸费；进口设备则由我国到岸港口或边境车站起至工地仓库（或施工组织设计指定的需安装设备的堆放地点）止所发生的运费和装卸费。

2）包装费。包装费是指在设备原价中没有包含的，为运输而进行的包装支出的各种费用。

3）设备供销部门的手续费。设备供销部门的手续费按有关部门规定的统一费率计算。

4）采购与仓库保管费。采购、验收、保管和收发设备所发生的各种费用，包括设备采购人员、保管人员和管理人员的工资、工资附加费、办公费、差旅交通费，设备供应部门办公和仓库所占固定资产使用费、工具用具使用费、劳动保护费、检验试验费等。这些费用可按主管部门规定的采购与保管费费率计算。

（2）设备运杂费的计算　设备运杂费按设备原价乘以设备运杂费率计算，其公式为：

$$设备运杂费 = 设备原价 \times 设备运杂费率$$

其中，设备运杂费率按各部门及省、市等的规定计取。

2.2.2　工具、器具及生产家具购置费的构成及计算

工具、器具及生产家具购置费，是指新建或扩建项目初步设计规定的，保证初期正常生产必须购置的没有达到固定资产标准的设备、仪器、工卡模具、器具、生产家具和备品备件等的购置费用。一般以设备购置费为计算基数，按照部门或行业规定的工具、器具及生产家具费率计算。其计算公式为：

$$工具、器具及生产家具购置费 = 设备购置费 \times 定额费率$$

2.3　建筑安装工程费

2.3.1　费用内容及构成概述

1. 建筑安装工程费用内容

建筑安装工程费用包括建筑工程费用和安装工程费用。

（1）建筑工程费用内容　具体如下：

1）各类房屋建筑工程和列入房屋建筑工程预算的供水、供暖、卫生、通

风、燃气等设备费用及其装设、油饰工程的费用，列入建筑工程预算的各种管道、电力、电信和电缆导线敷设工程的费用。

2）设备基础、支柱、工作台、烟囱、水塔、水池等建筑工程以及各种炉窑的砌筑工程和金属结构工程的费用。

3）为施工而进行的场地平整，工程和水文地质勘察，原有建筑物和障碍物的拆除以及施工临时用水、电、气、路和完工后的场地清理、环境绿化、美化等工作的费用。

4）矿井开凿、井巷延伸、露天矿剥离、石油、天然气钻井，修建铁路、公路、桥梁、水库、堤坝、灌渠及防洪等工程的费用。

（2）安装工程费用内容　具体如下：

1）生产、动力、起重、运输、传动和医疗、实验等各种需要安装的机械设备的装配费用，与设备相连的工作台、梯子、栏杆等设施的工程费用，附属于被安装设备的管线敷设工程费用，以及被安装设备的绝缘、防腐、保温、油漆等工作的材料费和安装费。

2）为测定安装工程质量，对单台设备进行单机试运转、对系统设备进行系统联动无负荷试运转工作的调试费。

2. 我国现行建筑安装工程费用项目组成

根据《建筑安装工程费用项目组成》（建标［2003］206号文）的规定，我国现行建筑安装工程费用主要由直接费、间接费、利润和税金组成。其具体内容如图2-1所示。

2.3.2　直接费

建筑安装工程直接费由直接工程费和措施费组成。

1. 直接工程费

直接工程费是指施工过程中耗费的构成工程实体的各项费用，包括人工费、材料费、施工机械使用费。

（1）人工费　建筑安装工程费中的人工费，是指直接从事建筑安装工程施工的生产工人开支的各项费用。构成人工费的基本要素有两个，即人工工日消耗量和人工日工资单价。

1）人工工日消耗量是指在正常施工生产条件下，生产单位假定建筑安装产品（分部分项工程或结构构件）必须消耗的某种技术等级的人工工日数量。它由分项工程所综合的各个工序施工劳动定额包括的基本用工、其他用工两部分组成。

2）相应等级的日工资单价包括生产工人基本工资、工资性补贴、生产工人辅助工资、职工福利费及生产工人劳动保护费。

人工费的基本计算公式为：

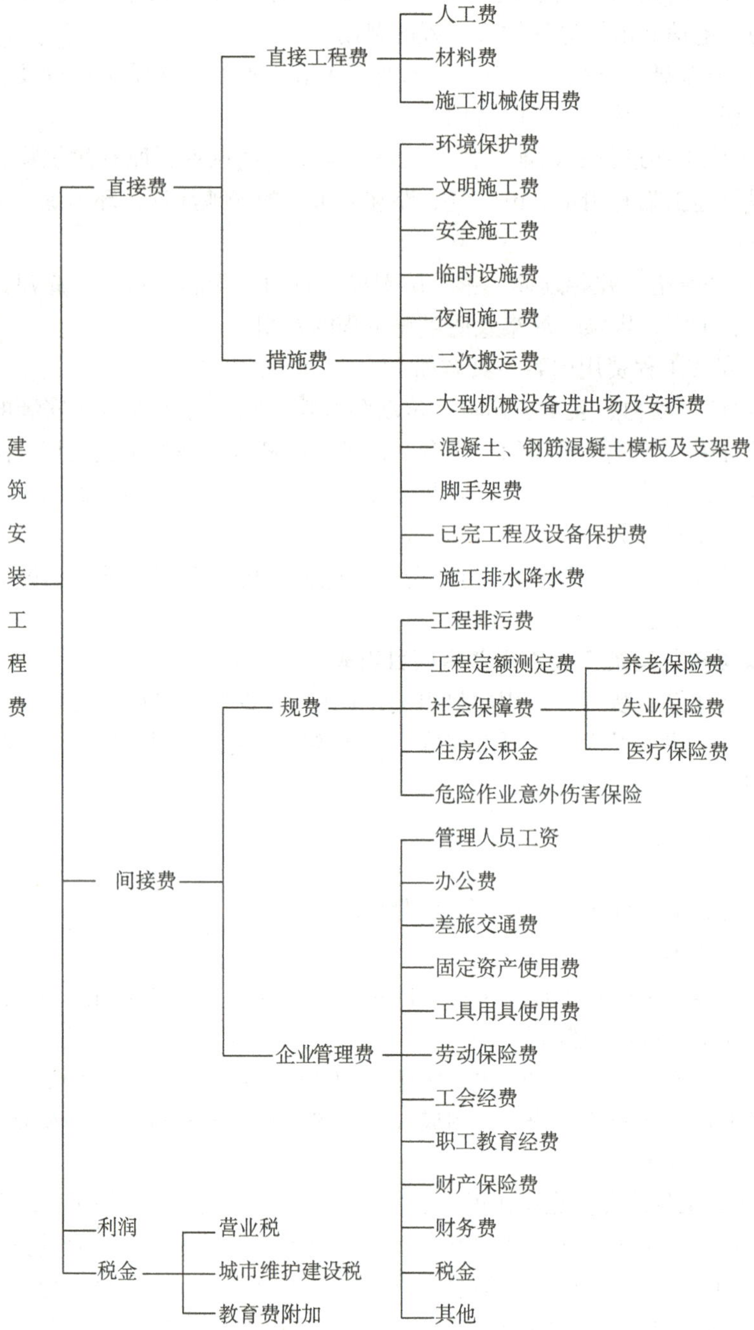

```
                                    ┌─ 人工费
                    ┌─ 直接工程费 ──┼─ 材料费
                    │               └─ 施工机械使用费
                    │               ┌─ 环境保护费
          ┌─ 直接费 ─┤               ├─ 文明施工费
          │         │               ├─ 安全施工费
          │         │               ├─ 临时设施费
          │         │               ├─ 夜间施工费
          │         └─ 措施费 ──────┼─ 二次搬运费
          │                         ├─ 大型机械设备进出场及安拆费
          │                         ├─ 混凝土、钢筋混凝土模板及支架费
建                                   ├─ 脚手架费
筑                                   ├─ 已完工程及设备保护费
安                                   └─ 施工排水降水费
装                                   ┌─ 工程排污费
工                                   ├─ 工程定额测定费             ┌─ 养老保险费
程         ┌─ 规费 ────────────────┼─ 社会保障费 ──────────────┼─ 失业保险费
费         │                         ├─ 住房公积金                 └─ 医疗保险费
          │                         └─ 危险作业意外伤害保险
          │                         ┌─ 管理人员工资
          │                         ├─ 办公费
          │                         ├─ 差旅交通费
          ├─ 间接费 ─┤               ├─ 固定资产使用费
          │         │               ├─ 工具用具使用费
          │         └─ 企业管理费 ──┼─ 劳动保险费
          │                         ├─ 工会经费
          │                         ├─ 职工教育经费
          │                         ├─ 财产保险费
          │                         └─ 财务费
          ├─ 利润                    ┌─ 营业税
          └─ 税金 ──────────────────┼─ 城市维护建设税
                                    └─ 教育费附加
                                    ┌─ 税金
                                    └─ 其他
```

图 2-1　建筑安装工程费用的组成

人工费 = $\sum$（工日消耗量 × 日工资单价）

（2）材料费　建筑安装工程费中的材料费，是指施工过程中耗费的构成工程实体的原材料、辅助材料、构配件、零件、半成品的费用。构成材料费的基本要素是材料消耗量、材料基价和检验试验费。

1）材料消耗量。材料消耗量是指在合理和节约使用材料的条件下，生产单位假定建筑安装产品必须消耗的一定品种规格的原材料、辅助材料、构配件、零件、半成品等的数量标准。它包括材料净用量和材料不可避免的损耗量。

2）材料基价。材料基价是指材料在购买、运输、保管过程中形成的价格，包括材料原价（或供应价格）、材料运杂费、运输损耗费、采购及保管费等。

3）检验试验费。检验试验费是指对建筑材料、构件和建筑安装物进行一般鉴定、检查所发生的费用，包括自设试验室进行试验所耗用的材料和化学药品等费用，不包括新结构、新材料的试验费和建设单位对具有出厂合格证明的材料进行检验，对构件做破坏性试验及其他特殊要求检验试验的费用。

材料费的基本计算公式为：

材料费 = $\sum$（材料消耗量 × 材料基价）+ 检验试验费

（3）施工机械使用费　建筑安装工程费中的施工机械使用费，是指施工机械作业所发生的机械使用费以及机械安拆费和场外运费。构成施工机械使用费的基本要素是施工机械台班消耗量和机械台班单价。

1）施工机械台班消耗量。施工机械台班消耗量是指在正常施工条件下，生产单位假定建筑安装产品必须消耗的某类某种型号施工机械的台班数量。

2）机械台班单价。其内容包括台班折旧费、台班大修理费、台班经常修理费、台班安拆费及场外运输费、台班人工费、台班燃料动力费、台班养路费及车船使用税。

施工机械使用费的基本计算公式为：

施工机械使用费 = $\sum$（施工机械台班消耗量 × 机械台班单价）

2. 措施费

措施费是指为完成工程项目施工，发生于该工程施工前和施工过程中非工程实体项目的费用。措施费主要包括：

1）环境保护费。环境保护费是指施工现场为达到环保部门要求所需要的各项费用。

2）文明施工费。文明施工费是指施工现场文明施工所需要的各项费用。

3）安全施工费。安全施工费是指施工现场安全施工所需要的各项费用。

4）临时设施费。临时设施费是指施工企业为进行建筑工程施工所必须搭设的生活和生产用的临时建筑物、构筑物和其他临时设施费用等。其主要包括：临时宿舍、文化福利及公用事业房屋与构筑物，仓库、办公室、加工厂以及规定范围内道路、水、电、管线等临时设施和小型临时设施。临时设施费用也包括：临时设施的搭设、维修、拆除费或摊销费。临时设施费的构成包括周转使用临建费、一次性使用临建费和其他临时设施费。

5）夜间施工增加费。夜间施工费是指因夜间施工所发生的夜班补助费、夜间施工降效、夜间施工照明设备摊销及照明用电等费用。

6）二次搬运费。二次搬运费是指因施工场地狭小等特殊情况而发生的二次搬运费用。

7）大型机械设备进出场及安拆费。大型机械设备进出场及安拆费是指机械整体或分体自停放场地运至施工现场或由一个施工地点运至另一个施工地点，所发生的机械进出场运输及转移费用及机械在施工现场进行安装、拆卸所需的人工费、材料费、机械费、试运转费和安装所需的辅助设施的费用。

8）混凝土、钢筋混凝土模板及支架费。混凝土、钢筋混凝土模板及支架费是指混凝土施工过程中需要的各种钢模板、木模板、支架等的支、拆、运输费用及模板、支架的摊销（或租赁）费用。

9）脚手架费。脚手架费是指施工需要的各种脚手架搭、拆、运输费用及脚手架的摊销（或租赁）费用。

10）已完工程及设备保护费。已完工程及设备保护费是指竣工验收前，对已完工程及设备进行保护所需的费用。

11）施工排水、降水费。施工排水、降水费是指为确保工程在正常条件下施工，采取各种排水、降水措施所发生的各种费用。

2.3.3　间接费

间接费是指虽不直接由施工的工艺过程所引起，但却与工程的总体条件有关的，建筑安装企业为组织施工和进行经营管理，以及间接为建筑安装生产服务的各项费用。建筑安装工程间接费由规费和企业管理费组成。

1. 规费

规费是指政府和有关权力部门规定必须缴纳的费用（简称规费）。其主要包括：

1）工程排污费。工程排污费是指施工现场按规定缴纳的工程排污费。

2）工程定额测定费。工程定额测定费是指按规定支付工程造价（定额）管理部门的定额测定费。⊖

⊖ 国家财政部、国家发改委联合下发了《关于公布取消和停止征收100项行政事业性收费项目的通知》（财综［2008］78号），"工程定额测定费"被列入取消收费项目之中，自2009年1月1日起停止收取。

3) 社会保障费。工程定额测定费其具体包括:养老保险费、失业保险费、医疗保险费、住房公积金、危险作业意外伤害保险。

2. 企业管理费

企业管理费是指建筑安装企业组织施工生产和经营管理所需费用,包括:

1) 管理人员工资。管理人员工资是指管理人员的基本工资、工资性补贴、职工福利费、劳动保护费等。

2) 办公费。办公费是指企业管理办公用的文具、纸张、账表、印刷、邮电、书报、会议、水电、烧水和集体取暖(包括现场临时宿舍取暖)用煤等费用。

3) 差旅交通费。差旅交通费是指职工因公出差、调动工作的差旅费、住勤补助费、市内交通费和误餐补助费、职工探亲路费、劳动力招募费、职工离退休、退职一次性路费、工伤人员就医路费、工地转移费以及管理部门使用的交通工具的油料、燃料、养路费及牌照费。

4) 固定资产使用费。固定资产使用费是指管理和试验部门及附属生产单位使用的属于固定资产的房屋、设备仪器等的折旧、大修、维修或租赁费。

5) 工具用具使用费。工具用具使用费是指管理使用的不属于固定资产的生产工具、器具、家具、交通工具和检验、试验、测绘、消防用具等的购置、维修和摊销费。

6) 劳动保险费。劳动保险费是指由企业支付离退休职工的易地安家补助费、职工退职金、六个月以上的病假人员工资、职工死亡丧葬补助费、抚恤费、按规定支付给离休干部的各项经费。

7) 工会经费。工会经费是指企业按职工工资总额计提的工会经费。

8) 财产保险费。财产保险费是指施工管理用财产、车辆保险。

9) 财务费。财务费是指企业为筹集资金而发生的各种费用。

10) 税金。税金是指企业按规定缴纳的房产税、车船使用税、土地使用税、印花税等。

11) 其他。其他包括技术转让费、技术开发费、业务招待费、绿化费、广告费、公证费、法律顾问费、审计费、咨询费等。

2.3.4 利润及税金

建筑安装工程费用中的利润及税金是建筑安装企业职工为社会劳动所创造的价值在建筑安装工程造价中的体现。

1. 利润

利润是指施工企业完成所承包工程获得的盈利。在建设产品的市场定价过程中,应根据市场的竞争状况适当确定利润水平。取定的利润水平过高可能会导致丧失一定的市场机会;取定的利润水平过低又会面临很大的市场风险。相对于相对固定的成本水平来说，利润率的选定体现了企业的定价政策，利润率的确定是否合理也反映出企业的市场成熟度。

2. 税金

建筑安装工程税金是指国家税法规定的应计入建筑安装工程费用的营业税、城市维护建设税及教育费附加。

（1）营业税　营业税是对在我国境内从事交通运输业、建筑业、金融保险业、邮电通信业、文化体育业、娱乐业、服务业或有偿转让无形资产、销售不动产行为的单位和个人，就其营业额所征收的一种税。其中，建筑安装企业营业税为营业额的 3%。

营业额是指从事建筑、安装、修缮、装修及其他工程作业收取的全部收入，包括工程所用原材料及其他物资和动力的价款。当安装的设备的价值作为安装工程产值时，也包括所安装设备的价款，但不包括建筑安装工程总承包方支付给分包或转包方的价款。

（2）城市维护建设税　城市维护建设税是以纳税人实缴的流转税额为计税依据征收的一种税。计算城市维护建设税按应纳营业税额乘以适用的税率来确定。

纳税人所在地为市区的，其适用税率为营业税的 7%；所在地为县镇的，其适用税率为营业税的 5%；所在地为农村的，其适用税率为营业税的 1%。

（3）教育费附加　教育费附加是为了加快地方教育事业的发展，扩大地方教育经费资金的来源而征收的一种附加费。计算教育费附加按应纳营业税额的 3% 确定。

2.3.5　国外建设工程费用的构成

1. 费用构成

国外建筑安装工程费用的构成与我国的情况大致相同，尤其是直接费的计算基本一致。但是由于历史的原因，国外基本上是市场经济条件下的计算习惯，并以西方经济学为依据，为竞争的目的而估价；而我国却是在计划经济下，按固定价格进行预算而进行的计价习惯，故在构成上还是有差异的。国外建筑安装工程费用的构成见表 2-2。

（1）直接费的构成　由人工费、材料费、施工机械费构成。

1）人工费。国外一般工程施工的工人按技术要求划分为高级技工、熟练工、半熟练工和壮工。当工程价格采用平均工资计算时，要按各类工人总数的比例进行加权计算。工资应包括工资、加班费、津贴、招聘解聘费用等。

2）材料费。材料费是由材料原价、运杂费、税金、运输损耗及采购保管费、预涨费组成。

表 2-2 国外建筑安装工程费用构成

国外建筑安装工程费用构成	各单项工程费用	各分部分项工程费用	人工费	工资、加班费、津贴、招雇解雇费
			材料费	原价、运杂费、税金、运输损耗及采购保管费、预涨费
			施工机械费	租用机械费、自有机械费
			管理费	现场管理费、公司管理费
			利润及税金	
			其他摊销费	
		单项工程开办费	施工用水、用电、机具费、清理费,周转材料摊销费,临时设施摊销费,驻工地工程师办公费,现场实验费,其他	
	分包工程费用	各分包工程费		
		总包利润		
	暂定金额	货物费、材料费、服务费、不可预见费		

材料原价：在当地材料市场中采购的材料则为采购价，包括材料出厂价和采购供销手续费等。进口材料一般是指到达当地海港的交货价。

运杂费：在当地采购的材料是指从采购地点至工程施工现场的短途运输费、装卸费。进口材料则为从当地海港运至工程施工现场的运输费、装卸费。

税金：在当地采购的材料，采购价格中已经包括税金；进口材料则为工程所在国的进口关税和手续费、运输损耗及采购保管费。

预涨费：根据当地材料价格年平均上涨率和施工年数，按材料原价、运杂费、税金之和的一定比例计算。

3）施工机械费。大型自有机械台时单价，一般由每台时应摊折旧费、应摊维修费、台时消耗的能源和动力费、台时应摊的驾驶工人工资以及工程机械设备险投保费、第三者责任险投保费等组成。如使用租赁施工机械时，其费用则包括租赁费、租赁机械的进出场费等。

（2）管理费　管理费包括工程现场管理费（约占整个管理费的 20%～30%）和公司管理费（约占整个管理费的 70%～75%）。管理费除了包括与我国施工管理费构成相似的工作人员工资、工作人员辅助工资、办公费、差旅交通费、固定资产使用费、生活设施使用费、工具用具使用费、劳动保护费、检验试验费以外，还含有业务经费。业务经费包括：广告宣传费、交际费、业务资料费、手续费、代理人费用和佣金等。

在许多国家，施工企业的业务及管理费往往是管理费中所占比例最大的一项，大约占整个管理费的 30%～38%。

（3）开办费　在很多国家，开办费一般是在各分部分项工程造价的前面按单项工程分别单独列出。单项工程建筑安装工程量越大，开办费在工程价格中的比例就越小；反之开办费就越大。一般开办费约占工程价格的 10%～20%。开办费包括的内容因国家和工程的不同而异，大致包括以下内容：施工用水、用电费、工地清理费及完工后清理费，脚手架、模板等周转材料的摊销费、临时设施费、利润、暂定金额、分包工程费用等。

2. 费用的组成形式和分摊比例

（1）组成形式　上述组成造价的各项费用体现在承包商投标报价中有三种形式：组成分部分项工程单价、单独列项、分摊进单价。

1）组成分部分项工程单价。人工费、机械费和材料费直接消耗在分部分项工程上，在费用和分部分项工程之间存在着直观的对应关系，所以人工费、材料费和机械费组成分部分项工程单价，单价与工程量相乘可得出分部分项工程价格。

2）单独列项。开办费中的项目有临时设施、为业主提供的办公和生活设施、脚手架等费用，经常在工程量清单的开办费部分单独分项报价。这种方式适用于不直接消耗在某个分部分项工程上，无法与分部分项工程直接对应，但是对完成工程建设是必不可少的费用。

3）分摊进单价。承包商总部管理费、利润和税金，以及开办费中的项目经常以一定的比例分摊进单价。

需要注意的是，开办费项目在单独列项和分摊进单价这两种方式中采用哪一种，要根据招标文件和计算规则的要求而定。有的计算规则包括的开办费项目比较齐全，有的计算规则包括的开办费项目比较少。例如，著名的 SMM7 计算规则的开办费项目就比较齐全，而同样比较有影响的《建筑工程量计算原则（国际通用）》就没有专门的开办费用部分，要求把开办费都分摊进分部分项工程单价。

（2）分摊比例　具体如下：

1）固定比例。税金和政府收取的各项管理费的比例是工程所在地政府规定的费率，承包商不能随意变动。

2）浮动比率。总部管理费和利润的比例由承包商自行确定。承包商根据自身经营状况、工程具体情况等投标策略确定。一般来讲，这个比例在一定范围内是浮动变化的，不同的工程项目、不同的时间和地点，承包商对总部管理费和利润的预期值都不会相同。

3）测算比例。开办费的比例需要详细测算，首先计算出需要分摊的项目金额，然后计算分摊金额与分部分项工程价格的比例。

4) 公式法。可参考下列公式分摊：

$$A = a(1+K_1)(1+K_2)(1+K_3)$$

式中　A——分摊后的分部分项工程单价；
　　　a——分摊前的分部分项工程单价；
　　　K_1——开办费项目的分摊比例；
　　　K_2——总部管理费和利润的分摊比例；
　　　K_3——税率。

2.4　工程建设其他费用

工程建设其他费用是指从工程筹建起到工程竣工验收交付使用止的整个建设期间，除建筑安装工程费用和设备及工器具购置费用以外的，为保证工程建设顺利完成和交付使用后能够正常发挥效用而发生的各项费用。

工程建设其他费用，按其内容大体可分为三类：第一类是指土地使用费；第二类是指与工程建设有关的其他费用；第三类是指与未来企业生产经营有关的其他费用。

2.4.1　土地使用费

任何一个建设项目都固定于一定地点与地面相连接，必须占用一定量的土地，也就必然要发生为获得建设用地而支付的费用，这就是土地使用费。它是指通过划拨方式取得土地使用权而支付的土地征用及迁移补偿费，或者通过土地使用权出让方式取得土地使用权而支付的土地使用权出让金。

1. 土地征用及迁移补偿费

土地征用及迁移补偿费，是指建设项目通过划拨方式取得无限期的土地使用权，依照《中华人民共和国土地管理法》等规定所支付的费用。其总和一般不得超过被征土地年产值的30倍，土地年产值则按该地被征用前三年的平均产量和国家规定的价格计算。其内容包括：

（1）土地补偿费　征用耕地（包括菜地）的补偿标准，按政府规定，为该耕地被征用前三年平均年产值的6~10倍，具体补偿标准由省、自治区、直辖市人民政府在此范围内制定。征用园地、鱼塘、藕塘、苇塘、宅基地、林地、牧场、草原等的补偿标准，由省、自治区、直辖市参照征用耕地的土地补偿费制定。征收无收益的土地，不予补偿。土地补偿费归农村集体经济组织所有。

（2）青苗补偿费和被征用土地上的房屋、水井、树木等附着物补偿费　这些补偿费的标准由省、自治区、直辖市人民政府制定。征用城市郊区的菜地时，还应按照有关规定向国家缴纳新菜地开发建设基金。地上附着物及青苗补偿费归地上附着物及青苗的所有者所有。

（3）安置补助费　征用耕地、菜地的，其安置补助费按照需要安置的农业人口数计算。每一个需要安置的农业人口的安置补助费标准，为该耕地被征用前三年平均年产值的 4~6 倍。但是，每公顷被征用耕地的安置补助费，最高不得超过被征用前三年平均年产值的 15 倍。征用土地的安置补助费必须专款专用，不得挪作他用。需要安置的人员由农村集体经济组织安置的，安置补助费支付给农村集体经济组织，由农村集体经济组织管理和使用；由其他单位安置的，安置补助费支付给安置单位；不需要统一安置的，安置补助费发放给被安置人员个人或者征得被安置人员同意后用于支付被安置人员的保险费用。市、县和乡（镇）人民政府应当加强对安置补助费使用情况的监督。

（4）缴纳的耕地占用税或城镇土地使用税、土地登记费及征地管理费等县市土地管理机关从征地费中提取土地管理费的比率，要按征地工作量大小，视不同情况，在 1%~4% 幅度内提取。

（5）征地动迁费　征地动迁费包括征用土地上的房屋及附属构筑物、城市公共设施等拆除、迁建补偿费、搬迁运输费，企业单位因搬迁造成的减产、停工损失补贴费，拆迁管理费等。

（6）水利水电工程水库淹没处理补偿费　水利水电工程水库淹没处理补偿费包括农村移民安置迁建费，城市迁建补偿费，库区工矿企业、交通、电力、通信、广播、管网、水利等的恢复、迁建补偿费，库底清理费，防护工程费，环境影响补偿费用等。

2. 土地使用权出让金

土地使用权出让金是指建设项目通过土地使用权出让方式，取得有限期的土地使用权，依照《中华人民共和国城镇国有土地使用权出让和转让暂行条例》规定，支付的土地使用权出让金。

2.4.2　与建设项目有关的其他费用

根据项目的不同，与项目建设有关的其他费用的构成也不尽相同，一般包括以下各项，在进行工程估算及概算中可根据实际情况进行计算。

1. 建设单位管理费

建设单位管理费是指建设项目从立项、筹建、建设、联合试运转、竣工验收交付使用及后评估等全过程管理所需费用。主要内容包括：

（1）建设单位开办费　建设单位开办费是指新建项目为保证筹建和建设工作正常进行所需办公设备、生活家具、用具、交通工具等购置费用。

（2）建设单位经费　建设单位经费包括工作人员的基本工资、工资性补贴、职工福利费、劳动保护费、劳动保险费、办公费、差旅交通费、工会经费、职工教育经费、固定资产使用费、工具用具使用费、技术图书资料费、生产人员招募费、工程招标费、合同契约公证费、工程质量监督检测费、工程咨询费、法律顾问费、审计费、业务招待费、排污费、竣工交付使用清理及竣工验收费、后评估等费用。不包括应计入设备、材料预算价格的建设单位采购及保管设备材料所需的费用。

建设单位管理费按照单项工程费用之和（包括设备工器具购置费和建筑安装工程费用）乘以建设单位管理费费率计算。

建设单位管理费费率按照建设项目的不同性质、不同规模确定。有的建设项目按照建设工期和规定的金额计算建设单位管理费。

2. 勘察设计费

勘察设计费是指为本建设项目提供项目建议书、可行性研究报告及设计文件等所需费用。勘察设计费中，项目建议书、可行性研究报告按国家颁布的收费标准计算，设计费按国家颁布的工程设计收费标准计算；勘察费一般民用建筑6层以下的按 $3\sim5$ 元$/m^2$ 计算，高层建筑按 $8\sim10$ 元$/m^2$ 计算，工业建筑按 $10\sim12$ 元$/m^2$ 计算。

3. 研究试验费

研究试验费是指为建设项目提供和验证设计参数、数据、资料等所进行的必要的试验费用以及设计规定在施工中必须进行试验、验证所需费用。其主要包括自行或委托其他部门研究试验所需人工费、材料费、试验设备及仪器使用费等。这项费用按照设计单位根据本工程项目的需要提出的研究试验内容和要求计算。

4. 建设单位临时设施费

建设单位临时设施费是指建设期间建设单位所需临时设施的搭设、维修、摊销费用或租赁费用。

5. 工程监理费

工程监理费是指建设单位委托工程监理单位对工程实施监理工作所需的费用。

6. 工程保险费

工程保险费是指建设项目在建设期间根据需要实施工程保险所需的费用。其主要包括以各种建筑工程及其在施工过程中的物料、机器设备为保险标的的建筑工程一切险，以安装工程中的各种机器、机械设备为保险标的的安装工程一切险，以及机器损坏保险等。根据不同的工程类别，分别以其建筑、安装工程费乘以建筑、安装工程保险费率计算。民用建筑（住宅楼、综合性大楼、商场、旅馆、医院、学校）占建筑工程费的 2‰～4‰；其他建筑（工业厂房、仓库、道路、码头、水坝、隧道、桥梁、管道等）占建筑工程费的 3‰～6‰；安装工程（农业、工业、机械、电子、电器、纺织、矿山、石油、化学及钢铁工业、钢结构桥梁）占建筑工程费的3‰~6‰。

7. 引进技术和进口设备其他费用

（1）出国人员费用　出国人员费用是指为引进技术和进口设备派出人员在国外培训和进行设计联络，设备检验等的差旅费、置装费、生活费等。这项费用根据设计规定的出国培训和工作的人数、时间及派往的国家，按财政部、外交部规定的临时出国人员费用开支标准及中国民用航空公司现行国际航线票价等进行计算，其中使用外汇部分应计算银行财务费用。

（2）国外工程技术人员来华费用　国外工程技术人员来华费用是指为安装进口设备，引进国外技术等聘用外国工程技术人员进行技术指导工作所发生的费用。其主要包括技术服务费、外国技术人员的在华工资、生活补贴、差旅费、医药费、住宿费、交通费、宴请费、参观游览等招待费用。这项费用按每人每月费用指标计算。

（3）技术引进费　技术引进费是指为引进国外先进技术而支付的费用。其主要包括专利费、专有技术费（技术保密费）、国外设计及技术资料费、计算机软件费等。这项费用根据合同或协议的价格计算。

（4）分期或延期付款利息　分期或延期付款利息是指利用出口信贷引进技术或进口设备采取分期或延期付款的办法所支付的利息。

（5）担保费　担保费是指国内金融机构为买方出具保函的担保费。这项费用按有关金融机构规定的担保费率计算（一般可按承保金额的5‰计算）。

（6）进口设备检验鉴定费用　进口设备检验鉴定费用是指进口设备按规定付给商品检验部门的进口设备检验鉴定费。这项费用按进口设备货价的3‰~5‰计算。

8. 工程承包费

工程承包费是指具有总承包条件的工程公司，对工程建设项目从开始建设至竣工投产全过程的总承包所需的管理费用。具体内容包括组织勘察设计、设备材料采购、非标准设备设计制造与销售、施工招标、发包、工程预决算、项目管理、施工质量监督、隐蔽工程检查、验收和试车直至竣工投产的各种管理费用。该费用按国家主管部门或省、自治区、直辖市协调规定的工程总承包费取费标准计算。如无规定时，一般工业建设项目为投资估算的6%~8%，民用建筑（包括住宅建设）和市政项目为4%~6%。不实行工程总承包的项目不计算本项费用。

2.4.3　与未来企业生产经营有关的其他费用

1. 联合试运转费

联合试运转费是指新建企业或新增加生产工艺过程的扩建企业在竣工验收

前，按照设计规定的工程质量标准，进行整个车间的负荷或无负荷联合试运转发生的费用支出大于试运转收入的亏损部分。费用内容包括：试运转所需的原料、燃料、油料和动力的费用，机械使用费用，低值易耗品及其他物品的购置费用和施工单位参加联合试运转人员的工资等。试运转收入包括试运转产品销售和其他收入，不包括应由设备安装工程费项下开支的单台设备调试费及试车费用。联合试运转费一般根据不同性质的项目按需要试运转车间的工艺设备购置费的百分比计算。

2. 生产准备费

生产准备费是指新建企业或新增生产能力的企业，为保证竣工交付使用进行必要的生产准备所发生的费用。费用内容包括：

1）生产人员培训费。生产人员培训费包括自行培训、委托其他单位培训的人员的工资、工资性补贴、职工福利费、差旅交通费、学习资料费、学习费、劳动保护费等。

2）生产单位提前进厂参加施工、设备安装、调试等以及熟悉工艺流程及设备性能等人员的工资、工资性补贴、职工福利费、差旅交通费、劳动保护费等。

生产准备费一般根据需要培训和提前进厂人员的人数及培训时间按生产准备费指标进行估算。

应该指出，生产准备费在实际执行中是一笔在时间上、人数上、培训深度上很难划分的、活口很大的支出，尤其要严格掌握。

3. 办公和生活家具购置费

办公和生活家具购置费是指为保证新建、改建、扩建项目初期正常生产、使用和管理所必需购置的办公和生活家具、用具的费用。改、扩建项目所需的办公和生活用具购置费，应低于新建项目。其范围包括办公室、会议室、资料档案室、阅览室、文娱室、食堂、浴室、理发室、单身宿舍和设计规定必须建设的托儿所、卫生所、招待所、中小学校等家具用具购置费。这项费用按照设计定员人数乘以综合指标计算，一般为 600～800 元/人。

2.5 工程建设相关费用

2.5.1 预备费

按我国现行规定，预备费包括基本预备费和涨价预备费。

1. 基本预备费

基本预备费是指在初步设计及概算内难以预料的工程费用。费用内容包括：

1）在批准的初步设计范围内，技术设计、施工图设计及施工过程中所增加的工程费用；设计变更、局部地基处理等增加的费用。

2) 一般自然灾害造成的损失和预防自然灾害所采取的措施费用。实行工程保险的工程项目费用应适当降低。

3) 竣工验收时为鉴定工程质量对隐蔽工程进行必要的挖掘和修复费用。

基本预备费是按设备及工器具购置费、建筑安装工程费用和工程建设其他费用三者之和为计取基础,乘以基本预备费费率进行计算。

基本预备费 = (设备及工器具购置费 + 建筑安装工程费用 + 工程建设其他费用) × 基本预备费费率

基本预备费费率的取值应执行国家及部门的有关规定。

2. 涨价预备费

涨价预备费是指建设项目在建设期间内由于价格等变化引起工程造价变化的预测预留费用。费用内容包括:人工、设备、材料、施工机械的价差费,建筑安装工程费及工程建设其他费用调整,利率、汇率调整等增加的费用。

涨价预备费的测算方法,一般根据国家规定的投资综合价格指数,按估算年份价格水平的投资额为基数,采用复利方法计算。计算公式为:

$$PF = \sum_{t=1}^{n} I_t [(1+f)^t - 1]$$

式中　PF——涨价预备费;

　　　n——建设期年份数;

　　　t——计算期第 t 年;

　　　I_t——建设期中第 t 年的投资计划额,包括设备及工器具购置费、建筑安装工程费、工程建设其他费用及基本预备费;

　　　f——年均投资价格上涨率。

【例 2-2】某项目建设期为 3 年,各年投资计划额如下,第一年投资 7200 万元,第二年 10800 万元,第三年 3600 万元,年均投资价格上涨率为 6%,求建设项目建设期间涨价预备费。

解:第一年涨价预备费为:

$PF_1 = I_1 [(1+f) - 1]$ = 7200 万元 × 0.06 = 432 万元

第二年涨价预备费为:

$PF_2 = I_2 [(1+f)^2 - 1]$ = 10800 万元 × (1.06² - 1) = 1334.88 万元

第三年涨价预备费为:

$PF_3 = I_3 [(1+f)^3 - 1]$ = 3600 万元 × (1.06³ - 1) = 687.66 万元

所以,建设期的涨价预备费为:

PF = 432 万元 + 1334.88 万元 + 687.66 万元 = 2454.54 万元

2.5.2　建设期贷款利息

建设期贷款利息包括向国内银行和其他非银行金融机构贷款、出口信贷、外国政府贷款、国际商业银行贷款以及在境内外发行的债券等在建设期间内应偿还的借款利息。

当总贷款是分年均衡发放时,建设期利息的计算可按当年借款在年中支用考虑,即当年贷款按半年计息,上年贷款按全年计息。计算公式为:

$$q_j = \left(P_{j-1} + \frac{1}{2}A_j\right)i$$

式中　q_j——建设期第 j 年应计利息;

P_{j-1}——建设期第 ($j-1$) 年末贷款累计金额与利息累计金额之和;

A_j——建设期第 j 年贷款金额;

i——年利率。

国外贷款利息的计算中,还应包括国外贷款银行根据贷款协议向贷款方以年利率的方式收取的手续费、管理费、承诺费;以及国内代理机构经国家主管部门批准的以年利率的方式向贷款单位收取的转贷费、担保费、管理费等。

【例 2 – 3】　某新建项目,建设期为 3 年,分年均衡进行贷款,第一年贷款 300 万元,第二年 600 万元,第三年 400 万元,年利率为 12%,建设期内利息只计息不支付,计算建设期贷款利息。

解:在建设期,各年利息计算如下:

$$q_1 = \frac{1}{2}A_1 i = \frac{1}{2} \times 300 \text{ 万元} \times 12\% = 18 \text{ 万元}$$

$$q_2 = \left(P_1 + \frac{1}{2}A_2\right)i = \left(300 + 18 + \frac{1}{2} \times 600\right) \text{万元} \times 12\% = 74.16 \text{ 万元}$$

$$q_3 = \left(P_2 + \frac{1}{2}A_3\right)i = \left(318 + 600 + 74.16 + \frac{1}{2} \times 400\right) \text{万元} \times 12\% = 143.06 \text{ 万元}$$

所以,建设期贷款利息 = $q_1 + q_2 + q_3$ = 18 万元 + 74.16 万元 + 143.06 万元 = 235.22 万元

2.5.3　固定资产投资方向调节税

为了贯彻国家产业政策,控制投资规模,引导投资方向,调整投资结构,加强重点建设,促进国民经济持续、稳定、协调发展,对在我国境内进行固定资产投资的单位和个人征收固定资产投资方向调节税(简称投资方向调节税)。

1. 税率

投资方向调节税根据国家产业政策和项目经济规模实行差别税率,税率为 0%、5%、10%、15%、30% 五个档次。差别税率按两大类设计,一是基本建设项目投资,二是更新改造项目投资。对前者设计了四档税率,即 0%、5%、15%、30%;对后者设计了两档税率,即 0%、10%。

(1) 基本建设项目投资适用的税率　具体如下:

1）国家急需发展的项目投资，如农业、林业、水利、能源、交通、通信、原材料、科教、地质、勘探、矿山开采等基础产业和薄弱环节的部门项目投资，适用零税率。

2）对国家鼓励发展但受能源、交通等制约的项目投资，如钢铁、化工、石油、水泥等部分重要原材料项目，以及一些重要机械、电子、轻工工业和新型建材的项目，实行5%的税率。

3）为配合住房制度改革，对城乡个人修建、购买住宅的投资实行零税率；对单位修建、购买一般性住宅投资，实行5%的低税率；对单位用公款修建、购买高标准独门独院、别墅式住宅投资，实行30%的高税率。

4）对楼堂馆所以及国家严格限制发展的项目投资，课以重税，税率为30%。

5）对不属于上述四类的其他项目投资，实行中等税负政策，税率为15%。

（2）更新改造项目投资适用的税率　具体如下：

1）为了鼓励企事业单位进行设备更新和技术改造，促进技术进步，对国家急需发展的项目投资，予以扶持，适用零税率；对单纯工艺改造和设备更新的项目投资，适用零税率。

2）对不属于上述提到的其他更新改造项目投资，一律适用10%的税率。

2. 计税依据

投资方向调节税以固定资产投资项目实际完成投资额为计税依据。实际完成投资额包括：设备及工器具购置费、建筑安装工程费、工程建设其他费用及预备费。但更新改造项目是以建筑工程实际完成的投资额为计税依据。

3. 计税方法

首先，确定单位工程应税投资完成额；其次，根据工程的性质及划分的单位工程情况，确定单位工程的适用税率；最后，计算各个单位工程应纳的投资方向调节税税额，并且将各个单位工程应纳的税额汇总，即得出整个项目的应纳税额。

4. 缴纳方法

投资方向调节税按固定资产投资项目的单位工程年度计划投资额预缴，年度终了后，按年度实际完成投资额结算，多退少补。项目竣工后，按应征收投资方向调节税的项目及其单位工程的实际完成投资额进行清算，多退少补。

为贯彻国家宏观调控政策，扩大内需，鼓励投资，根据国务院的决定，对《中华人民共和国固定资产投资方向调节税暂行条例》规定的纳税义务人，其固定资产投资应税项目自2000年1月1日起新发生的投资额，暂停征收固定资产投资方向调节税。但该税种并未取消。

思 考 题

1. 建设项目总投资费用由哪几部分费用构成？
2. 建筑安装工程费用由哪几部分费用组成？
3. 直接费由哪几部分费用组成？
4. 什么是直接工程费？它包括哪些内容？
5. 什么是措施费？它包括哪些内容？
6. 什么是间接费？它包括哪些内容？
7. 设备购置费包括哪些内容？
8. 某项目建设期为 2 年，各年投资额如下：第一年投资 6500 万元，第二年投资 9000 万元，年均投资价格上涨率为 8%，求该项目建设期间涨价预备费。
9. 某项目建设期为 5 年，分年均衡发放贷款，第一年贷款 1000 万元，第二年贷款 2000 万元，第三年贷款 500 万元，年贷款利率为 6%，建设期间只计息不支付，则该项目建设期贷款利息为多少？

第 3 章
工程造价计算方法

3.1 工程造价计算方法概述

在我国现阶段，工程造价计算方法有两种，即定额计价法和工程量清单计价法。我国正处于从传统的定额计价模式向国际通用的工程量清单计价模式的转变阶段。

3.1.1 定额计价法概述

建设工程定额计价是我国在很长一段时间内工程造价计算中采用的计价模式，即以各类建设工程定额为依据，按照定额规定的分部分项子项目名称及工程量计算规则，逐项计算工程量，套用相应子项目的定额单价确定直接费，然后按照相应的费用定额规定的取费标准及计算方法，计算构成工程价格的其他费用、利润和税金，汇总得到建筑、安装工程价格。

定额计价是我国采用的一种与计划经济相适应的工程造价计价模式，是国家通过颁布统一的计价定额对建筑产品价格进行计划管理，其单位工程定额计价程序示意如图 3-1 所示。

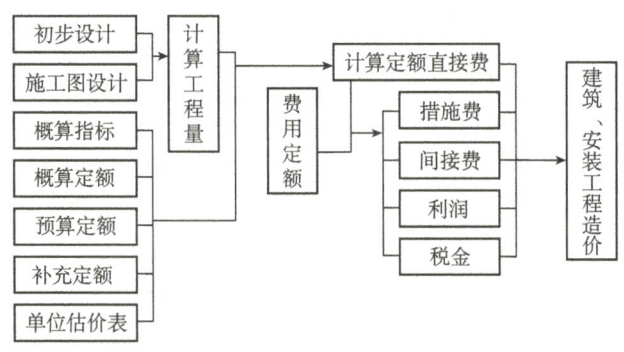

图 3-1 单位工程定额计价程序示意图

从上述定额计价程序示意图中可以看出，编制建设项目单位工程造价最基本的内容有两个：工程量计算和工程计价。定额计价方法的特点就是量与价的结合，根据概算定额或预算定额中的消耗量标准、价格标准，采用规定的计算程序，计算出单位工程造价。定额计价方法充分考虑了全社会在工程建设中的平均消耗和管理水平，但同时也忽略了单个企业在项目管理和项目建设中消耗的差异性，使得许多技术水平、管理水平和消耗水平有优势的企业无法转化成工程价格优势和竞争优势，也难以形成市场竞争激励机制，与市场经济规律不相适宜。

3.1.2 工程量清单计价法概述

工程量清单计价是改革和完善工程价格管理体制的一个重要的组成部分。工程量清单计价方法相对于传统的定额计价方法是一种新的计价模式，或者说，是一种市场定价模式。工程量清单计价是由建设产品的买方和卖方在建设市场上根据供求状况、信息状况进行自由竞价，从而最终能够签订工程合同价格的方法。在工程量清单的计价过程中，工程量清单为建设市场的交易双方提供了一个平等的平台，是投标人在投标活动中进行公正、公平、公开竞争的重要基础。

工程量清单计价是国际上普遍采用的工程招投标时合同价格的计算方式，已有上百年历史，规章制度完善成熟。在我国，工程量清单计价是一种全新的计价模式，与过去几十年来一直沿用的定额计价法相比，有着完全不同的内容。工程量清单计价包括招标控制价和投标报价。招标控制价是由招标人或受委托的中介机构编制的招标人能够接受的最高交易价格。投标报价是在建设工程招标投标中，按照《建设工程工程量清单计价规范》的相应内容，招标人或受委托的中介机构编制工程量清单，并作为招标文件的一部分提供给投标人，由投标人依据工程量清单，根据各种渠道所获得的工程造价信息和经验数据、企业定额，结合企业自身管理水平，自主报价的计价方式。

我国现行建设行政主管部门发布的工程概预算定额消耗量和有关费用及相应价格是按照社会平均水平编制的，以此为依据形成的工程造价基本上属于社会平均价格。这种平均价格可作为市场竞争的参考价格，但不能充分反映参与竞争企业的实际消耗和技术水平，在一定程度上限制了企业的公平竞争。采用工程量清单计价能够反映出工程的个别成本，有利于企业自主报价和公平竞争；同时实行工程量清单计价，工程量清单作为招标文件和合同文件的重要组成部分，对于规范招标人计价行为，避免招标中弄虚作假和暗箱操作都会起到重要的作用。

工程量清单计价程序示意如图3-2所示。

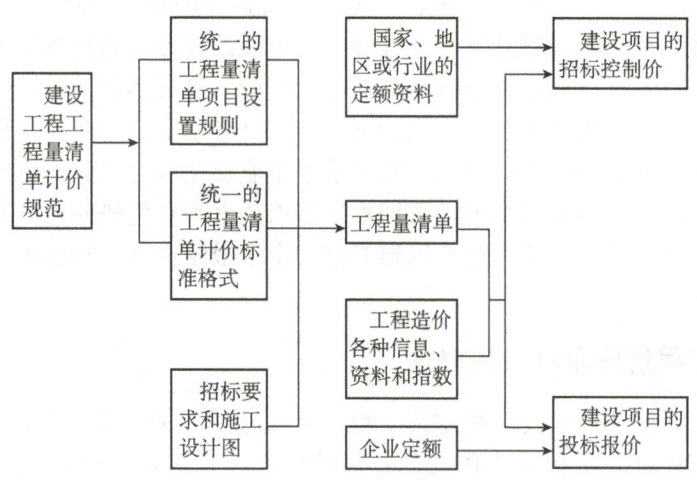

图 3-2 工程量清单计价程序示意图

3.2 定额计价法

3.2.1 定额计价的计价种类

定额计价法把工程建设过程中不同阶段的计价分为投资估算、设计概算、施工图预算、合同价、竣工结算、竣工决算等。

(1) 投资估算 投资估算是指在项目建议书和可行性研究阶段，对拟建工程所需投资预先测算和确定的过程，估算出的价格称为估算造价。投资估算是决策、筹资和控制造价的主要依据。

(2) 设计概算 设计概算是指在初步设计阶段，根据初步设计图，通过编制工程概算文件对拟建工程所需投资预先测算和确定的过程，计算出来的价格称为概算造价。概算造价较估算造价准确，受到估算造价的控制，是项目投资的最高限额。

(3) 施工图预算造价 施工图预算造价也称为设计造价，它是指在施工图设计阶段，根据施工图，通过编制造价文件对拟建工程所需投资预先测算和确定的过程，计算出来的价格称为施工图预算造价。施工图预算造价较概算造价更为详尽和准确，它是编制招投标价格和进行工程结算等的重要依据，同样要受概算造价的控制。

(4) 合同价格 合同价格是指在工程招投标阶段，根据工程造价价格，由招标方与竞争取胜的投标方签定工程承包合同时共同协商确定工程承发包价格的过程。合同价格是工程结算的依据。

（5）工程结算价格　工程结算价格以合同价格为基础，根据设计变更与工程索赔等情况，通过编制工程结算书对已完施工价格进行确定的价格称为工程结算价。结算价是该结算工程部分的实际价格，是支付工程款项的凭据。

（6）竣工决算　竣工决算是指整个建设工程全部完工并经过验收以后，通过编制竣工决算书计算整个项目从立项到竣工验收、交付使用全过程中实际支付的全部建设费用、核定新增资产和考核投资效果的过程，计算出的价格称为竣工决算价。竣工决算价是整个建设工程的最终实际价格。

从以上内容可以看出，建设工程的计价过程是一个由粗到细、由浅入深，最终确定整个工程实际造价的过程，各计价过程之间是相互联系、相互补充、相互制约的关系，前者制约后者，后者补充前者。

3.2.2　定额计价的依据

工程造价计算依据是指在计算工程造价时所依据各类基础资料的总称。由于影响工程造价的因素很多，每一项工程的造价都要根据工程的用途、类别、建设标准、设计图、结构特征、所在地区、建设地点、市场造价信息以及政府的有关政策具体计算。所以在采用定额计价法计算单位工程价时，其计算依据主要有以下几个方面。

1. 计算工程量的依据

1）设计图和资料。

2）工程量计算规则。

2. 计算人、材、机消耗量及定额直接费的依据

1）预算定额、概算定额或概算指标。

2）人工费单价、材料预算单价、机械台班单价。

3. 计算其他费用的依据

1）措施费费率。

2）间接费费率。

3）利润率。

4）税率。

5）价格指数。

3.2.3　定额计价法的步骤

定额计价法的计价步骤如图3-3所示。

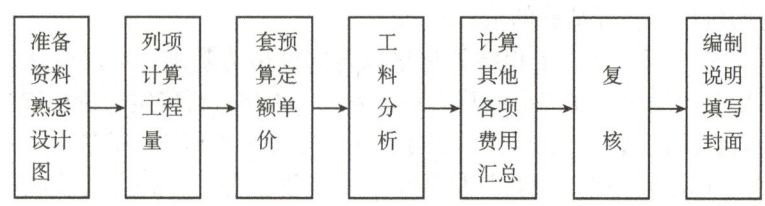

图 3-3 定额计价法的计价步骤示意图

3.3 建设工程定额

3.3.1 建设工程定额概述

采用定额计价时，工程造价的计价依据主要是建设工程定额和费用定额。建设工程定额有国家建设主管部门编制的全国统一的基础定额，也有各省、市根据国家建设行政主管部门授权编制的用于本地区范围内的建设工程定额。地区性建设工程定额是各地的工程造价管理部门，在全国统一基础定额的基础上，根据当地的技术经济条件、施工水平、常用施工方法以及地方工程建设特点、地区各种资源的价格水平编制的适用于本地区的建筑、安装工程概算定额和预算定额，同时测算制定出适用于该地区的费用项目和费用标准，即费用定额。建设工程定额时效性很强，随着时间的变化，定额价格水平与实际价格水平产生较大差距，相对比较稳定的工程量消耗标准也会因生产力水平的提高，新工艺、新材料等的出现需要更新补充，相应的费用标准也需要随之改变。因此，当市场价格发生较大变化，与定额价格水平有较大差异时，工程造价管理部门则随时跟踪市场变化，制定出有关价格、费用标准的调整方法、调整系数或重新编制出适用于新时期的建设工程定额和费用标准。

1. 建设工程定额的定义

建设工程定额是专门为建设生产而制定的一种定额，是生产建设产品消耗资源的限额规定。具体而言，建设工程定额是指在正常的施工条件下，以及在合理的劳动组织、合理使用材料和机械的条件下，完成建设工程单位合格产品所必须消耗的各种资源（人工、材料、机械、资金）的数量标准。定额中同时也规定了分部分项工程的工作内容和安全要求等。

在建设工程建造过程中，完成某一分部分项工程或结构构件的生产，必须消耗一定数量的劳动力、机械台班和材料。这些消耗随着生产的技术、组织条件的变化而变化，它应反映出一定时期的社会劳动生产率水平。定额水平代表一定时期的施工机械化和构件工厂化程度及工艺、材料等建筑技术发展的水平。

2. 建设工程定额的分类

建设工程定额是一个综合的概念，是工程建设中各类定额的总称。建设工程定额可按照编制程序和定额的用途、投资的费用性质、主编单位和执行范围以及专业分类的不同进行分类。

（1）按编制程序和定额用途分类　具体可分为施工定额、预算定额、概算定额、概算指标、投资估算指标。

1) 施工定额。施工定额是施工单位内部管理的定额，是生产、作业性质的定额，属于企业定额的性质。施工定额反映了企业的施工水平、装备水平和管理水平，主要用于编制施工作业计划、施工预算、施工组织设计，是签发施工任务单和领料单的依据。

施工定额是以同一性质的施工过程中单个工序为研究对象，表示某一施工过程中的人工、材料和机械消耗量。施工定额由劳动消耗定额、材料消耗定额和机械台班消耗定额三个相对独立的部分构成。

2) 预算定额。预算定额是指在正常的施工技术和组织条件下，规定完成一定计量单位的分项工程或结构构件所必须的人工、材料、机械以及资金合理消耗的数量标准。预算定额是一种计价定额，单位估价表、企业定额表都是预算定额的表现形式。预算定额是以施工定额为基础，经扩大、综合、简化所编制的，同时它也是编制概算定额的基础。

3) 概算定额。概算定额也称扩大综合预算定额，它一般是在预算定额的基础上或根据历史的工程预决算资料和价格变动等资料，按一定计量单位规定的扩大分部分项工程甚至整个单位工程为对象而编制的。

4) 概算指标。概算指标是指完成一定计量单位的某一建筑物和构筑物整体结构工程所需要的技术经济指标和人工、材料的定额指标，它比概算定额更为扩大和综合。

5) 投资估算指标。投资估算指标是以独立的单项工程或完整的工程项目为计算对象，在项目建议书和可行性研究阶段编制投资估算、计算投资需要量时使用的一种标准。投资估算指标一般根据历史的预、决算资料和价格变动等资料编制，但其编制基础仍然离不开预算定额、概算定额。

（2）按照投资的费用性质分类　具体可分为建筑工程定额、设备安装工程定额、建筑安装工程费用定额、工器具定额以及工程建设其他费用定额等。

1) 建筑工程定额。建筑工程定额是建筑工程施工定额、预算定额、概算定额和概算指标的统称。

建筑工程包括一般土建工程、特殊构筑物工程、工业管道工程、卫生工程、电气工程等。广义上它也被理解为除房屋和构筑物外还包含的其他各类工程，如道路、铁路、桥梁、隧道、运河、堤坝、港口、电站、机场等工程。

2）设备安装工程定额。设备安装工程定额是安装工程施工定额、预算定额、概算定额和概算指标的统称。设备安装工程是对需要安装的设备进行定位、组合、校正、调试等工作的工程。设备安装工程分为机械设备安装和电气设备安装工程。

3）建筑安装工程费用定额。建筑安装工程费用定额包括直接费定额和间接费定额两部分。

4）工器具定额。工器具定额是指新建或扩建项目投产运转首次配置的工具、器具数量标准。

5）工程建设其他费用定额。工程建设其他费用定额是指独立于建筑安装工程、设备和工器具购置之外，根据有关规定应在基本建设投资中支付的，并列入工程建设项目总概算或单项工程综合概算的其他费用开支的标准。它一般要占项目总投资的10％左右。

（3）按照主编单位及执行范围分类　具体可分为全国统一定额、行业统一定额、地区统一定额、企业定额。

1）全国统一定额是由国家建设行政主管部门，综合全国工程建设中技术和施工组织管理的情况编制，并在全国范围内执行的定额。

2）行业统一定额是考虑到各行业部门专业工程技术特点，以及施工生产和管理水平编制的。行业统一定额只在本行业和相同专业性质的范围内使用。

3）地区统一定额包括省、自治区、直辖市定额。地区统一定额是考虑到地区性特点将全国统一定额水平作适当调整和补充编制的。

4）企业定额是由施工企业考虑本企业具体情况，参照国家、部门或地区定额的水平制定的定额。企业定额只在企业内部使用，为满足企业生产技术发展、企业管理和市场竞争的需要，企业定额的水平高于国家现行定额。

（4）按照专业分类　具体可分为建筑工程定额、安装工程定额、市政工程定额、水利工程定额、冶金工程定额、铁路工程定额等。

3. 建设工程定额的特点

建设工程定额作为工程建设管理和工程造价计价的重要依据，具有以下特点：

（1）科学性　建设工程定额中的各类定额都是与现实的生产力发展水平相适应，通过在实际建设中测定、分析、综合和广泛收集相关信息和资料，结合定额理论的研究分析，运用科学方法制定的。因此，建设工程定额的科学性包括两重含义：一是指建设工程定额反映了工程建设中生产消费的客观规律；二是指建设工程定额管理在理论、方法和手段上有其科学理论基础和科学技术方法。

（2）系统性　建设工程定额是定额体系中相对独立的一部分，自成体系。它是由多种定额结合而成的有机的整体，虽然它的结构复杂，但层次鲜明、目标明确。按照系统论的观点，工程建设本身就是庞大的实体系统，建设工程定额是为这个实体系统服务的。工程建设本身的多种类、多层次决定了以它为服务对象的建设工程定额的多种类、多层次。

（3）统一性　建设工程定额的统一性，主要是由国家对经济发展的宏观调控职能决定的。只有确定了一定范围内的统一定额，才能实现工程建设的统一规划、组织、调节、控制，从而使国民经济可以按照既定的目标发展。建设工程定额的统一性按照其影响力和执行范围，可分为全国统一定额，地区统一定额和行业统一定额等。从定额的制定、颁布和贯彻使用来看，定额有统一的程序、统一的原则、统一的要求和统一的用途。

（4）指导性　随着我国建设市场的成熟和规范，建设工程定额的指令性不断弱化。但企业自主报价和市场定价的计价机制不能等同于放任不管，政府宏观调控工程建设中的计价行为同样需要进行规范、指导。依据建设工程定额，政府可以规范建设市场的交易行为，也可以为具体建设产品的定价起到参考作用，还可以作为政府投资项目定价和造价控制的重要依据。在许多企业的企业定额尚未建立的情况下，统一颁布的建设工程定额还可以为企业定额的编制起到参照和指导性作用。

（5）稳定性与时效性　建设工程定额是一定时期技术发展和管理水平的反映，因而在一段时间内都表现出稳定的状态。保持定额的稳定性是有效贯彻定额所必须的保证。但是建设工程定额的稳定性是相对的。当定额不能适应生产力发展水平、不能客观反映建设生产的社会平均水平时，定额原有的作用就会逐步减弱乃至出现消极作用，需要重新编制或修订。

4. 建设工程定额的作用

建设工程定额作为生产经营领域定额的重要类型之一，除了具备一般定额的功能，还具有以下特定的作用。

1）建设工程定额是确定工程造价的重要依据。建筑产品价格是工程项目产品价值的货币表现，是在建筑产品生产中社会必要劳动时间的货币名称。建筑产品的生产过程包含三个要素，即人的劳动、劳动对象和劳动资料。人的劳动是活劳动，凝结着过去劳动的生产资料是物化劳动。工程建设定额规定的就是完成一定计量单位的合格的假定建筑产品所必须的物化劳动和活劳动的消耗标准。根据建设工程的设计图和工程建设定额就可以计算出该工程的人工、材料、机械的消耗量，再结合相应的单价就可以得到该工程项目工程造价中的直接工程费，即工程的直接成本。而工程的直接成本是建筑产品价格中最为重要的组成部分，因此，建设工程定额是确定建筑产品价格的重要依据。

2）建设工程定额有利于推进我国建设市场的发展与完善。第一，建设工程定额有利于建设市场公平竞争环境的形成。定额所提供的信息客观上能够反映建筑产品的供给和需求的相关信息，这些信息为市场上需求主体和供给主体之间的公平竞争、需求主体之间的公平竞争、供给主体之间的公平竞争提供了有利的条件。第二，建设工程定额有利于建设市场主体行为的规范。对投资者而言，定额是投资决策的依据。投资者可以利用定额提供的信息有效提高项目决策的科学性，优化其投资行为；对建筑施工企业而言，定额是价格决策的依据。施工企业只有在投标报价时，充分考虑定额的要求做出正确的价格决策，才能取得市场竞争的优势。第三，建设工程定额有利于完善建设市场的信息系统。建设工程定额是对大量市场信息的加工、处理和传递，同时也是对市场信息的反馈。信息作为市场体系中不可或缺的要素，其完备性、可靠性和灵敏度是市场成熟和市场效率的标志。定额作为我国建设市场信息系统的组成部分，是我国长期以来实行定额计价体系的结果，也是我国社会主义市场经济的特色之一。

3.3.2 施工定额

3.3.2.1 施工定额的概念

1. 施工定额的定义

施工定额是规定在正常的施工条件下，为完成一定计量单位的某一施工过程或工序所需人工、材料和机械台班消耗的数量标准。施工定额是以同一性质的施工过程为研究对象，以工序定额为基础编制的。为了适应生产组织和管理的需要，施工定额的划分很细，是建设工程定额中划分最细、定额子目最多的一种定额，也是工程建设中最基础性的定额。施工定额编制中，为了体现鼓励施工企业内部提高生产效率，降低生产要素消耗的目的，定额水平采用社会平均先进水平。

随着工程量清单计价模式的推广，施工定额更多体现为企业自身的定额，即由施工企业根据本企业的技术水平和管理水平，编制自身完成单位合格产品所必需的人工、材料和机械台班的消耗量。施工定额是施工企业进行施工管理和投标报价的基础和依据。

2. 施工定额的构成

施工定额是建筑安装企业内部管理的定额，属于企业定额的性质。施工定额由劳动消耗定额、材料消耗定额和机械消耗定额三个相对独立的部分构成。

1）劳动消耗定额，也称人工定额，有两种基本形式，即时间定额和产量定额。时间定额是某工种某技术等级的工人班组或个人在一定的生产技术和生产组织条件下，完成某一单位合格建筑产品所必须的工作时间；产量定额是在一定的生产技术和生产组织条件下，某工种某技术等级的工人班组或个人在单位工日中所应完成的合格产品的数量。时间定额与产量定额互为倒数。

2）材料消耗定额是指在节约和合理使用材料的前提下，生产单位合格产品所需消耗材料的数量标准。材料消耗定额根据施工生产工艺要求分为直接性材料消耗和周转性材料消耗。

3）机械消耗定额，也称机械台班定额，是以一台机械一个工作班为计量单位，在正常施工、合理的劳动组织和合理使用施工机械的条件下完成单位合格产品所必须的工作时间。机械台班定额有两种基本形式，即时间定额和产量定额。其时间定额与产量定额也互为倒数。

3. 施工定额的作用

施工定额主要用于企业计划管理，组织和指挥施工生产，计算工人劳动报酬，激励工人在工作中的积极性和创造性，推广先进技术，编制施工预算，加强企业成本管理。

由于施工定额和生产结合最紧密，直接反映生产技术水平和管理水平，所以它在工程建设定额体系中具有基础作用。施工定额的水平是确定预算定额、概算定额和概算指标的基础。

4. 施工定额的制定原则

（1）平均先进原则 平均先进是就定额的水平而言。定额水平是指规定消耗在单位产品上的劳动、材料和机械数量的多少。编制施工定额首先要考虑定额水平，既不能反映少数先进水平，更不能以后进水平为依据，而只能采用平均先进水平。所谓平均先进水平，就是在正常的施工条件下，大多数施工队组和大多数生产者经过努力能够达到和超过的水平。实践证明，定额水平过低，不能促进生产的发展；定额水平过高，会挫伤工人生产的积极性。以平均先进水平为基准制定企业定额，保持了定额的先进性和可行性。

（2）简明适用原则 简明适用是就企业定额的内容和形式而言，要方便定额的贯彻和执行。定额简明适用性的核心问题是定额项目设置应齐全，划分粗细要恰当，步距大小要适当。要将施工中常用的主要项目编入定额，尽可能把普遍使用的新材料、新技术、新工艺编入定额，对于缺漏项目，注意积累资料，尽快编制补充定额。项目粗细划分对计算结果的精度有影响。项目划分过细，计算复杂，使用不便；过粗，计算精度不能满足要求。步距大，项目少，精度低，苦乐不均，影响按劳分配；步距小，项目多，精度高，但计算复杂使用不便。

3.3.2.2 施工定额人工消耗量的确定

定额人工消耗量是指在定额中考虑的用人工完成工作必需消耗的工作时间。它包括五个方面的时间：基本工作时间、辅助工作时间、准备与结束工作时间、不可避免中断时间以及休息时间。

1. 基本工作时间

基本工作时间是指施工活动中直接完成基本施工工艺过程的操作所需消耗的时间，也就是生产工人借助劳动手段，直接改变劳动对象的性质、形状、位置、外表、结构等所需消耗的时间,如钢筋成型、砌筑砖墙、门窗油漆等的时间消耗。

基本工作时间在必需消耗的工作时间中占的比重最大,一般应根据计时观察资料来确定。基本工作时间的计算分两种情况:

1) 当工序的产品计量单位和工作过程的产品计量单位相同时,工作过程的工时消耗为工序单位产品的时间消耗之和。

2) 当工序的产品计量单位和工作过程的产品计量单位不符时,需先求出不同计量单位的换算系数,进行产品计量单位的换算,然后再相加求得工作过程的工时消耗。

2. 辅助工作时间

辅助工作时间是指为保证基本工作顺利进行所需消耗的时间,如机械上油、砌砖过程中的起线、收线、检查、搭设临时跳板等所需消耗的时间。

当辅助工作时间占工作延续时间的比重较大时,应根据计时观察资料来确定。其方法与基本工作时间相同。

3. 准备与结束工作时间

准备与结束工作时间是指生产工人在执行施工任务前的准备工作及施工任务完成后的结束整理工作所消耗的时间。如生产工人为完成技术交底,熟悉施工图、明确施工工艺和操作方法、任务完成后交回施工图等所消耗的时间。

准备与结束工作时间一般按工作延续时间的百分数计算。若没有足够的计时观察资料,则用工时规范或经验数据来确定。

4. 不可避免的中断时间

由工艺特点所引起的不可避免中断才可列入工作过程的时间定额。不可避免中断时间一般以占工作延续时间的百分数计算。

5. 休息时间

休息时间一般按工作延续时间的百分数计算,其数值大小与劳动强度有关。可以利用不可避免中断时间作为休息时间。

3.3.2.3 施工定额材料消耗量的确定

1. 材料消耗定额的概念

材料消耗定额是指在合理和节约使用材料的条件下,生产单位合格产品或完成一定的施工作业过程所必须消耗的一定品种、规格的材料的数量标准,包括各种原材料、辅助材料、零件、半成品、构配件等。定额中材料消耗量包括:材料净用量(直接用于建筑和安装工程的材料)和材料损耗量(主要包括不可避免的施工废料和不可避免的材料损耗)。

在材料消耗定额编制中,直接用于建筑和安装工程的材料可编制材料净用量定额,不可避免的施工废料和材料损耗可编制材料损耗定额。因此:

材料消耗量 = 材料净用量 + 材料损耗量

产品生产中某种材料损耗量的多少，常用损耗率来表示。材料损耗率的计算公式为：

$$材料损耗率 = \frac{材料损耗量}{材料消耗量} \times 100\%$$

材料消耗定额是企业确定材料需要量和储备量的依据，是施工队向工人班组签发限额领料单，实行材料核算的标准。

2. 确定材料消耗量的基本方法

在建筑工程施工中，节约使用材料、降低单位合格产品的材料消耗数量标准、控制材料库存、加速材料周转，对于保证工程质量、降低工程成本、提高企业经济效益具有十分重要的意义。

材料净用量定额和材料损耗定额的确定方法有：技术测定法、试验法、统计法和理论计算法等。

（1）技术测定法　技术测定法是指在施工现场，通过对产品数量、材料净用量和消耗量的观察和测定，进行分析和测算，从而确定材料消耗定额的方法。技术测定法主要用于编制材料损耗定额，它主要用计时观察法，测定产品产量和材料消耗的情况，为编制材料损耗定额提供技术数据。

（2）试验法　试验法是在实验室内通过专门的仪器设备测定材料消耗量的一种方法。它主要用于编制材料净用量定额。通过科学分析试验，对材料的结构、化学成分和物理性能进行精确测定，为编制材料消耗定额提供比较精确的计算数据。试验法包括实验室试验法和现场试验法两种。

（3）统计分项法　统计分项法是以现场用料的大量统计资料为依据，通过分析计算，获得材料消耗的各项数据，然后确定材料消耗量的一种方法。

如某项产品在施工前共领某种材料数量为 N_0，完工后剩余的材料数量为 ΔN_0，则用于该产品上的材料数量 N 为：

$$N = N_0 - \Delta N_0$$

若完成产品的数量为 n，则单位产品的材料消耗量 m 为：

$$m = \frac{N}{n} = \frac{(N_0 - \Delta N_0)}{n}$$

（4）理论计算法　理论计算法是通过对施工图及其建筑材料、建筑构件的研究，用理论计算公式计算出某种产品所需的材料净用量，然后再查找损耗率，从而制定材料消耗定额的一种方法。该法适用于砖、料石、钢材、玻璃、卷材、预制构配件等板状、块状的材料。

1）直接性消耗材料。直接性消耗材料是指构成工程实体的材料。例如，标准砖砌体中的砖及砂浆净用量的计算如下。

每 $1m^3$ 标准砖砌体砖净用量计算公式为：

$$砖数/块 = \frac{2K}{墙厚 \times (砖长 + 灰缝厚)(砖厚 + 灰缝厚)}$$

式中　K——以砖长倍数表示的墙厚（半砖墙 $K = 0.5$；一砖墙 $K = 1$；一砖半墙 $K = 1.5$；二砖墙 $K = 2$）。

$1m^3$ 标准砖砌体砂浆用量计算公式为：

$$砂浆/m^3 = （1 - 砖的体积）\times 1.07$$

式中　1.07——砂浆实体积折合为虚体积的系数。

砖和砂浆的损耗量是根据现场观察资料计算的，并以损耗率表现出来。净用量和损耗量相加，即等于材料的消耗总量。

2) 周转材料。周转材料属于施工措施用料。它们在每一次施工中，只受到部分损耗，经过修理和适当补充后，可供下一次施工继续使用，如脚手架、模板、支撑等材料。这类材料的消耗定额应按多次使用、分次摊销的办法确定。为了使周转材料的周转次数确定接近合理，应根据工程类型和使用条件，采用各种测定手段进行实地观察（对于不同构件的每块模板，从开始投入使用直到不能继续使用进行跟踪调查）结合有关的原始记录、经验数据加以综合取定。

材料消耗量中应计算材料摊销量，为此，应根据施工过程中各工序计算出一次使用量和摊销量。其计算公式为：

$$材料摊销量 = 周转使用量 - 回收量$$

$$周转使用量 = \frac{一次使用量 + 一次使用量 \times （周转次数 - 1）\times 使用损耗率}{周转次数}$$

$$一次使用量 = 材料净用量 \times （1 + 制作损耗率）$$

$$回收量 = \frac{一次使用量 - （一次使用量 \times 使用损耗率）}{周转次数}$$

3.3.2.4　施工定额机械台班消耗量的确定

1. 定额的时间构成

机械施工过程的定额时间，由有效工作时间、不可避免的无负荷工作时间和不可避免的中断时间组成。

(1) 有效工作时间　有效工作时间是指直接为完成产品生产而工作的时间，包括正常负荷下和有根据地降低负荷下两种工作时间的消耗。

1) 正常负荷下的工作时间，是指机械与其说明规定负荷相等的负荷下进行工作的时间。

2) 有根据地降低负荷下的工作时间，是指由于技术上的原因，个别情况下机械可能在低于规定负荷下工作。如汽车载运重量轻、体积大的货物时，不能充分利用汽车载重吨位而不得不降低负荷工作。

(2) 不可避免的无负荷工作时间 不可避免的无负荷工作时间是指由于施工过程的特点和机械结构的特点造成的机械无负荷工作时间,如筑路机在工作区末端掉头等。

(3) 不可避免中断时间 不可避免中断时间是指施工中由于技术操作和组织的原因而造成机械工作中断的时间,包括以下三种:

1) 与操作有关的不可避免中断时间。如汽车装货、卸货的停歇中断,喷浆机喷浆时从一个地点转移到另一个地点的工作中断。

2) 与机械有关的不可避免中断时间。如机械开动前的检查,给机械加油、加水时的停驶等。

3) 工人休息时间。如不能使用机械不可避免的停转机会,且组织轮班又不方便的工人休息所引起的机械工作中断时间。

2. 机械台班使用定额的编制方法

(1) 拟定正常的施工条件 拟定正常的施工条件,主要是拟定工作地点的合理组织和合理的工人编制。

工作地点的合理组织,是对施工地点机械和材料的放置位置、工人从事操作的场所,做出科学合理的平面布置和空间安排。

拟定合理的工人编制,就是根据施工机械的性能和设计能力、工人的专业分工和劳动功效,合理确定操纵机械的工人和直接参加机械化施工过程的工人的编制人数。

(2) 确定机械净工作 1h 正常生产率 建筑机械可分为循环动作和连续动作两种类型,在确定机械净工作 1h 正常生产率时,要分别对两类不同机械进行研究。

1) 循环动作机械。循环动作是指机械重复地、有规律地在每一周期内进行同样次序的动作,如塔式起重机、单斗挖土机等。

循环动作机械净工作 1h 正常生产率 (N_h),就是在正常施工组织条件下,具有必需的知识和技能的技术工人操纵机械 1h 的生产率,即:

$$N_h = nm$$

式中 n——机械净工作 1h 的循环次数;

m——每一次循环中所生产的合格产品数量。

确定循环次数 n,首先要确定每一循环的正常延续时间,每一循环的延续时间,等于该循环各组成部分正常延续时间之和 ($t_1 + t_2 + t_3 + \cdots + t_n$)。净工作 1h 正常的循环次数为:

$$n = \frac{60 \times 60}{t_1 + t_2 + t_3 + \cdots + t_n}$$

式中 $t_1, t_2, t_3, \cdots, t_n$——机械每一循环内各组成部分延续时间(时间单位:s)。

或：
$$n = \frac{60 \times 60}{t_1 + t_2 + \cdots + t_c - t'_c + \cdots + t_n}$$

式中 t'_c——组成部分的重叠工作时间。

机械每循环一次所生产的产品数量 m 可通过计时观察求得。

2）连续动作机械。连续动作是指机械工作时无规律、不停地做某一种动作（如转动、行走、摆动等），如传送带运输机、多斗挖土机等。

连续动作机械净工作 1h 正常生产率，主要根据机械性能来确定。机械净工作 1h 正常生产率（N_h），是通过试验或观察取得机械在一定工作时间 t 内的产品数量 m 而确定。即：

$$N_h = \frac{m}{t}$$

对于不易用计时观察法精确确定机械产品数量、施工对象加工程度的施工机械，连续动作机械净工作 1h 正常生产率应与机械说明书等有关资料的数据进行比较，最后分析取定。

（3）确定机械工作时间利用系数 机械时间利用系数是指机械净工作时间 t 与工作延续时间 T 的比值（K_B），即：

$$K_B = \frac{t}{T}$$

例如，某施工机械的工作延续时间为 8h，机械准备与结束时间为 0.5h，保持机械的延续时间为 1.5h，则机械的净工作时间 = 8h − （0.5 + 1.5） h = 6h，而机械时间利用系数为：

$$K_B = \frac{6h}{8h} = 0.75$$

（4）确定施工机械台班产量定额 机械台班产量 $N_{台班}$，等于该机械净工作 1h 的生产率 N_h 乘以工作班的延续时间 T（一般为 8h），再乘以机械时间利用系数 K_B，即：

$$N_{台班} = N_h T K_B$$

对于一次循环时间大于 1h 的机械施工过程就不必先计算净工作 1h 的生产率，可以直接用一次循环时间 t（单位：h），求出台班循环次数 T/t，再根据每次循环的产品数量 m 确定其台班产量，即：

$$N_{台班} = \frac{T}{t} m K_B$$

例如，某规格的混凝土搅拌机，正常生产率是每小时 6.95m³ 混凝土，工作班内净工作时间是 7.2h，则工作时间利用系数 K_B = 7.2 ÷ 8 = 0.9。机械台班产量为 $N_{台班}$ = （6.95 × 8 × 0.9） m³ = 50m³，生产每立方米的混凝土的时间定额 $n_{台班}$ = （1 ÷ 50） 台班 = 0.02 台班。

3.3.3 预算定额

3.3.3.1 预算定额的概念

1. 预算定额的定义

预算定额是指在正常的施工条件下，为完成单位合格的建筑产品的施工任务所需人工、机械、材料消耗的数量标准，它是根据组织施工和核算工程造价的要求而制定的。

在我国，建筑工程预算定额是行业定额，反映全行业为完成单位合格产品的施工任务所需人工、机械、材料消耗的标准，体现的是一种社会平均水平。

2. 预算定额的作用

1) 是编制施工图预算、确定建筑安装工程造价的基本依据。

2) 是施工企业编制施工组织设计、确定人工、材料和机械台班用量的依据。

3) 是建设单位通过建设银行，向施工企业拨付工程款和进行竣工结算的依据。

4) 是施工单位进行经济活动分析的依据。

5) 是编制概算定额和概算指标的依据。

6) 是合理编制招标标底、投标报价的依据。

7) 是对设计方案和施工方案进行经济评价的依据。

3. 预算定额的编制原则

为保证预算定额的质量，充分发挥预算定额的作用，实际使用简便，在编制工作中应遵循以下原则：

（1）社会平均水平的原则 预算定额是按社会必要劳动消耗量来确定定额水平的。社会必要劳动消耗是指中等生产条件、平均劳动熟练程度和劳动强度下，完成某一合格产品所必需的消耗。预算定额的水平以大多数施工单位的施工定额水平为基础。对少数先进企业具备，而对于大多数企业来说都不具备的水平，不能作为预算定额的水平；个别落后企业的生产水平和生产条件，不适应生产力发展的要求，需要改进和提高，更不能作为预算定额的水平使用。

预算定额与施工定额的水平不同，预算定额反映了社会平均水平，是大多数企业经过努力可以达到或超过的水平，而施工定额反映了社会平均先进水平。预算定额的水平低于施工定额的水平。预算定额中包含了更多的可变因素，需要保留合理的幅度差。如人工幅度差、机械幅度差、材料的超运距运输用工、辅助用工及材料堆放、运输、操作损耗和由细到粗综合后的量差等。

（2）简明适用的原则 简明适用是指在编制预算定额时，在项目划分、选定计量单位、规定工程量计算规则时，应在保证各项指标相对准确的前提下，综合扩大，力求做到项目少、内容全。例如，对于那些主要的、常用的、价值量大的项目，分项工程划分宜细；次要的、不常用的、价值量相对较小的项目则可以放粗一些。

为使定额项目能较完整地反映常用的工程构造，定额的活口也要适当设置。所谓活口，即在定额中规定当符合一定条件时，允许该定额另行调整。在编制中要尽量不留活口，对实际情况变化较大、影响定额水平幅度大的项目，确需留活口的，也应该从实际出发尽量少留；即使留有活口，也要注意尽量规定换算方法，避免采取按实计算。同时，定额中还应尽量减少附注和换算系数。通过细算粗编的办法，达到定额项目比较少，但内容较全面完整，适用于建筑工程的各种不同情况。

（3）统一性和差别性相结合的原则　计价定额的制定规划和组织实施由国务院建设行政主管部门归口，并负责全国统一定额制定或修订，颁发有关工程造价管理的规章制度办法等。全国统一定额，使得建筑安装工程具有一个统一的计价依据，也使考核设计和施工的经济效果具有一个统一的尺度。通过定额和工程造价的管理实现建筑安装工程价格的宏观调控。但是，各省、市、自治区、直辖市主管部门可以在自己的管辖范围内，结合本地区的具体情况，制定该地区的地区性定额、补充性制度和管理办法，以适应我国各地区发展不平衡和差异大的实际情况。

4. 预算定额的构成

预算定额的基本内容一般包括：目录、总说明、建筑面积计算规则、分部工程说明、工程量计算规则、分项工程项目表和附录等组成。

（1）总说明　总说明主要是综合说明定额的编制指导思想、编制原则、编制依据、适用范围、有关问题的说明以及定额的使用方法。

（2）建筑面积计算规则　建筑面积是计算建筑工程技术经济指标的重要依据，规则规定了计算建筑面积的范围和计算方法，还规定了不能计算建筑面积的范围。

（3）分部工程说明　主要说明该分部的工程内容、主要依据、施工方法、选用材料的规格及质量标准等，是结合各分部的不同情况，分别加以说明的。

（4）工程量计算规则　工程量计算规则主要是规定了该分项工程的工程量计算方法、计算单位，是定额中的重要组成部分，也是执行定额和进行工程量计算的基础。

（5）分项工程项目表　分项工程项目表是预算定额的主要组成部分，是按分项工程归类，以不同内容划分为若干项目表。项目表详细列出了人工、材料及施工机械的消耗量与单价，而且在表头部位列出工程的工作内容和定额单位，有些表的下方还列有定额附注。

（6）附录　附录一般包括砂浆、混凝土配合比表，机械台班单价表，材料名称单价表等，用以作为定额换算和补充定额时使用。

3.3.3.2　预算定额人工、材料、机械消耗量的确定

1. 人工消耗量指标的确定

预算定额中人工消耗量是指正常施工条件下，完成单位合格建筑产品所必需消耗的各种用工的工日数以及该用工量指标的平均技术等级。

确定人工工日数的方法有两种：一种是以施工定额中的劳动定额为基础确定；另一种是以现场观察测定资料为基础计算。预算定额的人工消耗由下列四部分组成。

（1）基本用工　基本用工是完成分项工程的主要用工量。例如，砌墙工程中的砌砖、调制砂浆、运砖和砂浆的用工量。预算定额是综合性的，包括的工程内容较多，功效不一，有时需要按照劳动定额规定增加用工量，例如在墙体工程中，除实砌墙外，还有附墙烟囱、通风道、垃圾道、预留抗震柱孔等内容。这些都比实砌墙用工量多，需要单独计算后加到基本用工当中去。

基本用工数量，按综合取定的工程量和劳动定额中相应的时间定额进行计算，即：

$$W_1 = \sum_{i=1}^{n} v_i t_i$$

式中　W_1——基本用工数量（工日）；
　　　v——工序工程量；
　　　t——相应工序的时间定额；
　　　i——工序的序号；
　　　n——工序的数量。

（2）超运距用工　超运距用工是指劳动定额中已包括的材料、半成品场内水平搬运距离与预算定额所考虑的现场材料、半成品堆放地点到操作地点的水平运输距离之差需增加的用工量。计算公式为：

超运距 = 预算定额取定运距 - 劳动定额已包括的运距

$$W_2 = \sum_{i=1}^{n} v_i t_i$$

式中　W_2——超运距用工数量（工日）；
　　　v——超运距材料的数量；
　　　t——相应超运距材料的时间定额；
　　　i——超运距材料序号；
　　　n——超运距材料种类。

（3）辅助用工　辅助用工是指技术工种劳动定额内不包括而在预算定额内

又必须考虑的用工。例如，机械土方工程配合用工、材料加工（筛砂、洗石、淋石灰膏），电焊点火用工等。计算公式为：

$$W_3 = \sum_{i=1}^{n} v_i t_i$$

式中　W_3——辅助用工数量（工日）；

　　　v——加工材料数量；

　　　t——相应加工材料的时间定额；

　　　i——加工材料序号；

　　　n——加工材料种类。

（4）人工幅度差　人工幅度差主要是指在劳动定额中未包括而在正常施工情况下不可避免但又很难准确计量的用工和各种工时损失。这些因素不便计算出工程量，因此综合确定出一个合理的增加比例，即人工幅度差系数，纳入到预算定额中。人工幅度差的内容包括：

1）在正常施工条件下，土建各工种间的工序搭接及土建工程与水、暖、电工程之间的交叉作业相互配合或影响所发生的停歇时间。

2）施工机械在单位工程之间转移及临时水电线路移动所造成的停工。

3）工程质量检查和隐蔽工程验收工作。

4）场内班组操作地点转移影响工人的操作时间。

5）工序交接时对前一工序不可避免的修整用工。

6）施工中不可避免的其他零星用工。

人工幅度差的计算公式为：

$$U = (W_1 + W_2 + W_3) a$$

式中　U——人工幅度差（工日）；

　　　a——人工幅度差系数，一般土建工程为10%，设备安装工程为12%。

综上所述，预算定额中各分项工程的人工消耗量指标就等于该分项工程的各用工数量之和，即：

$$W = (W_1 + W_2 + W_3)(1 + a)$$

式中　W——人工消耗量（工日）。

人工幅度差系数一般为10%～15%。在预算定额中，人工幅度差的用工量列入其他用工量中。

2. 材料消耗量指标的确定

材料消耗量是指在正常施工条件下，完成单位合格产品所必须消耗的材料、成品、半成品的数量标准。材料按用途分为主要材料、辅助材料、周转性材料和其他材料。材料消耗量包括材料的净用量和材料的损耗量。即：

$$材料损耗率 = \frac{损耗量}{净用量} \times 100\%$$

$$材料损耗量 = 材料净用量 \times 损耗率$$
$$材料消耗量 = 材料净用量 + 损耗量$$
或：
$$材料消耗量 = 材料净用量 \times (1 + 损耗率)$$

(1) 主材净用量的计算　主要材料的净用量，一般根据设计施工规范和材料的规格采用理论方法计算后，再根据定额项目综合的内容和实际资料适当调整确定，如砖、防水卷材、块料面层等。

【例3-1】　试求1标准砖厚墙的每立方米砌体中砖及砂浆用量。

解：

(1) 标准砖净用量。

$$砖数 = \frac{2K}{墙厚 \times (砖长 + 灰缝) \times (砖厚 + 灰缝)_n}$$
$$= \left(\frac{2}{0.24 \times (0.24 + 0.01) \times (0.053 + 0.01)_n}\right) 块 \approx 529 \text{ 块}$$

(2) 砂浆净用量。

$$砂浆体积 = (1 - 529 \times 0.24 \times 0.115 \times 0.053) \text{ m}^3 = 0.226 \text{ m}^3$$

(2) 主材损耗量的计算　具体见【例3-2】。

【例3-2】　【例3-1】中的砖及砂浆，由现场观察知，砌体砖和砂浆的损耗率均为1%（在预算定额附录中列出）。则：

$$砖的损耗量 = 529 \text{ 块} \times 1\% = 5.29 \text{ 块}$$
$$砂浆的损耗量 = 0.226 \text{ m}^3 \times 1\% = 0.0023 \text{ m}^3$$
$$砖的实际用量 = 529 \text{ 块} + 5.29 \text{ 块} = 534.3 \text{ 块}$$
$$砂浆的实际用量 = 0.226 \text{ m}^3 + 0.023 \text{ m}^3 = 0.228 \text{ m}^3$$

(3) 次要材料消耗量的计算　次要材料包括两类材料：一类是直接构成工程实体，但用量很小，不便计算的零星材料，如砌墙中的木砖、混凝土中的外加剂；另一类是不直接构成工程实体，但在施工中消耗的辅助材料，如草袋、氧气、电石等。预算定额一般将其合并为一项（其他材料费），不列材料名称及消耗量。

3. 机械台班消耗量指标的确定

预算定额中的机械台班消耗量是指在正常施工条件下，生产单位合格产品（分部分项工程或结构构件）必须消耗的某种型号施工机械的台班数量。

(1) 预算定额中机械幅度差　在编制预算定额时，机械台班消耗量是以施工定额中机械台班产量加机械幅度差为基础，再考虑到在正常施工组织条件下不可避免的机械空转时间，施工技术原因的中断及合理停滞时间编制的。

预算定额中机械幅度差包括：

1) 施工中机械转移工作面及配套机械相互影响损失的时间。

2) 在正常施工条件下，机械施工中不可避免的工序间歇。

3) 工程结尾工作量不饱满损失的时间。

4) 检查工程质量影响机械操作时间。

5) 在施工中，由于水电线路移动所发生的不可避免的机械操作间歇时间。

6) 冬季施工期内启动机械的时间。

7) 不同厂牌机械的工效差。

8) 配合机械施工的工人，在人工幅度差范围内的工作间歇而影响机械操作的时间。

（2）机械台班消耗量的确定 具体如下：

1) 大型机械施工的土石方机械、打桩机械、构件吊装机械、运输机械等项目。按全国建筑安装工程统一劳动定额台班产量加机械幅度差计算。一般为：土石方机械幅度差系数为25%，打桩机械为33%，吊装机械为30%。

2) 按小组配用的机械，如砂浆、混凝土搅拌机等，以小组产量计算机械台班产量，不另增加机械幅度差。其他分部工程中如钢筋加工、木材、水磨石等各项专用机械的幅度差为1.1。

3) 中小型机械台班消耗量，以其他机械费表示，列入预算定额内，不列台班数量。如遇到施工定额（劳动定额）缺项者，则需要依据单位时间完成的产量进行现场测定，以确定机械台班消耗量。

3.3.3.3 预算定额人工、材料、机械台班单价的确定

1. 人工单价的确定

人工单价是指一个建筑安装生产工人一个工作日在预算中应计入的全部人工费用。它基本上反映了建筑安装生产工人的工资水平和一个工人在一个工作日中可以得到的报酬。

目前，按照现行规定生产工人的人工工日单价组成如下：

（1）基本工资 根据规定生产工人的基本工资应执行岗位技能工资制度，主要包括岗位工资、技能工资和年功工资（按职工工作年限确定的工资）。

（2）工资性津贴 工资性津贴是指补偿生产工人额外或特殊的劳动消耗以及为了保证工人的工资水平不受特殊条件的影响而以补贴的形式支付给工人的劳动报酬，主要包括交通补贴、流动施工津贴、房补、工资附加、地区津贴和物价补贴。

（3）辅助工资 辅助工资是指生产工人年有效施工天数以外非作业天数的工资，主要包括非作业工日发放的工资和工资性补贴。

（4）职工福利费 职工福利费是指按规定标准计提的职工福利费，主要包括书报费、洗理费和取暖费。

（5）劳动保护费 劳动保护费是指按规定标准发放的劳动保护费。

人工工日单价组成内容,在各部门、各地区并不完全相同,但其中的每一项内容都是根据有关法规、政策文件的精神,结合本部门、本地区的特点,通过反复测算最终确定的。

而人工预算单价将基本工资、工资性津贴、辅助工资、职工福利费和劳动保护费合计而得出的。

2. 材料预算价格的确定

在建筑工程中,材料费约占总造价的60%左右,在金属结构制作工程中约占80%,所以材料预算价格确定的正确与否,对计算工程造价的质量影响很大。

(1)材料预算价格的构成　材料的预算价格是指材料(包括构件、成品及半成品等)从其来源地(供应者仓库或提货地点)到达施工工地仓库(施工地点内存放材料的地点)后出库的综合平均价格。它由材料原价、供销部门手续费、包装费、运杂费、采购及保管费构成。

(2)材料预算价格的计算　具体如下:

1)材料原价。材料原价是指材料的出厂价格,进口材料抵岸价或销售部门的批发牌价和零售价。在确定原价时,凡同一种材料因来源地、交货地、供货单位、生产厂家不同,而有几种价格(原价)时,根据不同来源地供货数量比例,采取加权平均的方法确定其综合原价。即:

$$加权平均原价 = \frac{K_1C_1 + K_2C_2 + \cdots + K_nC_n}{K_1 + K_2 + \cdots + K_n}$$

式中　K_1,K_2,$\cdots$,K_n——各不同供应地点的供应量或各不同使用地点的需要量;

　　　C_1,C_2,$\cdots$,C_n——各不同供应地点的原价。

2)供销部门手续费。供销部门手续费是指需通过物资部门供应而发生的经营管理费用。不经过物资供应部门的材料,不计供销部门手续费。物资部门内互相调拨,不收管理费,不论经过几次中间环节,只能计算一次管理费。供销部门手续费按费率计算,其费率由地区物资管理部门规定,一般为1%~3%。即:

供销部门手续费 = 材料原价 × 供销部门手续费率 × 供销部门供应比重

3)包装费。包装费是指为了保护材料和便于材料运输进行包装需要的一切费用,将其列入材料的预算价格中,主要包括水运、陆运的支撑、篷布、包装箱、绑扎材料等费用。

4)运杂费。运杂费是指材料由采购地点或发货地点至施工现场的仓库或工地存放地点,含外埠中转运输过程中所发生的一切费用和过境过桥费用,包括调车和驳船费、装卸费、运输费及附加工作费等。材料运杂费的取费标准,应根据材料的来源地、运输里程、运输方法,并根据国家有关部门或地方政府交通运输管理部门规定的运价标准分别计算。运杂费中应考虑装卸费和运输损耗费。

5)采购及保管费。采购及保管费是指材料供应部门(包括工地仓库及其以上各级材料主管部门)在组织采购、供应和保管材料过程中所需的各项费用,主要包括工资、职工福利费、办公费、差旅及交通费、固定资产使用费、工具用具使用费、劳动保护费、检验试验费、材料储存损耗及其他。

材料采购及保管费为:

采购及保管费=(材料原价+供销部门手续费+包装费+运杂费)×采购及保管费率

因此,材料预算价格的计算公式为:

材料预算价格=(材料原价+供销部门手续费+包装费+运杂费)×(1+采购及保管的费率)-包装材料回收价值

3. 施工机械台班单价的确定

施工机械台班单价是指一台施工机械,在正常运转条件下,工作 8h 所必须消耗的人工、物料和应分摊的费用。

施工机械台班单价由以下费用组成,包括折旧费、大修理费、经常修理费、安拆费及场外运费、燃料动力费、人工费、养路费及车船使用税等。

1)折旧费。折旧费是指施工机械在规定使用期限内,每一台班所分摊的机械原值及支付贷款利息的费用。即:

$$台班折旧费 = \frac{机械预算价格 \times (1-残值率) \times 贷款利息系数}{耐用总台班}$$

机械预算价格按机械出厂(或到岸完税)价格,及机械以交货地点或口岸运至使用单位机械管理部门的全部运杂费计算。

残值率是指机械报废时回收的残值占机械原值(机械预算价格)的比率。残值率按 1993 年有关文件规定执行:运输机械 2%,特大型机械 3%,中小型机械 4%,掘进机械 5%。

贷款利息系数是为补偿企业贷款购置机械设备所支付的利息,它合理反映资金的时间价值,以大于 1 的贷款利息系数,将贷款利息(单利)分摊在台班折旧费中。即:

$$贷款利息系数 = 1 + \frac{(n+1)}{2}i$$

式中 n——国家有关文件规定的此类机械折旧年限;

  i——当年银行贷款利率。

耐用总台班是指机械在正常施工作业条件下,从投入使用直到报废止,按规定应达到的使用总台班数。《全国统一施工机械台班费用定额》中的耐用总台班是以经济使用寿命为基础,并依据国家有关固定资产折旧年限规定,结合施工机械工作对象和环境以及年能达到的工作台班确定。即:

耐用总台班 = 折旧年限 × 年工作台班

或：　　　　耐用总台班 = 大修间隔台班 × 大修周期

式中　年工作台班——根据有关部门对各类主要机械最近三年的统计资料分析确定；

　　　大修间隔台班——机械自投入使用起至第一次大修止或自上一次大修后投入使用起至下一次大修止，应达到的使用台班数。

大修周期是指机械在正常的施工作业条件下，将其寿命期（即耐用总台班）按规定的大修理次数划分为若干个周期。即：

大修周期 = 寿命期大修理次数 + 1

2）大修理费。大修理费是指机械设备按规定的大修间隔台班必须进行大修理，以恢复机械正常功能所需的费用。

台班大修理是对机械进行全面的修理，更换其磨损的主要部件和配件，大修理费包括更新零配件和其他材料费、修理工时费等。即：

$$台班大修理费 = \frac{一次大修理费 \times 寿命期内大修理次数}{耐用总台班}$$

一次大修理费是指机械设备规定的大修理范围和工作内容，进行一次全面修理所需消耗的工时、配件、辅助材料、油燃料以及送修运输等全部费用。

寿命期大修理次数是指为恢复原机械功能按规定在寿命期内需要进行的大修理次数。

3）经常修理费。经常修理费是指机械在寿命期内除大修理以外的各级保养以及临时故障排除和机械停置期间的维护等所需各项费用，为保障机械正常运转所需替换设备、随机工具、器具的摊销费用及机械日常例行保养所需润滑擦拭材料费之和，是按大修理间隔台班分摊提取的，即：

台班经常修理费 =

$$\frac{\sum（各级保养一次费用 \times 寿命期各级保养总次数） + 临时故障排除费}{经常修理费耐用总台班}$$

　　　　+ 替换设备台班摊销费 + 工具附具台班摊销费
　　　　+ 例保辅料费

或：

台班经常修理费 = 台班大修费 × K_a

$$K_a = \frac{机械台班经常修理费}{机械台班大修理费}$$

各级保养一次费用是指机械在各个使用周期内为保证机械处于完好状况，必须按规定的各级保养间隔周期、保养范围和内容进行的一、二、三级保养或定期保养所消耗的工时、配件、辅料、油燃料等费用。

寿命期各级保养总次数是指一、二、三级保养或定期保养在寿命期内各个使用周期中保养次数之和。

临时故障排除费是指机械除规定的大修理及各级保养以外，临时故障所需费用以及机械在工作日以外的保养维护所需润滑擦拭材料费，可按各级保养（不包括例保辅料费）费用之和的3%计算。即：

临时故障排除费 = $\sum$（各级保养一次费用 × 寿命期各级保养总次数）× 3%

替换设备及工具、附具台班摊销费是指轮胎、电缆、蓄电池、传送带、钢丝绳、橡胶管、履带板等消耗性设备和按规定随机配备的全套工具附具的台班摊销费。即：

替换设备及工具、附具台班摊销费 =

$$\sum \left[\left(各类替换设备数量 \times \frac{单价}{耐用台班} \right) + \left(各类随机工具附具数量 \times \frac{单价}{耐用台班} \right) \right]$$

例保辅料费是指机械日常保养所需润滑擦拭材料的费用。

4）安拆费及场外运输费。安拆费是指机械在施工现场进行安装、拆卸所需人工、材料、机械和试运转费用，包括机械辅助设施（如：基础、底座、固定锚桩、行走轨道、枕木等）的折旧、搭设、拆除等费用。

场外运费是指机械整体或分体自停置地点运至现场或某一工地运至另一工地的运输、装卸、辅助材料以及架线等费用。定额台班单价内所列安拆费及场外运费，分别按不同机械型号、重量、外形体积以及不同的安拆和运输方式测算其工、料、机械的耗用量综合计算取定的。除了金属切削加工机械、不需要拆除和安装自身能开行的机械（如水平运输机械）、不合适按台班摊销本项费用的机械（如特、大型机械）外，均按年平均4次运输、运距平均25km以内考虑。

$$台班安拆费 = \frac{机械一次安拆费 \times 年平均安拆次数}{年工作台班} + 台班辅助设施摊销费$$

$$台班辅助设施摊销费 = \frac{辅助设施一次费用 \times （1-残值率）}{辅助设施耐用台班}$$

$$台班场外运输费 = \frac{一次运输及装卸费 + 辅助材料一次摊销费 + 一次架线费}{年工作台班} \times 年平均场外运输次数$$

5）燃料动力费。燃料动力费是指机械在运转或施工作业中所耗用的固体燃料（煤炭、木材）、液体燃料（汽油、柴油）、电力、水和风等费用。

$$台班燃料动力消耗量 = \frac{实测次数 \times 4 + 定额平均值 + 调查平均值}{6}$$

燃料动力费 = 台班燃料动力消耗量 × 各地市规定的相应的单价

6）人工费。人工费是指机上司机或副司机、司炉的基本工资和其他工资性津贴。年工作台班以外的机上人员基本工资和工资性津贴以增加系数的形式表示。

$$台班人工费 = 定额机上人工工资 \times 日工资单价$$

$$定额机上人工工日 = 机上定员工日 \times (1 + 增加工日系数)$$

$$增加工日系数 = \frac{年制度工日 - 年工作台班 - 管理费内非生产天数}{年工作台班}$$

式中 增加工日系数一般取定为 0.25。

7) 养路费及车船使用税。养路费及车船使用税是指机械按照国家有关规定应交纳的养路费和车船使用税，按各省、自治区、直辖市规定标准计算后列入定额。即：

$$\frac{养路费及}{车船使用税} = \frac{养路费标准 \times 12 + 车船使用税标准}{年工作台班} \times 载重量（或核定自重吨位）$$

式中，养路费标准及车船使用税标准的单位为元/t·月。

在预算定额的各个分部分项中，列以"机械费"表示的，不再计算"进（退）场"、"组装"、"拆卸"费用。

对于大型施工机械的安装、拆卸、场外运输费用，应按《大型施工机械的安装、拆卸、场外运输费用定额》计算。

3.3.4 概算定额及概算指标

3.3.4.1 概算定额

概算定额也称扩大综合预算定额，它是在预算定额的基础上，根据有代表性的设计图及通用图、标准图和有关资料，把预算定额中的若干相关项合并、综合和扩大编制而成的，以达到简化工程量计算和编制设计概算的目的。例如，砌筑条形毛石基础，在概算定额中是一个项目，而在预算定额中，则分属于挖土方、回填土、槽底夯实、找平层和砌石5个分项。

1. 概算定额的内容

建筑工程概算定额一般由目录、总说明、分部工程说明、定额项目表和附录等组成。

（1）总说明 在总说明中，主要阐述概算定额的编制依据、使用范围、包括的内容及作用、应遵守的规则及建筑面积计算规则等。

（2）分部工程说明 在分部工程说明中，主要阐述本分部工程包括的综合工作内容及分部分项工程的工程量计算规则等。

（3）定额项目表 定额项目表是概算定额手册的主要内容，它由若干分节定额组成。各节定额有工程内容、定额表及附注说明等内容。分节定额的表头部分列出了本节定额的主要内容，供概算编制人员了解定额的综合内容，防止漏算和重复计算。定额表中还列有定额编号，计量单位，概算价格，人工、材料、机械台班消耗量指标，其概算基价按地区预算价格的定额基价计算。

2. 概算定额的编制步骤

概算定额的编制一般分三阶段进行，即准备阶段、编制初稿阶段和审查定稿阶段。

（1）准备阶段　概算定额编制的准备阶段，应确定编制机构和人员组成，进行调查研究，了解现行概算定额执行情况和存在问题，明确编制的目的，制定概算定额的编制方案和确定概算定额的项目。

（2）编制初稿阶段　编制概算定额的初稿阶段，应根据已经确定的编制方案和概算定额项目，收集和整理各种编制依据，对各种资料进行深入细致的测算和分析，确定人工、材料和机械台班的消耗量指标，最后编制概算定额初稿。

（3）审查定稿阶段　审查定稿阶段，应测算概算定额水平，即测算新编制概算定额与原概算定额及现行预算定额之间的水平。测算的方法既要分项进行测算，又要通过编制单位工程概算以单位工程为对象进行综合测算。概算定额水平与预算定额水平之间应有一定的幅度差，幅度差一般在5%以内。概算定额经测算比较后，可报送国家授权机关审批。

3.3.4.2　概算指标

概算指标是一种用建筑面积（m^2、$100m^2$）或建筑体积（m^3、$100m^3$）、构筑物以座为计量单位，规定所需要人工、材料、机械台班消耗量和资金数量的定额指标。概算指标是按整个建筑物或构筑物为对象编制的，因此它比概算定额更加综合与扩大。依据概算指标来编制设计概算也就更为简单。概算指标中各消耗量的确定，主要来自各种工程的概预算和决算的统计资料。

1. 概算指标的内容

（1）总说明和分册说明　说明概算指标的编制范围、编制依据、分册情况，指标包括的内容、未包括的内容、使用方法、允许调整的范围及调整方法等。

（2）列表　列表主要包括：

1）示意图。示意图说明工程的结构形式、主要设备及其布置方式等工业项目，还表示出吊车及起重能力等。

2）工程特征。对采暖工程特征，列出采暖热媒及采暖形式；对电气照明工程特征，列出建筑层数、结构类型、配线方式、灯具名称等；对房屋建筑工程特征，主要列出工程的结构形式、层高、层数和建筑面积等。

3）经济指标。工业建筑按工艺特征反映单位造价及其中土建、设备、安装等单位工程的相应造价；一般民用建筑则反映每$100m^2$造价及其中水暖和电照等单位工程的相应造价。

4）构造内容及工程量指标。说明该工程项目的构造内容和相应计算单位的工程量指标及人工、材料消耗指标。

2. 概算指标的编制步骤

1) 准备工作阶段。准备工作阶段主要是汇集设计图资料，拟订编制项目，起草编制方案，编制细则和制定计算方法，并对一些技术性和方向性的问题进行学习和讨论。

2) 编制工作阶段。编制工作阶段主要是优选设计图，根据优选出的设计图和现行预算定额，计算工程量，编制预算书，求出单位面积或体积的预算造价，确定人工、主要材料和机械的消耗指标，填写概算指标表格。

3) 复核送审阶段。将人工、主要材料和机械的消耗指标算出后，需要进行审核，以防发生错误。并对同类性质和结构的指标水平进行比较，必要时加以调整，然后定稿送主管部门，审批后颁发执行。

3. 概算指标的应用

概算指标的应用比概算定额具有更大的灵活性。由于它是一种综合性很强的指标，不可能与拟建工程的建筑特征、结构特征、自然条件、施工条件完全一致。因此，在选用概算指标时要十分慎重，选用的指标与设计对象在各个方面应尽量一致或接近，不一致的地方要进行换算，以提高准确性。

概算指标的应用一般有两种情况：第一种情况，如果设计对象的结构特征与概算指标一致时，可以直接套用；第二种情况，如果设计对象的结构特征与概算指标的规定局部不同时，要对指标的局部内容进行调整后再套用。

3.3.5 投资估算指标

投资估算指标是编制建设项目建议书、可行性研究报告等前期工作阶段投资估算的依据，也可以作为编制固定资产长远规划投资额的参考。投资估算指标不但要反映实施阶段的静态投资，还必须反映项目建设前期和交付使用期内发生的动态投资，因此，投资估算指标比其他各种计价定额具有更大的综合性和概括性。

1. 投资估算指标的内容

投资估算指标一般可分为建设项目综合指标、单项工程指标和单位工程指标。

（1）建设项目综合指标　建设项目综合指标是指按规定应列入建设项目总投资的从立项筹建开始至竣工验收交付使用的全部投资额，包括单项工程投资、工程建设其他费用和预备费等。

（2）单项工程指标　单项工程指标是指按规定应列入能独立发挥生产能力或使用效益的单项工程内的全部投资额，包括建筑工程费、安装工程费、设备、工器具及生产家具购置费和其他费用。

（3）单位工程指标　单位工程指标是指按规定应列入能独立设计、施工的工程项目的费用，即建筑安装工程费用。

2. 投资估算指标的编制方法

（1）搜集整理资料阶段　搜集整理已建成或正在建设的，符合现行技术政策和技术发展方向的，有可能重复采用的，有代表性的工程设计施工图，标准设计以及相应的竣工决算或施工图预算资料等。将整理后的数据资料按项目划分栏目加以归类，按照编制年度的现行定额、费用标准和价格，调整成编制年度的造价水平。

（2）平衡调整阶段　由于调查搜集的资料来源不同，虽然经过一定的分析整理，但难免会使数据失准或遗漏，必须对这些资料进行综合平衡调整。

（3）测算审查阶段　测算是将新编的指标和选定工程的概预算，在同一价格的条件下进行比较，检验其"量差"是否在允许的偏差范围之内，当偏差过大时，应进行修正。并在此基础上组织有关专业人员予以全面审查定稿。

3.4　工程量清单计价法

3.4.1　建设工程工程量清单计价规范简介

为了全面推行工程量清单计价，2003 年 2 月 17 日，原建设部以第 119 号公告批准发布了《建设工程工程量清单计价规范》（GB 50500—2003）（以下简称"2003 版规范"），自 2003 年 7 月 1 日起实施。"2003 版规范"的实施，使我国工程造价从传统的以预算定额为主的计价方式向国际上通行的工程量清单计价模式转变，是我国工程造价管理政策的一项重大措施，在工程建设领域受到了广泛的关注与积极的响应。"2003 版规范"实施以来，在各地和有关部门的工程建设中得到了有效推行，积累了宝贵经验，取得了丰硕成果。但在执行中，也反映出一些不足。因此，为了完善工程量清单计价工作，原建设部标准定额司从 2006 年开始，组织有关单位和专家对"2003 版规范"的正文部分进行修订。2008 年 7 月 9 日，历经两年多的起草、论证和多次修改，住房和城乡建设部以第 63 号公告，发布了《建设工程工程量清单计价规范》（GB 50500—2008）（以下简称"2008 版规范"），从 2008 年 12 月 1 日起实施。"2008 版规范"的出台，对巩固工程量清单计价改革的成果，进一步规范工程量清单计价行为具有十分重要的意义。

1."2008 版规范"的特点

"2008 版规范"总结了"2003 版规范"实施以来的经验，并针对执行中存在的问题，对"2003 版规范"进行了补充修改和完善。"2008 版规范"具有以下特点。

1）内容涵盖了工程施工阶段从招投标开始到工程竣工结算办理的全过程，并增加了条文说明。包括工程量清单的编制；招标控制价和投标报价的编制；工程发、承包合同签订时对合同价款的约定；施工过程中工程量的计量与价款支付；索赔与现场签证；工程价款的调整；工程竣工后竣工结算的办理以及工程计价争议的处理等内容。"2008版规范"内容全面反映在实际工程计价活动中，就是使工程施工过程中每个计价阶段都有"规"可依、有"章"可循，对全面规范工程造价计价行为具有重要意义。

2）体现了工程造价计价各阶段的要求，使规范工程造价计价行为形成有机整体。工程建设的特点使得工程造价计价具有阶段性。工程建设每个阶段的计价都有其固有特性，但各个阶段之间又是相互关联的。"2008版规范"首先对工程造价计价的共性问题进行了规范，同时针对不同阶段的工程造价计价特点作了专门性规定，并使共性和个性有机结合。具体表现为各条文之间按照工程施工建设的顺序是承前启后，相互贯通的，使整个条文形成一个规范工程造价计价行为的有机整体。

3）充分考虑到我国建设市场的实际情况，体现了国情。"2008版规范"按照"政府宏观调控、企业自主报价、市场形成价格、加强市场监管"的改革思路，在发展和完善社会主义市场经济体制的要求下，对工程建设领域中施工阶段发、承包双方的计价，适宜采用市场定价的充分放开，政府监管不越位；在现阶段还需政府宏观调控的，政府监管一定不缺位，并且要切实做好。因此，"2008版规范"在安全文明施工费、规费等计取上，规定了不允许竞价；在应对物价波动对工程造价的影响上，较为公平地提出了发、承包双方共担风险的规定。避免了招标人凭借工程发包中的有利地位无限制地转嫁风险的情况，同时遏制了施工企业以牺牲职工切身利益为代价作为市场竞争中降价的利益驱动。

4）充分注意了工程建设计价的难点，条文规定更具操作性。"2008版规范"对工程施工建设各阶段、各步骤计价的具体做法和要求都做出了具体而详尽的规定，使条文更具操作性。"2008版规范"从工程造价计价的实际需要出发，增加和修订了相关的工程造价计价的具体操作条款，并完善了工程量清单计价表格，使其更贴近实际计价需要。"2008版规范"从我国工程造价管理的实际出发，既考虑全国工程造价计价管理的统一性，又考虑各地方和行业计价管理的特点，允许地方和行业根据本地区、本行业工程造价计价特点，对规范中的计价表格进行补充，使其更加贴近工程造价管理的需要。

2. "2008版规范"的组成

1）总则。
2）术语。
3）工程清单编制。

4）工程量清单计价。

5）工程量清单计价表格。

6）附录。本规范共有五个附录：附录A——建筑工程工程量清单项目及计算规则；附录B——装饰装修工程工程量清单项目及计算规则；附录C——安装工程工程量清单项目及计算规则；附录D——市政工程工程量清单项目及计算规则；附录E——园林绿化工程工程量清单项目及计算规则；附录F——矿山工程工程量清单项目及计算规则。

7）规范用词说明及条文说明。

3."2008版规范"的适用范围

"2008版规范"适用于建筑工程、装饰装修工程、安装工程、市政工程、园林绿化工程和矿山工程的工程量清单编制、工程量清单招标控制价编制、工程量清单投标报价编制、工程合同价款的约定、竣工结算的办理以及工程施工过程中工程计量与工程价款的支付、索赔与现场签证、工程价款的调整和工程计价争议处理等活动。

全部使用国有资金投资或国有资金投资为主的工程建设项目，必须采用工程量清单计价。

根据《工程建设项目招标范围和规模标准规定》（原国家计委第3号令）的规定，国有资金投资的工程建设项目包括使用国有资金投资和国家融资投资的工程建设项目。

（1）使用国有资金投资项目的范围　主要包括：

1）使用各级财政预算资金的项目。

2）使用纳入财政管理的各种政府性专项建设基金的项目。

3）使用国有企事业单位自有资金，并且国有资产投资者实际拥有控制权的项目。

（2）国家融资项目的范围　主要包括：

1）使用国家发行债券所筹资金的项目。

2）使用国家对外借款或者担保所筹资金的项目。

3）使用国家政策行贷款的项目。

4）国家授权投资主体融资的项目。

5）国家特许的融资项目。

国有资金（含国有融资资金）为主的工程建设项目是指国有资金占投资总额50%以上，或虽不足50%但国有投资者实质上拥有控股权的工程建设项目。

非国有资金投资的工程建设项目，可采用工程量清单计价。对于非国有资金投资的工程建设项目，是否采用工程量清单方式计价由项目业主自主确定；当确定采用工程量清单计价时，则应执行"2008版规范"；对于确定不采用工程量清单方式计价的非国有投资工程建设项目,除不执行工程量清单计价的专门性规定外,由于"2008 版规范"还规定了工程价款调整、工程计量和价款支付、索赔与现场签证、竣工结算以及工程造价争议处理等内容,这类规定仍应执行。

4. 从事建设工程工程量清单计价活动的主体

"2008 版规范"规定,工程量清单、招标控制价、投标报价、工程价款结算等工程造价文件的编制与核对应由具有资格的工程造价专业人员承担。

"关于印发《造价工程师执业制度暂行规定》的通知"(人发[1996]77号文)规定,在建设工程计价活动中,工程造价人员实行执业资格制度。按照《注册造价工程师管理办法》第十八条的规定,注册造价工程师应当在本人承担的工程造价成果文件上签字并盖章;《全国建设工程造价人员管理暂行办法》(中价协[2006]013号)第十条规定,造价员应在本人承担的工程造价业务文件上签字、加盖专用章,并承担相应的岗位责任。

根据上述规定,在工程造价计价活动中,工程量清单、招标控制价、投标报价、工程价款结算等所有的工程造价文件的编制与核对,以及施工过程中有关工程造价的工作,均应由具有相应资格的工程造价专业人员承担。

3.4.2 工程量清单

3.4.2.1 工程量清单的概念

工程量清单是表现实行工程量清单计价的建设工程的分部分项工程项目、措施项目、其他项目、规费项目和税金项目的名称和相应数量等的明细清单。

工程量清单应由招标人编制,若招标人不具备编制工程量清单的能力,可委托具有工程造价咨询资质的工程造价咨询机构编制。

采用工程量清单方式招标发包,工程量清单必须作为招标文件的组成部分,招标人应将工程量清单连同招标文件的其他内容一并发(或发售)给投标人。招标人对编制的工程量清单的准确性和完整性负责。投标人依据工程量清单进行投标报价,对工程量清单不负有核实的义务,更不具有修改和调整的权力。

工程量清单是工程量清单计价的基础,应作为编制招标控制价、投标报价、计算工程量、支付工程款、调整合同价款、办理竣工结算以及工程索赔等的依据之一。

3.4.2.2 工程量清单的内容

工程量清单主要包括工程量清单总说明与工程量清单表两部分。

1. 工程量清单总说明

工程量清单总说明包括:工程概况、工程招标范围、工程量清单编制依据以及其他需要说明的问题,可作为投标人投标报价时参考的基础。

2. 工程量清单表

工程量清单表包括分部分项工程量清单与计价表、措施项目清单与计价表、其他项目清单与计价汇总表、暂列金额明细表、材料暂估单价表、专业工程暂估价表计日工表、总承包服务费计价表、规费税金项目清单与计价表等。工程量清单表作为清单项目和工程数量的载体，是工程量清单的重要组成部分。分部分项工程量清单与计价表格式见表 3-1。

表 3-1　分部分项工程量清单与计价表

工程名称：（招标项目名称）　　　　　　　　　　　共　页　第　页

序号	项目编码	项目名称	项目特征描述	计量单位	工程量	金额/元		
						综合单价	合价	其中：暂估价
				本页小计				
				合　计				

合理的清单项目设置和准确的工程数量，是清单计价的前提与基础。对于招标人而言，工程量清单是进行投资控制的前提与基础，工程量清单编制的质量直接关系和影响工程建设的最终结果。

3.4.2.3　工程量清单编制

工程量清单是工程量清单计价的基础，应作为编制招标控制价、投标报价、计算工程量、支付工程款、调整合同价款、办理竣工结算以及工程索赔等的依据之一，贯穿于整个施工过程之中。

1. 编制工程量清单的依据

1）建设工程工程量清单计价规范。
2）国家或省级、行业建设主管部门颁发的计价依据和办法。
3）建设工程设计文件。
4）与建设工程项目有关的标准、规范、技术资料。
5）招标文件及其补充通知、答疑纪要。
6）施工现场情况、工程特点及常规施工方案。

7) 其他相关资料。

2. 分部分项工程量清单

分部分项工程量清单包括项目编码、项目名称、项目特征、计量单位和工程量。这五个内容在分部分项工程量清单的组成中缺一不可。分部分项工程量清单应根据规范附录规定的项目编码、项目名称、项目特征、计量单位和工程量计算规则进行编制。

(1) 项目编码　以五级编码设置，用十二位阿拉伯数字表示。一、二、三、四级编码统一，第五级编码由工程量清单编制人区分具体工程的清单项目特征而分别编码。各级编码代表的含义如下：

1) 第一级表示分类码（分两位）；建筑工程为01、装饰装修工程为02、安装工程为03、市政工程为04、园林绿化工程为05、矿山工程为06。

2) 第二级表示章顺序码（分两位）。

3) 第三级表示节顺序码（分两位）。

4) 第四级表示清单项目码（分三位）。

5) 第五级表示具体清单项目码（分三位）。

项目编码结构如图3-4所示（以建筑工程为例）。

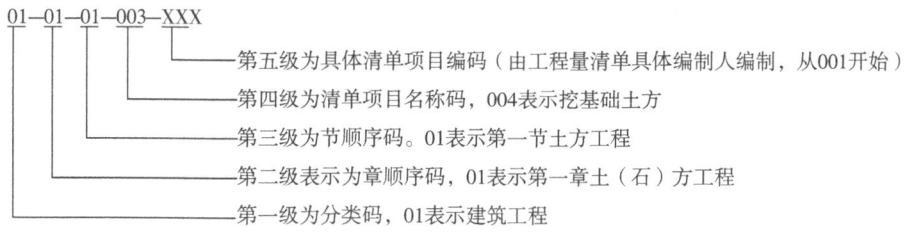

图3-4　工程量清单项目编码结构图

(2) 项目名称　分部分项工程量清单项目的名称应按规范附录中的项目名称并结合拟建工程的实际确定。项目名称若有缺项，招标人可按相应的原则进行补充，并报当地的工程造价管理部门备案。

(3) 项目特征　分部分项工程量清单的项目特征是确定一个清单项目综合单价的重要依据，在编制的工程量清单中必须对其项目特征进行准确和全面的描述。

工程量清单项目特征描述有三个方面的重要意义：

1) 项目特征是区分清单项目的依据。工程量清单项目特征是用来表述分部分项清单项目的实质内容，用于区分计价规范中同一清单条目下各个具体的清单项目。没有项目特征的准确描述，对于相同或相似的清单项目名称，就无从区分。

2) 项目特征是确定综合单价的前提。由于工程量清单项目的特征决定了工程实体的实质内容，必然直接决定了工程实体的自身价值。因此，工程量清单项目特征描述得准确与否，直接关系到工程量清单项目综合单价的准确确定。

3) 项目特征是履行合同义务的基础。实行工程量清单计价，工程量清单及其综合单价是施工合同的组成部分，因此，如果工程量清单项目特征的描述不清甚至漏项、错误，从而引起在施工过程中的更改，都会引起分歧，导致纠纷。

（4）计量单位　计量单位应采用基本单位，除各专业另有规定外，均按以下单位计量：

1) 以质量计算的项目——kg 或 t。
2) 以体积计算的项目——m^3。
3) 以面积计算的项目——m^2。
4) 以长度计算的项目——m。
5) 以自然计量单位计算的项目——个、套、块、樘、组、台……
6) 没有具体数量的项目——系统、项……

各专业有特殊计量单位的，再另加说明。

（5）工程量　分部分项工程量清单的工程量应按规范附录中规定的工程量计算规则计算。工程量计算规则是指对清单项目的工程量计算规定，除另有说明外，所有清单项目的工程量应以实体工程量为准，并以完成后的净产值计算；投标人投标报价时，应在单价中考虑施工中的各种损耗和需要增加的工程量。

工程量的有效位数为：以"t"为计量单位的应保留小数点三位，第四位小数四舍五入；以"m^3"、"m^2"、"m"、"kg"为计量单位的应保留小数点二位，第三位小数四舍五入；以"项"、"个"等为计量单位的应取整数。

分部分项工程量清单与计价表示例见表 3-2。

表 3-2　某工程分部分项工程量清单与计价表（部分）

工程名称：××中学教师住宅工程　　　　　　标段：

序号	项目编码	项目名称	项目特征描述	计量单位	工程量	金额/元		
						综合单价	合价	其中：暂估价
			A.1 土（石）方工程					
1	010101001001	平整场地	Ⅱ、Ⅲ类土综合，土方就地挖填找平	m^2	1792			
2	010101003001	挖基础土方	Ⅲ类土，条形基础，垫层底宽 2m，挖土深度 4m 以内，弃土运距为 10km	m^3	1432			

序号	项目编码	项目名称	项目特征描述	计量单位	工程量	金额/元		
						综合单价	合价	其中：暂估价
			（其他略）					
			分部小计					
			A.2 桩与地基基础工程					
3	010201003001	混凝土灌注桩	人工挖孔，二级土，桩长10m，有护壁段长9m，共42根，桩直径1000mm，扩大头直径1100mm，桩混凝土为C25，护壁混凝土为C20	m	420			
			（其他略）					
			分部小计					
			本页小计					
			合　　计					

3. 措施项目清单

措施项目清单应根据拟建工程的实际情况列项。通用措施项目可按表3-3选择列项，专业工程的措施项目可按规范附录中规定的项目选择列项。若出现规范未列的项目，可根据工程实际情况补充。

表3-3　通用措施项目一览表

序号	项目名称
1	安全文明施工（含环境保护、文明施工、安全施工、临时设施）
2	夜间施工
3	二次搬运
4	冬雨季施工
5	大型机械设备进出场及安拆
6	施工排水
7	施工降水
8	地上、地下设施。建筑物的临时保护设施
9	已完工程及设备保护

措施项目中可以计算工程量的项目清单宜采用分部分项工程量清单的方式编制，列出项目编码、项目名称、项目特征、计量单位和工程量计算规则；不能计算工程量的项目清单，以"项"为计量单位。

措施项目清单与计价表格式见表3-4、3-5。

表3-4 措施项目清单与计价表

工程名称：　　　　　　　　　　　　　　　　　　第　页共　页

序号	项目名称	计算基础	费率（%）	金额/元

注：此表适用于以"项"计价的措施项目。

表3-5 措施项目清单与计价表

工程名称：　　　　　　　　　　　　　　　　　　第　页共　页

序号	项目编码	项目名称	项目特征描述	计量单位	工程量	金额/元	
						综合单价	合价
				本页小计			
				合　计			

注：此表适用于以综合单价形式计价的措施项目。

4. 其他项目清单

其他项目清单包括：暂列金额、暂估价（包括材料暂估价、专业工程暂估价）、计日工、总承包服务费。其他项目清单与计价汇总表格式见表3-6。

表 3-6 其他项目清单与计价汇总表

工程名称：   第 页 共 页

序号	项目名称	计量单位	金额/元	备注
1	暂列金额			明细另详
2	暂估价			
2.1	材料暂估价			明细另详
2.2	专业工程暂估价			明细另详
3	计日工			明细另详
4	总承包服务费			明细另详
5				
	合　计			——

5. 规费项目清单

规费项目清单应包括的内容有：工程排污费、工程定额测定费、社会保障费（包括养老保险费、失业保险费、医疗保险费）、住房公积金；危险作业意外伤害保险。

6. 税金项目清单

税金项目清单应包括的内容有：营业税、城市维护建设税、教育费附加

规费、税金项目清单与计价表格式见表 3-7。

表 3-7 规费、税金项目清单与计价表

工程名称：   第 页 共 页

序号	项目名称	计算基础	费率（%）	金额/元
1	规费			
1.1	工程排污费			
1.2	社会保障费			
(1)	养老保险费			
(2)	失业保险费			
(3)	医疗保险费			
1.3	住房公积金			
1.4	危险作业意外伤害保险			
1.5	工程定额测定费			
2	税金	分部分项工程费＋措施项目费＋其他项目费＋规费		
	合　计			

3.4.3 工程量清单计价

工程量清单计价包括从招标控制价的编制、投标报价、合同价款约定、工程计量与价款支付、索赔与现场签证、工程价款调整到工程竣工结算办理及工程造

价计价争议处理等的全部内容。

1. 工程量清单计价的组成内容

采用工程量清单计价，建设工程造价由分部分项工程费、措施项目费、其他项目费、规费和税金五部分组成，如图3-5所示。

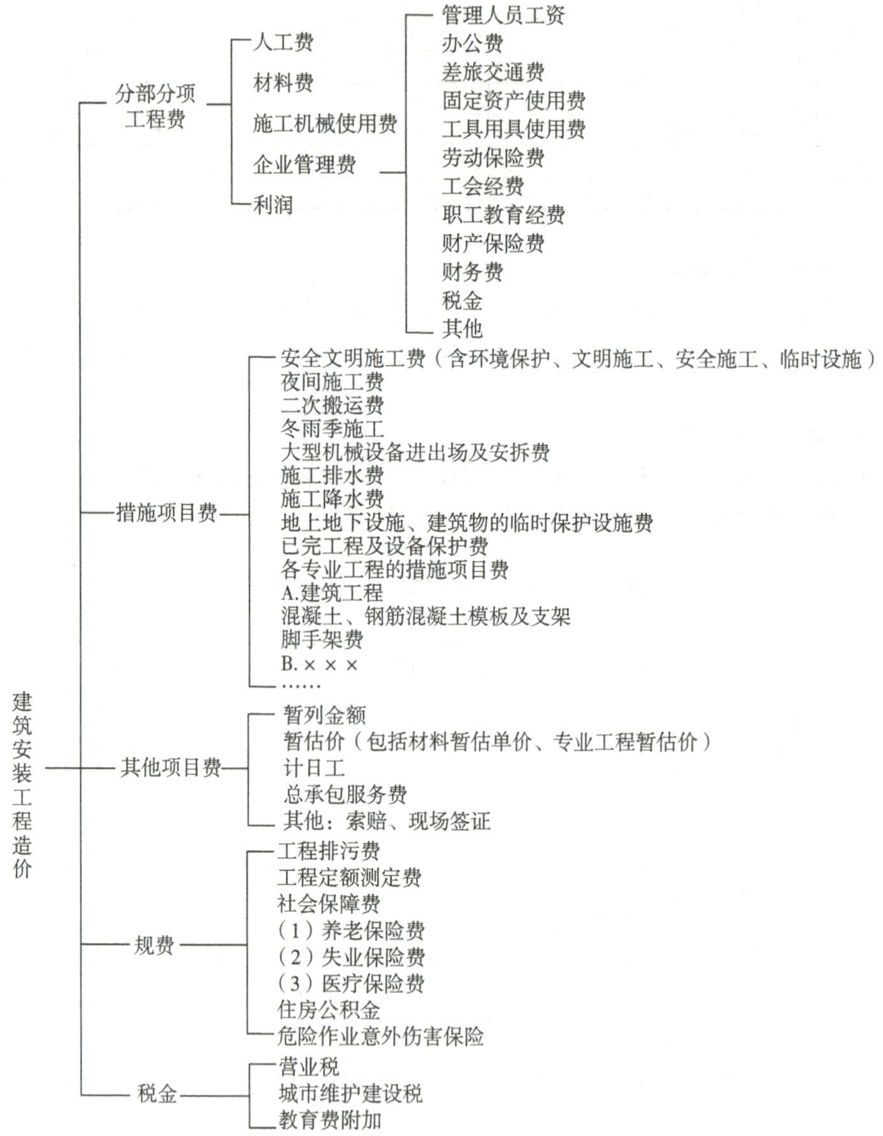

```
建筑安装工程造价
├─ 分部分项工程费
│   ├─ 人工费
│   ├─ 材料费
│   ├─ 施工机械使用费
│   ├─ 企业管理费
│   │   ├─ 管理人员工资
│   │   ├─ 办公费
│   │   ├─ 差旅交通费
│   │   ├─ 固定资产使用费
│   │   ├─ 工具用具使用费
│   │   ├─ 劳动保险费
│   │   ├─ 工会经费
│   │   ├─ 职工教育经费
│   │   ├─ 财产保险费
│   │   ├─ 财务费
│   │   ├─ 税金
│   │   └─ 其他
│   └─ 利润
├─ 措施项目费
│   ├─ 安全文明施工费（含环境保护、文明施工、安全施工、临时设施）
│   ├─ 夜间施工费
│   ├─ 二次搬运费
│   ├─ 冬雨季施工
│   ├─ 大型机械设备进出场及安拆费
│   ├─ 施工排水费
│   ├─ 施工降水费
│   ├─ 地上地下设施、建筑物的临时保护设施费
│   ├─ 已完工程及设备保护费
│   ├─ 各专业工程的措施项目费
│   ├─ A.建筑工程
│   ├─ 混凝土、钢筋混凝土模板及支架
│   ├─ 脚手架费
│   ├─ B.×××
│   └─ ……
├─ 其他项目费
│   ├─ 暂列金额
│   ├─ 暂估价（包括材料暂估单价、专业工程暂估价）
│   ├─ 计日工
│   ├─ 总承包服务费
│   └─ 其他：索赔、现场签证
├─ 规费
│   ├─ 工程排污费
│   ├─ 工程定额测定费
│   ├─ 社会保障费
│   │   （1）养老保险费
│   │   （2）失业保险费
│   │   （3）医疗保险费
│   ├─ 住房公积金
│   └─ 危险作业意外伤害保险
└─ 税金
    ├─ 营业税
    ├─ 城市维护建设税
    └─ 教育费附加
```

图3-5 工程量清单计价的建筑安装工程造价组成示意图

按照《建筑安装工程费用项目组成》（建标［2003］206号）的规定，工程造价（建筑安装工程费）由直接费、间接费、利润和税金组成（见本书第2章

内容），从图3-5看，与采用工程量清单计价时工程造价的组成这二者包含内容并无实质差异，《建筑安装工程费用项目组成》（建标［2003］206号）主要表述的是建筑安装工程费用项目的组成，而《建设工程工程量清单计价规范》GB 50500—2008的建筑安装工程造价要求的是建筑安装工程在工程交易和工程实施阶段工程造价的组价要求，包括索赔等，内容更全面、更具体。二者在计算建筑安装工程造价的角度上存在差异，应用时应引起注意。

2. 招标控制价

招标控制价是采用工程量清单招标时作为招标人能够接受的最高交易价格。我国规定国有资金投资的工程建设项目应实行工程量清单招标，并应编制招标控制价。招标控制价超过批准的概算时，招标人应将其报原概算审批部门审核。投标人的投标报价高于招标控制价的，其投标应予以拒绝。招标控制价应由具有编制能力的招标人，或受其委托具有相应资质的工程造价咨询人编制。

3. 投标价

投标价是采用工程量清单招标时作为投标人根据招标文件中的工程量清单、项目特征描述和有关要求、施工现场实际情况及拟定的施工方案或施工组织设计，依据企业定额和市场价格信息，或参照建设行政主管部门发布的社会平均消耗量定额等，自主进行确定的交易价格，但不得低于成本。投标价应由投标人或受其委托具有相应资质的工程造价咨询人编制。

（1）投标价的编制依据　具体如下：

1)《建设工程工程量清单计价规范》（GB 50500—2008）。
2) 国家或省级、行业建设主管部门颁发的计价办法。
3) 企业定额，国家或省级、行业建设主管部门颁发的计价定额。
4) 招标文件、工程量清单及其补充通知、答疑纪要。
5) 建设工程设计文件及相关资料。
6) 施工现场情况、工程特点及拟定的投标施工组织设计或施工方案。
7) 与建设项目相关的标准、规范等技术资料。
8) 市场价格信息或工程造价管理机构发布的工程造价信息。
9) 其他的相关资料。

（2）投标价的编制　采用工程量清单计价时的投标价应包括分部分项工程费、措施项目费、其他项目费、规费和税金五部分。

在编制投标价时，投标人应按招标人提供的工程量清单填报价格。填写的项目编码、项目名称、项目特征、计量单位、工程量必须与招标人提供的一致。

分部分项工程费应依据招标文件中分部分项工程量清单工程量、项目的特征描述确定综合单价计算。综合单价的组成内容包括完成一个规定计量单位的分部分项工程量清单项目所需的人工费、材料费、施工机械使用费和企业管理费与利润,以及一定范围内的风险费用。在施工过程中,当出现的风险内容及其范围(幅度)在招标文件规定的范围(幅度)内时,综合单价不得变动,工程价款不作调整。招标文件中提供了暂估单价的材料,按暂估的单价计入综合单价。

措施项目费的计价方式应根据招标文件的规定,可以计算工程量的措施清单项目采用综合单价方式报价,其余的措施清单项目采用以"项"为计量单位的方式报价。措施项目费由投标人自主确定,但其中安全文明施工费应按国家或省级、行业建设主管部门的规定确定。由于各投标人拥有的施工装备、技术水平和采用的施工方法有所差异,招标人提出的措施项目清单是根据一般情况确定的,没有考虑不同投标人的"个性",投标人投标时应根据自身编制的投标施工组织设计(或施工方案)确定措施项目,并对招标人提供的措施项目进行调整。

投标人对其他项目费投标报价时应注意:暂列金额应按照其他项目清单中列出的金额填写,不得变动;暂估价不得变动和更改。暂估价中的材料必须按照暂估单价计入综合单价;专业工程暂估价必须按照其他项目清单中列出的金额填写;计日工应按照其他项目清单列出的项目和估算的数量,自主确定各项综合单价并计算费用;总承包服务费应依据招标人在招标文件中列出的分包专业工程内容和供应材料、设备情况,按照招标人提出的协调、配合与服务要求和施工现场管理需要自主确定。

规费和税金的计取标准是依据有关法律、法规和政策规定制定的,具有强制性。投标人是法律、法规和政策的执行者,不能改变,更不能制定,而必须按照法律、法规、政策的有关规定执行。因此本条规定投标人在投标报价时必须按照国家或省级、行业建设主管部门的有关规定计算规费和税金。

4. 工程量清单投标报价的标准格式

(1)封面 封面如图3-6所示,由投标人按规定的内容填写、签字、盖章。

```
                    投 标 总 价

        招  标  人:_____
        工 程 名 称:_____
        投标总价(小写):_____
             (大写):_____
        投  标  人:_____(单位盖章)
        法 定 代 表 人
        或其授权人:_____(签字或盖章)
        编  制  人:_____(造价人员签字盖执业专用章)
        编 制 时 间:     年   月   日
```

图3-6 封面

第3章 工程造价计算方法

(2) 投标报价总说明　总说明如图3-7所示。

```
(主要内容)
1. 工程概况:
2. 投标价包括范围:
3. 投标价编制依据:
4. 其他需要说明的问题:
```

图3-7　总说明

(3) 工程项目投标报价汇总表　工程项目投标报价汇总表见表3-8。

表3-8　工程项目投标报价汇总表

工程名称：　　　　　　　　　　　　　　　　　　　　　第　页　共　页

序号	单项工程名称	金额/元	其中		
			暂估价/元	安全文明施工费/元	规费/元
合　计					

(4) 单项工程投标报价汇总表　单项工程投标报价汇总表见表3-9。

表3-9　单项工程投标报价汇总表

工程名称：　　　　　　　　　　　　　　　　　　　　　第　页　共　页

序号	单项工程名称	金额/元	其中		
			暂估价/元	安全文明施工费/元	规费/元
合　计					

(5) 单位工程投标报价汇总表　单位工程投标报价汇总表见表3-10。

表3-10　单位工程投标报价汇总表

工程名称：　　　　　　　　　　　　　　　　　　　　　第　页　共　页

序号	汇总内容	金额/元	其中：暂估价/元
1	分部分项工程费合计		
2	措施项目费合计		
3	其他项目费合计		
4	规费		
5	税金		
合　计			

(6) 分部分项工程量清单与计价表　分部分项工程量清单与计价表见表 3 – 11。

表 3 – 11　分部分项工程量清单与计价表

工程名称：　　　　　　　　　　　　　　　　　　　　共　页　第　页

序号	项目编码	项目名称	项目特征描述	计量单位	工程量	金额/元		
						综合单价	合价	其中：暂估价
			本页小计					
			合　计					

(7) 措施项目清单与计价表（一）　措施项目清单与计价表（一）适用于按"项"为计价的措施项目所用表格，见表 3 – 12。

表 3 – 12　措施项目清单与计价表（一）

工程名称：　　　　　　　　　　　　　　　　　　　　第　页　共　页

序号	项目名称	计算基础	费率（%）	金额/元
1	安全文明施工费			
2	夜间施工费			
3	二次搬运费			
4	冬雨季施工			
5	大型机械设备进出场及安拆费			
6	施工排水			
7	施工降水			
8	地上、地下设施、建筑物的临时保护设施			
9	已完工程及设备保护			
10	各专业工程的措施项目			
11				
	合　计			

(8) 措施项目清单与计价表（二）　措施项目清单与计价表（二）适用于按综合单价形式计价的措施项目所用表格，见表 3 – 13。

表 3-13　措施项目清单与计价表（二）

工程名称：　　　　　　　　　　　　　　　　　　　　　共　页　第　页

序号	项目编码	项目名称	项目特征描述	计量单位	工程量	金额/元	
						综合单价	合价
				本页小计			
				合　计			

（9）其他项目清单与单价汇总表　其他项目清单与单价汇总表见表 3-6。

（10）暂列金额明细表　暂列金额明细表见表 3-14。

表 3-14　暂列金额明细表

工程名称：　　　　　　　　　　　　　　　　　　　　　第　页　共　页

序号	项目名称	计量单位	暂定金额/元	备注
1				
⋮				
	合　计			

（11）材料暂估价表　材料暂估价表见表 3-15。

表 3-15　材料暂估价表

工程名称：　　　　　　　　　　　　　　　　　　　　　第　页　共　页

序号	名称	单位	数量	单价/元	合价/元	备　注
1						
⋮						
	小计					

（12）专业工程暂估价表　专业工程暂估价表见表 3-16。

表 3-16　专业工程暂估价表

工程名称：　　　　　　　　　　　　　　　　　　　　　第　页　共　页

序号	专业工程名称	工程内容	金额/元	备注
1				
⋮				
		小　计		

(13) 计日工表 计日工表见表 3-17。

表 3-17 计日工表

工程名称: 第 页 共 页

编号	项目名称	单位	暂定数量	综合单价	合价
一	人工				
1					
⋮					
	人 工 小 计				
二	材料				
1					
⋮					
	材 料 小 计				
三	施工机械				
1					
⋮					
	施工机械小计				
	合 计				

(14) 总承包服务费计价表 总承包服务费计价表见表 3-18。

表 3-18 总承包服务费计价表

工程名称: 第 页 共 页

序号	项目名称	项目价值/元	服务内容	费率（%）	金额/元
1	发包人发包专业工程				
2	发包人供应材料				
⋮					
	合 计				

(15) 规费、税金项目清单与计价表 规费、税金项目清单与计价表见表 3-7。

(16) 工程量清单综合单价分析表 工程量清单综合单价分析表见表 3-19。

表 3-19 工程量清单综合单价分析表

工程名称：　　　　　　　　　　　　　　　　　　　　第　页　共　页

项目编码		项目名称				计量单位			
清单综合单价组成明细									
定额编号	定额名称	定额单位	数量	单价				合价			
				人工费	材料费	机械费	管理费和利润	人工费	材料费	机械费	管理费和利润
人工单价		小计								
		未计价材料费								
		清单项目综合单价								
材料费明细	主要材料名称、规格、型号			单位	数量	单价/元	合价/元	暂估单价/元	暂估合价/元	
	其他材料费						—		—	
	材料费小计						—		—	

3.5 工程造价指数

3.5.1 工程造价指数的概念与用途

1. 工程造价指数的概念

工程造价指数是用来反映一定时期由于价格变化对工程造价影响程度的一种指标，是调整工程造价价差的依据，它反映了报告期与基期相比的价格变动趋势。

2. 工程造价指数的用途

1）作为政府对建筑市场宏观调控的依据。
2）作为工程估算和概预算的基本依据。
3）在建筑市场的交易过程中，为承包商提出合理的投标报价提供依据。

3.5.2 工程造价指数的分类

工程造价指数可以分为各种单项价格指数，设备、工器具价格指数，建筑安装工程造价指数，建设项目或单项工程造价指数。工程造价指数也可以根据造价资料的期限长短来分类，分为时点造价指数、月指数、季指数和年指数。

1. 各种单项价格指数

各种单项价格指数是其中包括反映各类工程的人工费、材料费、施工机械使用费报告期对基期价格的变化程度的指标。各种单项价格指数属于个体指数（个体指数是反映个别现象变动情况的指数），编制比较简单。例如，直接费指数、间接费指数、工程建设其他费用指数等的编制可以直接用报告期费率与基期费率之比求得。

2. 设备、工器具价格指数

总指数用来反映不同度量单位的许多商品或产品所组成的复杂现象总体方面的总动态。综合指数是总指数的基本形式。综合指数可以把各种不能直接相加的现象还原为价值形态，先综合（相加），再对比（相除），从而反映观测对象的变化趋势。设备、工器具由不同规格、不同品种组成，因此设备、工器具价格指数属于总指数。由于采购数量和数据无论是基期还是报告期都很容易获得，因此，设备、工器具价格指数可以用综合指数的形式来表示。

3. 建筑安装工程造价指数

建筑安装工程造价指数是一种综合指数。建筑安装工程造价指数包括人工费指数、材料费指数、施工机械使用费指数、措施费指数、间接费指数等各项个体指数。建筑安装工程造价指数的特点是既复杂又涉及面广，利用综合指数计算分析难度大。可以用各项个体指数加权平均后的平均数指数表示。

4. 建设项目或单项工程造价指数

建设项目或单项工程造价指数是由设备、工器具价格指数，建筑安装工程造价指数，工程建设其他费用指数综合得到的。建设项目或单项工程造价指数是一种总指数，用平均数指数表示。

3.5.3 工程造价指数的确定

1. 人工费、材料费、施工机械使用费价格指数的确定

人工费、材料费、施工机械使用费等价格指数可以直接用报告期价格与基期价格相比后得到。即：

$$人工费（材料费、施工机械使用费）价格指数 = \frac{P_n}{P_0}$$

式中 P_0——基期人工日工资单价或材料预算价格、机械台班单价；

P_n——报告期人工日工资单价或材料预算价格、机械台班单价。

2. 措施费、间接费及工程建设其他费等费率指数的确定

计算公式为：

$$措施费、间接费、工程建设其他费费率指数 = \frac{P_n}{P_0}$$

式中 P_0——基期措施费、间接费、工程建设其他费费率；

P_n——报告期措施费、间接费、工程建设其他费费率。

3. 设备、工器具价格指数的确定

计算公式为：

$$设备、工器具价格指数 = \frac{报告期设备工器具单价 \times 报告期购置数量}{基期设备工器具单价 \times 报告期购置数量}$$

4. 建筑安装工程价格指数的确定

计算公式为：

建筑安装工程造价指数 = 人工费指数 × 基期人工费占建安工程造价比例 +

∑（单项材料价格指数 × 基期该单项材料费占建安工程造价比例）+

∑（单项机械台班指数 × 基期该单项机械费占建安工程造价比例）+

措施费、间接费综合指数 ×

基期措施费、间接费占建安工程造价比例

5. 建设项目或单项工程综合造价指数的确定

计算公式为：

综合造价指数 = 建安工程造价指数 × 基期建安工程费占总造价比例 +

∑（单项设备价格指数 × 基期设备费占总造价比例）+

工程建设其他费指数 ×

基期工程建设其他费占总造价比例

思 考 题

1. 现阶段计算工程造价有几种方法？
2. 工程建设过程中分哪些阶段进行计价？各阶段计价的作用是什么？
3. 定额计价时的计价依据有哪些？
4. 建设工程定额是怎样分类的？
5. 简述施工定额、预算定额的概念，试述它们之间的区别与联系。
6. 简述《建设工程工程量清单计价规范》（GB50500—2008）的组成内容和

适用范围。

7. 什么是工程量清单？工程量清单的编制依据有哪些？简述工程量清单编制程序。

8. 工程量清单计价包括哪些内容？

9. 简述工程量清单计价程序。

10. 简述投标报价的组成内容。

11. 简述工程造价指数的概念、分类确定。

第 4 章

建设项目投资决策阶段
工程造价控制

4.1 建设项目投资决策阶段与工程造价有关的工作内容

4.1.1 建设项目投资决策阶段的工作内容

1. 建设项目投资决策的含义

建设项目投资决策是选择和决定投资行动方案的过程，是对拟建项目的必要性和可行性进行技术经济论证，对不同建设方案进行技术经济比较及做出判断和决定的过程。建设项目投资决策正确与否，直接关系到项目建设的成败，关系到工程造价的高低及投资效果的好坏。正确决策是合理确定与控制工程造价的前提。

2. 建设项目投资决策阶段的主要工作

建设项目投资决策阶段的主要工作有：编报项目建议书、编报可行性研究报告、项目投资决策审批三项大的工作内容。

4.1.2 项目决策阶段与工程造价有关的工作内容

从建设项目全过程造价控制的角度来看，决策阶段是工程造价控制的首要环节和最重要的方面，在编报项目建议书、编报可行性研究报告时，需要对项目的投资做出估算，工程投资估算的大小，关系到项目建设的成败，关系到建设项目投资效果的好坏。

4.1.3 建设项目决策阶段影响工程造价的主要因素

1. 建设项目的生产规模

建设项目的生产规模是指在一定的生产技术条件下，在一定时间内拟建项目可能达到的最大年生产量或年产值。项目生产规模的大小影响工程造价，在确定项目规模时，不仅要考虑项目内部各因素之间的数量匹配、能力协调，还要使所有生产力因素共同形成的经济实体（如项目）在规模上大小适应。这样可以合理确定和有效控制工程造价，提高项目的经济效益。生产规模的制约因素包括：国民经济发展规划和产业政策、市场需求、技术、环境、原材料供应、土地、交通等因素。

2. 建设项目标准的确定

建设项目标准包括建设规模、占地面积、工艺装备、建筑标准、配套工程、劳动定员等方面的标准或指标。建设项目标准是编制、评估、审批项目可行性研究的重要依据，是衡量工程造价是否合理及监督检查项目建设的客观尺度。建设项目标准能否起到控制工程造价、指导建设投资的作用，关键在于标准水平定得合理与否。

3. 建设项目地点的选择

建设地点选择包括建设地区和具体厂址的选择：

（1）建设地区的选择　　建设地区的选择是指在几个不同的地区之间对拟建项目适合建设在哪个区域范围内的选择。建设地区选择的合理与否，在很大程度上决定着拟建项目的命运，影响着工程造价的高低。因此，建设地区的选择要充分考虑各种因素的制约，具体要考虑以下因素：

1）符合国民经济发展战略规划。
2）靠近原料、燃料提供地和产品消费地。
3）工业项目适当聚集。

（2）建设项目厂址的选择　　建设项目厂址的选择是指建设项目在选定的地区具体坐落位置的选择，需要分析厂址的位置、占地面积、地形地貌气象条件、工程地质及水文地质、征地拆迁移民安置条件、交通运输条件、水电供应条件、环境保护条件、生活设施依托条件、施工条件等内容，它们受社会、政治、经济、国防等多因素的制约，而且还直接影响建设项目的工程造价、建设速度，以及未来企业的经营管理及所在地点的城乡建设规划与发展。

4. 生产工艺方案的确定和主要设备的选择

（1）生产工艺方案选择的原则　　评价及确定拟采用的工艺是否可行主要有两项标准：先进适用和经济合理。先进适用是评定生产工艺技术最基本的标准，先进与适用是对立的统一。保证工艺技术的先进性是首先要满足的，它能够带来产品质量、生产成本的优势，但是不能忽视适用，还要考查工艺技术是否符合我国国情及国力，是否符合我国的技术发展政策。经济合理是指所用的工艺应能以尽可能小的消耗获得最大的经济效果，经济合理要求综合考虑所用工艺所能产生的经济效益和国家的经济承受能力。

(2) 主要设备选用的原则 具体如下：

1) 尽量选用国产设备。设备的选用应立足国内、尽量使用国产设备。

2) 引进的设备要注意配套的问题。引进设备时，必须注意各厂家所提供的设备之间技术、效率等方面的衔接配套，引进时最好采用总承包方式；还要注意本厂原有国产设备的质量、性能与引进设备是否配套，最后要注意进口设备与原材料、备品备件及维修能力之间的配套。

3) 选用满足工艺要求和性能好的设备。满足工艺要求，是选择设备的最基本原则，要选用低耗能、高效率的设备；要尽量选用维修方便、适用性和灵活性强的设备；尽可能选用标准设备，以便配套和更新零部件。

4.1.4 建设项目可行性研究

1. 可行性研究的概念

项目可行性研究是指对某项目在做出是否投资的决策之前，先对与该项目相关的技术、经济、社会、环境等所有方面进行调查研究，对项目各种可能的拟建方案认真地进行技术经济分析论证，研究项目在技术上的先进适用性，在经济上的合理有利性和建设上的可能性，对项目建成后的经济效益、社会效益、环境效益等进行科学的预测和评价，据此提出该项目是否应该投资建设，以及选定最佳投资建设方案等结论性意见，为项目投资决策提供依据。

一项好的可行性研究，应该向投资者推荐技术经济最优的方案，使投资者明确项目具有多大的财务获利能力，投资风险有多大，是否值得投资建设；使主管部门领导明确，从国家角度看该项目是否值得支持和批准；使银行和其他资金供给者明确，该项目能否按期或者提前偿还他们提供的资金。

2. 可行性研究的作用

在建设项目的整个寿命周期中，前期工作具有决定性意义，起着极其重要的作用。而作为建设项目投资前期工作的核心和重点的可行性研究工作，可行性研究报告一经批准，在整个项目周期的工作中，都要以此为依据。其重要性体现在：

（1）作为建设项目投资决策的依据 可行性研究对与工程项目有关的各个方面都进行了调查研究和分析，并论证了工程项目的先进性、合理性、经济性和环境性，以及其他方面的可行性。项目的决策者主要是根据可行性研究的结果来做项目是否应该投资和应该如何投资的可行性的决策。

（2）作为编制设计任务书的依据 可行性研究报告一经审批通过，意味着该项目正式批准立项，可以进行初步设计。可行性研究中具体研究的技术经济数据都要在设计任务书中明确规定，它是编制设计任务书的根据。

（3）作为筹集资金和向银行申请借款的依据 在可行性研究工作中，详细预测了项目的财务效益、经济效益及借款偿还能力。世界银行等国际金融组织，均把可行性研究报告作为申请工程项目借款的先决条件。我国的金融机构在审批建设项目借款时，也都以可行性研究报告为依据，对建设项目进行全面、细致的分析评估，确认项目的偿还能力及风险水平后，才作出是否借款的决策。

（4）作为建设项目与各协作单位签订合同和有关协议的依据　在可行性研究工作中，对建设规模、主要生产流程及设备选型等都进行了充分的论证。建设单位在与有关协作单位签订原材料、燃料、动力、工程建筑、设备采购等方面的协议时，应以批准的可行性研究报告为基础，保证预定建设目标的实现。

（5）作为环保部门、地方政府和规划部门审批项目的依据　建设项目开工前，需地方政府批拨土地，规划部门审查项目建设是否符合城市规划，环保部门审查项目对环境的影响。这些审查都以可行性研究报告中总图布置、环境及生态保护方案等方面的论证为依据。因此，可行性研究报告为建设项目申请建设执照提供了依据。

（6）作为项目的科研实验、机构设置、职工培训、生产组织的依据　根据批准的可行性研究报告，进行与项目相关的科技试验，设置相应的组织机构，进行职工培训等生产准备工作。

（7）作为项目后评估的依据　建设项目后评估是在项目建成运营一段时间后，评价项目实际运营效果是否达到预期目标。建设项目的预期目标是在可行性研究报告中确定的，因此，后评估应以可行性研究报告为依据，评价项目目标的实现程度。

3. 可行性研究的内容

项目可行性研究是在对建设项目进行深入细致的技术经济论证的基础上做多方案的比较和优选，提出结论性意见和重大措施建议，为决策部门最终决策提供科学依据。因此，它的内容应能满足作为项目投资决策的基础和重要依据的要求。可行性研究的基本内容和研究深度随项目的性质、特点和条件情况的不同，而有所区别和侧重，但应符合国家规定。一般工业建设项目的可行性研究应包含以下几个方面的内容：

1）总论。总论部分包括项目背景、项目概况和问题与建议三部分。

2）市场预测。市场预测是对项目的产出品和所需的主要投入品的市场容量、价格、竞争力和市场风险进行分析预测，为确定项目建设规模与产品方案提供依据。

3）资源条件评价。资源条件评价包括资源可利用量、资源品质情况、资源储存条件和资源开发价值。

4）建设规模与产品方案。

5）厂址选择。厂址选择是在初步可行性研究（或项目建议书）规划的基础上，进行具体坐落位置选择，包括厂址所在位置现状、建设条件及厂址条件比选三方面内容。

6）技术方案、设备方案和工程方案。

7）主要原材料、燃料供应。主要原材料、燃料供应主要包括对原材料、辅助材料和燃料的品种、规格、成分、数量、价格、来源及供应方式进行研究论证。

8）总图布置、场内外运输与公用辅助工程。

9）能源和资源节约措施。

10）环境影响评价。研究环境条件，识别和分析拟建项目影响环境的因素，提出治理和保护环境措施，比选和优化环境保护方案。环境影响评价主要包括厂址环境条件、项目建设和生产对环境的影响、环境保护措施方案及投资和环境影响评价。

11）劳动安全卫生与消防。

12）组织机构与人力资源配置。

13）项目实施进度。

14）投资估算。投资估算是在项目建设规模、技术方案、设备方案、工程方案及项目进度计划基本确定的基础上，估算项目投入的总资金，包括投资估算依据、建设投资估算（建筑工程费、设备及工器具购置费、安装工程费、工程建设其他费用、基本预备费、涨价预备费、建设期利息）、流动资金估算和投资估算表等方面的内容。

15）融资方案。融资方案是在投资估算的基础上，研究拟建项目的资金渠道、融资形式、融资机构、融资成本和融资风险，包括资本金筹措、债务资金筹措和融资方案分析等方面的内容。

16）项目的经济评价。项目的经济评价包括财务评价和国民经济评价，并通过有关指标的计算，进行项目盈利能力、偿债能力和财务生存能力等分析，得出经济评价结论。

17）社会评价。社会评价是分析拟建项目对当地社会的影响和当地社会条件对项目的适应性和可接受程度，评价项目的社会可行性。

18）风险分析。

19）研究结论与建议。

总之，建设项目可行性研究报告的内容可概括为三大部分：一是市场研究，包括产品的市场调查和预测研究，这是项目可行性研究的前提和基础，其主要任务是要解决项目的"必要性"问题；二是技术研究，即技术方案和建设条件研究，这是项目可行性研究的技术基础，它要解决项目在技术上的"可行性"问题；三是效益研究，即经济效益的分析和评价，这是项目可行性研究的核心部分，主要解决项目在经济上的"合理性"问题。

4.2 建设项目投资估算

4.2.1 投资估算概述

1. 投资估算的概念

投资估算是指在项目投资决策过程中，依据现有的资料和特定的方法，对建设项目的投资数额进行的估计。它是项目建设前期编制项目建议书和可行性研究报告的重要组成部分，是项目决策的重要依据之一。

2. 投资估算的阶段划分与精度要求

在我国，项目投资估算是在作初步设计之前各工作阶段均需进行的一项工作。初步设计之前的工作阶段分为项目规划阶段、建议书阶段、初步可行性研究阶段、详细可行性研究阶段、评审阶段。不同阶段所掌握的资料和具备的条件不同，因而投资估算的准确程度不同，所起的作用也不同。我国项目投资估算的阶段划分、精度要求及其作用列于表4-1。

表4-1 投资估算阶段划分、精度要求及其作用

投资估算阶段划分	投资估算误差率	阶段工作内容及投资估算的主要作用
项目规划阶段	≥±30%	1. 按项目规划的要求和内容，粗略估算项目所需投资额 2. 否定项目或决定是否进行深入研究的依据
项目建议书阶段	±30%内	1. 按项目建议书中的产品方案、项目建设规模、产品主要生产工艺、企业车间组成、初选建厂地点等，估算建设项目所需要的投资额 2. 主管部门审批项目建议书的依据 3. 否定或判断项目是否需要进行下阶段的工作
初步可行性研究阶段	±20%内	1. 是在掌握了更详细、更深入的资料的条件下，估算建设项目所需的投资额 2. 据以确定项目是否进行详细可行性研究
详细可行性研究阶段	±10%内	1. 决定项目是否可行 2. 可据此列入项目年度基建计划 3. 项目投资限额
评估审查阶段	±10%内	1. 作为对可行性研究结果进行评价的依据 2. 作为对项目进行最后决定的依据

3. 投资估算的内容

投资估算包括建设投资估算和流动资金估算。投资估算的内容如图4-1所示。

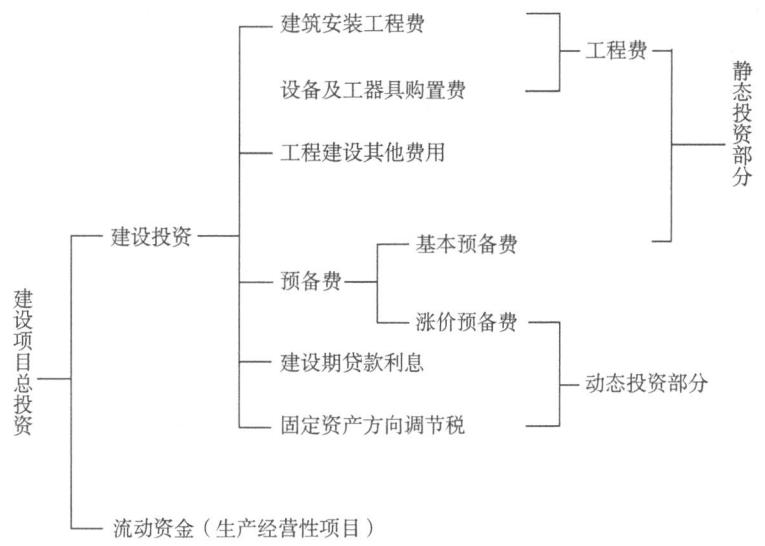

图4-1 建设项目投资估算的内容

4. 投资估算的依据

建设项目投资估算编制依据是指在编制投资估算时需要计量、价格确定，工程计价有关参数、率值确定的基础资料，主要有以下几个方面：

1）国家、行业和地方政府的有关规定。

2）工程勘察与设计文件，图示计量或有关专业提供的主要工程量和主要设备清单。

3）行业部门、项目所在地工程造价管理机构或行业协会等编制的投资估算指标、概算指标（定额）、工程建设其他费用定额（规定）、综合单价、价格指数和有关造价文件等。

4）类似工程的各种技术经济指标和参数。

5）工程所在地的同期的人工、材料、机械市场价格，建筑、工艺及附属设备的市场价格和有关费用。

6）政府有关部门、金融机构等部门发布的价格指数、利率、汇率、税率等有关参数。

7）与项目建设相关的工程地质资料、设计文件、设计图等。

5. 投资估算的要求

1）根据主体专业设计的阶段和深度，结合各自行业的特点，所采用生产工艺流程的成熟性，以及编制单位所掌握的国家及地区、行业或部门相关投资估算基础资料和数据的合理、可靠、完整程度，采用合适的方法进行建设项目投资估算。

2) 应做到工程内容和费用构成齐全，计算合理，不重复计算，不提高或者降低估算标准，不漏项、不少算。

3) 应充分考虑拟建项目设计的技术参数和投资估算所采用的估算系数、估算指标在质和量方面所综合的内容，应遵循口径一致的原则。

4) 应将所采用的估算系数和估算指标价格、费用水平调整到项目建设所在地及投资估算编制年的实际水平。对于建设用地费和外部交通、水、电、通信条件，或市政基础设施配套条件等差异所产生的与主要生产内容投资无必然关联的费用，应结合建设项目的实际情况修正。

5) 对影响造价变动的因素进行敏感性分析，注意分析市场的变动因素，充分估计物价上涨因素和市场供求情况对造价的影响。

6) 投资估算精度应能满足控制初步设计概算要求，并尽量减少投资估算的误差。

6. 投资估算的步骤

1) 分别估算各单项工程所需的建筑工程费、安装工程费、设备及工器具购置费。

2) 在汇总各单项工程费用的基础上，估算工程建设的其他费用和基本预备费。

3) 估算涨价预备费。

4) 估算建设期贷款利息。

5) 估算流动资金。

4.2.2 建设投资估算

建设投资是项目费用的重要组成部分，是项目财务分析的基础数据，其构成可按概算法或形成资产法分类。

按概算法分类，建设投资由工程费用、工程建设其他费用和预备费三部分构成。其中，工程费用又由建筑工程费、安装工程费、设备购置费（含工器具及生产家具购置费）构成；工程建设其他费用内容较多，且随行业和项目的不同而有所区别。预备费包括基本预备费和涨价预备费。

按形成资产法分类，建设投资由形成固定资产的费用、形成无形资产的费用、形成其他资产的费用和预备费四部分组成。固定资产费用是指项目投产时将直接形成固定资产的建设投资，包括工程费用和工程建设其他费用中按规定将形成固定资产的费用，后者被称为固定资产其他费用，主要包括建设单位管理费、可行性研究费、研究试验费、勘察设计费、环境影响评价费、场地准备及临时设施费、引进技术和引进设备其他费、工程保险费、联合试运转费、特殊设备安全监督检验费和市政公用设施建设及绿化费等；无形资产费用是指将直接形成无形资产的建设投资，主要是专利权、非专利技术、商标权、土地使用权和商誉等。其他资产费用是指建设投资中除形成固定资产和无形资产以外的部分，如生产准备及开办费等。

对于土地使用权的特殊处理：按照有关规定，在尚未开发或建造自用项目前，土地使用权作为无形资产核算，房地产开发企业开发商品房时，将其账面价值转入开发成本；企业建造自用项目时将其账面价值转入在建工程成本。因此，为了与以后的折旧和摊销计算相协调，在建设投资估算表中通常可将土地使用权直接列入固定资产其他费用中。

建设投资估算可根据项目前期研究不同阶段及其要求的精度不同，其估算方法也不尽相同。在项目规划和项目建议书阶段可采用单位生产能力法、生产能力指数法、系数估算法、比例估算法等简单匡算的方法；在可行性研究阶段尤其是详细可行性研究阶段则采用相对精度比较高的指标估算法。

1. 单位生产能力估算法

该方法依据调查的统计资料，利用已建类似规模项目的单位生产能力投资乘以拟建项目的建设规模，并进行调整即得拟建项目投资。其计算公式为：

$$C_2 = \left(\frac{Q_2}{Q_1}\right)C_1 f$$

式中　C_1——已建类似项目的投资额；
　　　C_2——拟建项目投资额；
　　　Q_1——已建类似项目的生产能力；
　　　Q_2——拟建项目的生产能力；
　　　f——不同时期、不同地点的定额、单价、费用变更等的综合调整系数。

这种方法把项目的建设投资与其生产能力的关系视为简单的线性关系，估算结果精确度较差，计算误差可达±30%。使用这种方法时要注意拟建项目的特征、生产能力与类似项目的可比性，否则误差很大。由于在实际工作中不易找到与拟建项目完全类似的项目，通常是把项目按其下属的车间、设施、装置等进行分解，分别套用类似车间、设施和装置的单位生产能力投资指标计算，然后加总求得项目总投资；或根据拟建项目的规模和建设条件，将投资进行适当调整后估算项目的投资额。

这种方法主要用于新建项目或装置的估算，计算十分简便迅速，但需要估价人员掌握足够的典型工程的历史数据。使用该方法时应注意以下几点：

（1）地方性差异　由于建设地点不同，存在两地经济状况；土壤、地质、水文情况；气候、自然条件；材料、设备的来源、运输状况等不同。

（2）配套性差异　由于工程规模的不同，其配套装置和设施，如公用工程、辅助工程、厂外工程和生活福利工程等方面存在差异。

（3）时间性差异　由于工程项目建设的时间不一致，在这段时间内可能存在技术、标准、价格等方面发生变化。

2. 生产能力指数法

生产能力指数法又称指数估算法，它是根据已建成的类似项目的生产能力和投资额来粗略估算拟建项目投资额的方法，是对单位生产能力估算法的改进。其计算公式为：

$$C_2 = C_1 \left(\frac{Q_2}{Q_1}\right)^n f$$

式中　n——生产能力指数；

其他符号含义同前。

上式表明造价与规模（或容量）呈非线性关系，且单位造价随工程规模（或容量）的增大而减小，体现了规模经济。在正常情况下，$0 \leq n \leq 1$。不同生产力水平的国家和地区、不同性质的项目，n的取值是不相同的。例如，化工项目美国取$n=0.6$，英国取$n=0.66$，日本取$n=0.7$。

若已建类似项目的生产规模与拟建项目生产规模相差不大，Q_1与Q_2的比值在0.5~2之间，则指数n的取值近似为1；若已建类似项目的生产规模与拟建项目生产规模相差不大于50倍，且拟建项目生产规模的扩大是靠增大设备规模来达到时，则n的取值约在0.6~0.7之间；若是靠简单增加相同规格设备的数量达到时，n的取值约在0.8~0.9之间。

生产能力指数法主要应用于拟建装置或项目与用来参考的已知装置或项目的规模不同的场合，其精确度比单位生产能力估算法略高，其误差可控制在±20%以内。尽管估价误差仍较大，但该方法不需要详细的工程设计资料，只知道工艺流程及规模就可以。在总承包工程报价时，承包商大都采用这种方法估价。

【例4-1】　已知3年前建成的合成氨装置的生产能力为10万t，界区内固定资产投资为27000万元，拟建合成氨生产能力为30万t的装置，主要是通过增加设备尺寸达到设计规模，n取0.7，物价调整系数为6%，试用规模指数法估算拟建项目的工程投资。

解：因拟建装置与已建装置间隔3年，故：

$$f = (1+0.06)^3 = 1.191$$

$$C_2 = 27000\text{万元} \times (30 \div 10)^{0.7} \times 1.191 = 69384\text{万元}$$

3. 系数估算法

系数估算法也称因子估算法，它是以拟建项目的主体工程费或主要设备费为基数，以其他工程费与主体工程费的百分比为系数估算项目总投资的方法。这种方法简单易行，但是精度较低，一般用于项目建议书阶段。系数估算法的种类很多，在我国国内常用的方法有设备系数法和主体专业系数法，而朗格系数法是世行项目投资估算常用的方法。

(1) 设备系数法　以拟建项目的设备费为基数，根据已建成的同类项目的建筑安装费和其他工程费等与设备价值的百分比，求出拟建项目建筑安装工程费和其他工程费，进而求出建设项目总投资。其计算公式如下：

$$C = E(1 + f_1P_1 + f_2P_2 + f_3P_3 + \cdots) + I$$

式中　C——拟建项目投资额；
　　　E——拟建项目设备费；
$P_1, P_2, P_3\cdots$——已建项目中建筑安装费及其他工程费等与设备费的比例；
$f_1, f_2, f_3\cdots$——由于时间因素引起的定额、价格、费用标准等变化的综合调整系数；
　　　I——拟建项目的其他费用。

【例 4-2】　某套进口设备，估计设备购置费为 5027 万美元，结算汇率 1 美元 = 8.70 元人民币。根据以往资料，与设备配套的建筑工程、安装工程和其他工程费占设备费用的百分比分别为 43%、15%、10%。假定各工程费用上涨与设备费用上涨是同步的。试估算该项目投资额。

解：
$$C = E(1 + f_1P_1 + f_2P_2 + f_3P_3 + \cdots) + I$$
$$= [5027 \times 8.7 \times (1 + 1 \times 43\% + 1 \times 15\% + 1 \times 10\%)] \text{ 万元}$$
$$= 73474.63 \text{ 万元}$$

(2) 主体专业系数法　以拟建项目中投资比重较大，并与生产能力直接相关的工艺设备投资为基数，根据已建同类项目的有关统计资料，计算出拟建项目各专业工程（土建、采暖、给排水、管道、电气、自控等）与工艺设备投资的百分比，据以求出拟建项目各专业投资，然后加总即为项目总投资。其计算公式为：

$$C = E(1 + f_1P'_1 + f_2P'_2 + f_3P'_3 + \cdots) + I$$

式中　$P'_1, P'_2, P'_3\cdots$——已建项目中各专业工程费用与设备投资的比重；
　　　其他符号同前。

(3) 朗格系数法　这种方法是以设备费为基数，乘以朗格系数来估算项目的建设投资。其计算公式为：

$$C = EK_L$$
$$K_L = (1 + \sum K_i)K_c$$

式中　K_L——朗格系数，即项目总投资与设备费用之比；

K_i——管线、仪表、建筑物等项费用的估算系数；

K_c——管理费、合同费、应急费等项费用的总估算系数；

其他符号同前。

使用该方法在确定项目总投资过程中，可依据朗格系数所包含的内容（见表4-2）分别计算项目的其他各项费用。

表4-2 朗格系数包含的内容

	项　　目	固体流程	固流流程	流体流程
	朗格系数 K_L	3.1	3.63	4.74
内容	(a) 包括基础、设备、绝热、油漆及设备安装费	$E \times 1.43$		
	(b) 包括上述在内和配管工程费	(a) ×1.1	(a) ×1.25	(a) ×1.6
	(c) 装置直接费		(b) ×1.5	
	(d) 包括上述在内和间接费等，总投资C	(c) ×1.31	(c) ×1.35	(c) ×1.38

【例4-3】 在北非某地建设一座年产30万套汽车轮胎的工厂，已知该工厂的设备到达工地的费用为2204万美元。试估算该工厂的投资。

解：轮胎工厂的生产流程基本上属于固体流程，因此在采用朗格系数法时，全部数据应采用固体流程的数据。现计算如下：

(1) 设备到达现场的费用2204万美元。

(2) 根据表4-2计算费用(a)。

(a) $= E \times 1.43 = 2204$ 万美元 $\times 1.43 = 3151.72$ 万美元

则设备基础、绝热、刷油及安装费用为：3151.72 万美元 − 2204 万美元 = 947.72 万美元

(3) 计算费用(b)。

(b) $= E \times 1.43 \times 1.1 = 2204$ 万美元 $\times 1.43 \times 1.1 = 3466.89$ 万美元

则其中配管（管道工程）费用为：3466.89 万美元 − 3151.72 万美元 = 315.17 万美元

(4) 计算费用(c)，即装置直接费。

(c) $= E \times 1.43 \times 1.1 \times 1.5 = 5200.34$ 万美元

则电气、仪表、建筑等工程费用为：5200.34 万美元 − 3466.89 万美元 = 1733.45 万美元

(5) 计算投资 C。

$C = E \times 1.43 \times 1.1 \times 1.5 \times 1.31 = 6812.44$ 万美元

则间接费用为：6812.45 万美元 − 5200.34 万美元 = 1612.11 万美元

由此估算出该工厂的总投资为6812.44万美元，其中间接费用为1612.11万美元。

应用朗格系数法进行工程项目或装置估价时，由于装置规模大小、地区自然条件、经济条件、气候条件、主要设备材质等的不同，导致估算的精度不是很高。但如果对各种不同类型工程的朗格系数掌握得比较准确，则估算精度仍可较高，其估算误差在 10%～15%。这种方法在我国不常见，是世行项目投资估算常采用的方法，因其掌握有各种适用的朗格系数。

4. 比例估算法

该方法先估算出拟建项目的主要设备投资额，然后根据统计资料求得出已有同类企业主要设备投资占全厂建设投资的比例，即可按比例求出拟建项目的建设投资。其表达式为：

$$C = \frac{1}{K} \sum_{i=1}^{n} q_i p_i$$

式中　C——拟建项目的建设投资；

　　　K——已建项目主要设备投资占已建项目投资的比例；

　　　n——拟建项目设备种类数；

　　　q_i——拟建项目第 i 种设备的数量；

　　　p_i——拟建项目第 i 种设备的单价（到厂价格）。

5. 指标估算法

这种方法是按建设工程造价的费用构成，把建设项目投资划分为建筑工程费、设备安装工程费、设备及工器具购置费及其他基本建设费等费用项目或单位工程；然后，根据各种具体的投资估算指标，进行各项费用项目或单位工程投资的估算，在此基础上汇总成每一单项工程的投资；最后，估算工程建设其他费用及预备费，求得建设项目总投资。

（1）建筑工程费用估算　建筑工程费用是指为建造永久性建筑物和构筑物所需花费的费用，一般采用单位建筑工程投资估算法、单位实物工程量投资估算法、概算指标投资估算法等进行估算。

1）单位建筑工程投资估算法，是以单位建筑工程量投资乘以建筑工程总量来计算建筑工程费的方法。一般工业与民用建筑以单位建筑面积（m^2）的投资，工业窑炉砌筑以单位容积（m^3）的投资，水库以水坝单位长度（m）的投资，铁路路基以单位长度（km）的投资，矿上掘进以单位长度（m）的投资，乘以相应的建筑工程量计算建筑工程费。

2）单位实物工程量投资估算法，是以单位实物工程量的投资乘以实物工程总量来计算建筑工程费用的方法。土石方工程按每立方米投资，矿井巷道衬砌工程按每延米投资，路面铺设工程按每平方米投资，乘以相应的实物工程总量计算建筑工程费。

3）概算指标投资估算法，是对于没有上述估算指标且项目的建筑工程费占总投资比例较大时,所采用的方法。该方法要求拥有较为详细的工程资料、建筑材料价格和工程费用指标,通过计算概算指标对应各分项工程的工程量,乘以概算指标,并适当调整,得出项目构成各分项投资额,汇总即得建筑工程费用。其计算的精度较高,但投入的时间较长、工作量较大。

(2) 设备及工器具购置费估算　设备购置费根据项目主要设备表及价格、费用资料编制,工器具购置费按设备费的一定比例计取。对于价值高的设备应按单台(套)估算购置费,价值较小的设备可按类估算,国内设备和进口设备应分别估算。具体估算方法见本书第2章2.2相应内容。

(3) 安装工程费估算　安装工程费通常是按照行业或专门机构发布的安装工程定额、取费标准或估算指标来计算的。具体可按安装费率、每吨设备安装费或单位安装实物工程量的费用估算,如:

安装工程费 = 设备原价 × 安装费率

安装工程费 = 设备吨位 × 每吨安装费

安装工程费 = 安装工程实物量 × 安装费用指标

(4) 工程建设其他费用估算　工程建设其他费用是按各项费用项目的费率或者取费标准估算。

(5) 基本预备费估算　基本预备费是在工程费用和工程建设其他费用基础之上乘以基本预备费率计算而得。

总之,建设投资估算不论采用何种方法初步计算出投资估算后,都要考虑拟建项目与已建项目的不同地区、年代带来的设备与材料的价格差异,以及工艺流程、工程规模、工程内容、定额、取费标准等差异,认真分析核实,实事求是地对建设投资中的各项费用构成进行必要的调整与换算,最后考虑具体的项目建设时期安排,计算涨价预备费(计算可详见本书第2章2.5相应内容),最终确定建设投资额。

4.2.3　建设期利息估算

建设期利息是指筹措债务资金时,在建设期内发生并按规定允许在投产后计入固定资产原值的利息,即资本化利息。估算建设期利息时,需要根据项目进度计划,提出建设投资分年计划,列出各年投资额,并明确其中的外汇和人民币,进而设定初步融资方案,估算建设期利息。

建设期利息包括银行借款和其他债务资金的利息,以及其他融资费用。其他融资费用是指某些债务资金发生的手续费、承诺费、管理费、信贷保险费等融资费用,一般情况下应将其单独计算并计入建设期利息。在项目前期研究的初期阶段,也可粗略估算并计入建设投资;对于不涉及国外借款的项目,在可行性研究阶段,也可简化作粗略估计后计入建设投资。

估算建设期利息，应注意名义年利率和有效年利率的换算。将名义年利率折算为有效年利率的计算公式为：

$$有效年利率 = \left(1 + \frac{r}{m}\right)^m - 1$$

式中　r——名义年利率；

　　　m——每年计息次数。

当建设期用自有资金按期支付利息时，可不必进行换算，直接采用名义年利率计算建设期利息。

计算建设期利息时，为了简化计算，通常假定借款均在每年的年中支用，借款当年按半年计息，其余各年份按全年计息，计算公式如下：

采用自有资金付息时，按单利计算：

各年应计利息 =（年初借款本金累计 + 本年借款额÷2）×名义年利率

采用复利方式计息时：

各年应计利息 =（年初借款本息累计 + 本年借款额÷2）×有效年利率

对有多种借款资金来源，每笔借款的年利率各不相同的项目，既可分别计算每笔借款的利息，也可先计算出各笔借款加权平均的年利率，并以加权平均利率计算全部借款的利息。

在项目评价中，对于分期建成投产的项目，应注意按各期投产时间分别停止借款费用的资本化，即投产后继续发生的借款费用不作为建设期利息计入固定资产原值，而是作为运营期利息计入总成本费。

【例 4 – 4】　某新建项目，建设期为 3 年，在 3 年建设期中，第 1 年贷款额为 300 万元，第 2 年贷款额为 600 万元，第 3 年贷款额为 400 万元，贷款年利率为 6%。计算 3 年建设期贷款利息。

解：

第 1 年建设期贷款利息 =（年初借款本金累计 + 本年借款额÷2）×年利率
　　　　　　　　　　 =（0 + 300÷2）万元 × 6% = 9 万元

第 2 年建设期贷款利息 =（300 + 9 + 600÷2）万元 × 6% = 36.54 万元

第 3 年建设期贷款利息 =（300 + 9 + 600 + 36.54 + 400÷2）万元 × 6%
　　　　　　　　　　 = 68.73 万元

建设期贷款利息累计为：9 万元 + 36.54 万元 + 68.73 万元 = 114.27 万元

4.2.4　流动资金投资估算

流动资金是指生产经营性项目投产后，为保证正常生产运营，用于购买原材料、燃料，支付工资及其他经营费用等所需的周转资金。但项目评价中需要估算并预先筹措的是从流动资产中扣除流动负债，即企业短期信用融资（应付账款）

后的流动资金。对有预收账款的某些项目，还可同时考虑预收账款对流动资金的抵减作用。流动资金估算方法可采用分项详细估算法和扩大指标估算法。

1. 分项详细估算法

流动资金的显著特点是其在生产过程中不断周转，其所需周转额的大小与生产规模、生产周期及周转速度直接相关。分项详细估算法是根据周转额与周转速度之间的关系，对流动资产和流动负债主要构成要素即存货、现金、应收账款、预付账款以及应付账款和预收账款等几项内容分项进行估算，计算公式为：

$$流动资金 = 流动资产 - 流动负债$$

$$流动资产 = 应收账款 + 存货 + 现金$$

$$流动负债 = 应付账款$$

$$流动资金本年增加额 = 本年流动资金 - 上年流动资金$$

流动资金估算的具体步骤是首先确定各分项最低周转天数，计算出周转次数，然后再进行分项估算。

（1）周转次数计算　流动资金的各个构成项目的周转次数是指该项目在一年内完成多少个循环过程。其计算可用一年天数（通常按 360 天计算）除以该项资金的最低周转天数。

$$周转次数 = 360 \text{ 天} \div 最低周转天数$$

各类流动资产和流动负债的最低周转天数不同，可参照同类企业的平均周转天数并结合项目特点确定，或按部门（行业）规定，在确定最低周转天数时应考虑储存天数、在途天数，并考虑适当的保险系数。

（2）流动资产估算　流动资产估算包括存货、应收账款和现金估算三部分。

1）存货估算。存货是指企业在日常生产经营过程中持有以备出售，或者仍然处在生产过程，或者在生产或提供劳务过程中将消耗的材料或物料等，包括各类材料、商品、在产品、半成品和产成品等。为简化计算，项目评价中仅考虑外购原材料、燃料、其他材料、在产品和产成品，并分项进行计算。计算公式为：

$$存货 = 外购原材料、燃料 + 其他材料 + 在产品 + 产成品$$

$$外购原材料、燃料 = \frac{年外购原材料、燃料费用}{分项周转次数}$$

$$其他材料 = \frac{年其他材料费用}{其他材料周转次数}$$

$$在产品 = \frac{年外购原材料、燃料、动力费用 + 年工资及福利费 + 年修理费 + 年其他制造费用}{在产品周转次数}$$

$$产成品 = \frac{年经营成本}{产成品周转次数}$$

2）应收账款估算。应收账款是指企业对外销售商品、提供劳务尚未收回的

资金。应收账款的年周转额应为全年赊销收入净额。在可行性研究时,用销售收入代替赊销收入。计算公式为:

$$应收账款 = \frac{年销售收入}{应收账款周转次数}$$

3) 现金需要量估算。项目流动资金中的现金是指为维持正常生产运营必须预留的货币资金,即企业生产运营活动中停留于货币形态的那部分资金,包括企业库存现金和银行存款。计算公式为:

$$现金 = \frac{年工资及福利费 + 年其他费用}{现金周转次数}$$

年其他费用 = 制造费用 + 管理费用 + 营业费用 − (以上三项费用中所含的工资及福利费、折旧费、摊销费、修理费)

(3) 流动负债估算 流动负债是指在一年(含一年)或者超过一年的一个营业周期内,需要偿还的各种债务,包括短期借款、应付票据、应付账款、预收账款、应付工资、应付福利费、应付股利、应交税金、其他暂收应付款项、预提费用和一年内到期的长期借款等。在项目评价中,流动负债的估算可以只考虑应付账款一项。计算公式为:

$$应付账款 = \frac{年外购原材料、燃料动力及其他材料年费用}{应付账款周转次数}$$

【例 4 − 5】 某拟建项目第 4 年开始投产,投产后的年销售收入第 4 年为 5450 万元,第 5 年为 6962 万元,第 6 年及以后各年分别为 7432 万元,总成本费用估算见表 4 − 3。各项流动资产和流动负债的周转天数见表 4 − 4。试估算达产期各年流动资金,并编制流动资金估算表。

表 4 − 3 总成本费用估算　　　　　　　　（单位:万元）

序号	年份 项目	投产期		达产期		
		4	5	6	7	…
1	外购原材料	2055	3475	4125	4125	
2	进口零部件	1087	1208	725	725	
3	外购燃料	13	25	27	27	
4	工资及福利费	213	228	228	228	
5	修理费	15	15	69	69	
6	折旧费	224	224	224	224	
7	摊销费	70	70	70	70	
8	利息指出	234	196	151	130	
9	其他费用	324	441	507	507	
9.1	其中:其他制造费用	194	256	304	304	
10	总成本费用	4235	5882	6126	6105	
11	经营成本(10 − 6 − 7 − 8)	3707	5392	5681	5681	

表 4-4　流动资金的最低周转天数　　　　　（单位：天）

序号	项目	最低周转天数	序号	项目	最低周转天数
1	应收账款	40	2.4	在产品	20
2	存货	-	2.5	产成品	10
2.1	原材料	50	3	现金	15
2.2	进口零部件	90	4	应付账款	40
2.3	燃料	60			

解：

应收账款 = 年销售收入 ÷ 应收账款年周转次数 = 7432 万元 ÷ 9 = 825.78 万元

外购原材料 = 年外购原材料 ÷ 外购原材料年周转次数 = 4125 万元 ÷ 7.2
　　　　　 = 572.92 万元

外购进口零部件 = 年外购进口零部件 ÷ 外购零部件年周转次数 = 725 万元 ÷ 4
　　　　　　　 = 181.25 万元

外购燃料 = 年外购燃料 ÷ 外购燃料年周转次数 = 27 万元 ÷ 6 = 4.5 万元

在产品 = （年外购原材料、燃料、动力费用 + 年工资及福利费 + 年修理费 + 年其他制造费用）÷ 在产品周转次数
　　　 = （4125 + 725 + 27 + 228 + 69 + 304）万元 ÷ 18 = 304.33 万元

产成品 = 年经营成本 ÷ 产成品周转次数 = 5612 万元 ÷ 36 = 155.89 万元

存货 = 外购原材料 + 外购进口零部件 + 外购燃料 + 在产品 + 产成品
　　 = （572.92 + 181.25 + 4.5 + 304.33 + 155.89）万元 = 1218.89 万元

现金 = （年工资及福利费 + 年其他费用）÷ 现金周转次数
　　 = （228 + 507）万元 ÷ 24 = 30.63 万元

应付账款 = （年外购原材料 + 年进口零部件 + 年外购燃料）÷ 应付账款年周转次数 = （4125 + 725 + 27）万元 ÷ 9 = 541.89 万元

流动资产 = 应收账款 + 存货 + 现金 = 825.78 万元 + 1218.89 万元 + 30.63 万元
　　　　 = 2075.3 万元

流动负债 = 应付账款 = 541.89 万元

流动资金 = 流动资产 - 流动负债 = 2075.3 万元 - 541.89 万元 = 1533.41 万元

流动资金估算表见表 4-5。

第4章 建设项目投资决策阶段工程造价控制

表4-5 流动资金估算表　　　　　　　　　　（单位：万元）

序号	年份\项目	投产期		达产期		…
		4	5	6	7	
1	流动资产	1488.56	2028.89	2075.3	2075.3	
1.1	应收账款	605.56	773.56	825.78	825.78	
1.2	存货	860.62	1227.45	1218.89	1218.89	
1.2.1	外购原材料	285.42	482.64	572.92	572.92	
1.2.2	外购进口零部件	271.75	302	181.25	181.25	
1.2.3	外购燃料	2.17	4.17	4.5	4.5	
1.2.4	在产品	198.72	289.28	304.33	304.33	
1.2.5	产成品	102.56	149.36	155.89	155.89	
1.3	现金	22.38	27.88	30.63	30.63	
2	流动负债	350.56	523.11	541.89	541.89	
2.1	应付账款	350.56	523.11	541.89	541.89	
3	流动资金	1138	1505.78	1533.41	1533.41	
4	流动资金本年增加额		367.78	27.63	0	

2. 扩大指标估算法

扩大指标估算法是根据现有同类企业的实际资料，求得各种流动资金率指标，也可依据行业或部门给定的参考值或经验确定比率，将各类流动资金率乘以相对应的费用基数来估算流动资金。一般常用的基数有销售收入、经营成本、总成本费用和固定资产投资等，究竟采用何种基数依行业习惯而定。扩大指标估算法简便易行，但准确度不高，适用于项目建议书阶段的估算。扩大指标估算法计算流动资金的公式为：

年流动资金额 = 年费用基数 × 各类流动资金率

年流动资金额 = 年产量 × 单位产品产量占用流动资金额

3. 流动资金估算需要注意的问题

1) 在项目评价中，最低周转天数取值对流动资金估算的准确程度有较大影响。在确定最低周转天数时应根据项目的特点，投入和产出性质、供应来源以及各分项的属性，并考虑保险系数分项确定。

2) 当投入物和产出物采用不含税价格时，估算中应注意将销项税额和进项税额分别包括在相应的年费用金额中。

3）流动资金一般应在项目投产前开始筹措。为了简化计算，流动资金可在投产第一年开始安排，并随生产运营计划的不同而有所不同，因此流动资金的估算应根据不同的生产运营计划分年进行。

4）用详细估算法计算流动资金，需以经营成本及其中的某些科目为基数，因此实际上流动资金估算应在经营成本估算之后进行。

4.2.5 投资估算案例

某公司拟投资建设一个化工厂。该投资项目的基础数据如下：

1. 项目实施计划

该项目建设期为 3 年，实施计划进度为：第 1 年完成项目全部投资的 20%；第 2 年完成项目全部投资的 55%；第 3 年完成项目全部投资的 25%；第 4 年全部投产，投产当年项目的生产负荷达到设计生产能力的 70%；第 5 年项目的生产负荷达到设计生产能力的 90%；第 6 年项目的生产负荷达到设计生产能力的 100%。项目的运营期总计为 15 年。

2. 建设投资估算

该项目工程费估算额为 34500 万元，工程建设其他费用为工程费的 10%，基本预备费费率为 8%，建设期内物价变动指数为 6%。投资方向调节税暂停征收。

3. 建设资金来源

本项目的资金来源为自有资金和贷款。贷款总额为 40000 万元，其中外汇贷款为 2300 万美元。外汇牌价为 1 美元兑换 8.3 元人民币。人民币贷款的年利率为 12.48%（按季计息）。外汇贷款年利率为 8%（按年计息）。

4. 生产经营费用估计

举例说明。

【例 4-6】 投资项目达到设计生产能力以后，全厂定员为 1100 人，工资和福利费按照每人每年 7200 元估算。每年的其他费用为 860 万元（其中：其他制造费用为 660 万元）。年外购原材料、燃料及动力费估算为 19200 万元。年经营成本为 21000 万元，年修理费占年经营成本 10%。各项流动资金的最低周转天数分别为：应收账款 30 天，现金 40 天，应付账款 30 天，存货 40 天。

问题：

（1）求该工程的预备费。

（2）求建设期贷款利息。

（3）用分项详细估算法估算项目的流动资金。

（4）估算项目的总投资。

解：（1）工程预备费。

基本预备费 =（34500 + 34500 × 10%）万元 × 8% = 3036 万元

涨价预备费 = 34500 万元 × 20% ×［(1 + 6%)^1 − 1］+ 34500 万元 × 55% ×［(1 + 6%)^2 − 1］+ 34500 万元 × 25% ×［(1 + 6%)^3 − 1］

= （414 + 2345.31 + 1647.51）万元 = 4406.82 万元

预备费 = 基本预备费 + 涨价预备费
= 3036 万元 + 4406.82 万元 = 7442.82 万元

（2）建设期贷款利息。

1）人民币贷款实际利率计算。

人民币实际利率 = $\left(1 + \dfrac{r}{m}\right)^m - 1$ =（1 + 12.48% ÷ 4)^4 − 1 = 13.08%

2）每年投资的本金数额计算。

人民币部分：贷款总额为：40000 万元 − 2300 万元 × 8.3 = 20910 万元

第 1 年为：20910 万元 × 20% = 4182 万元

第 2 年为：20910 万元 × 55% = 11500.50 万元

第 3 年为：20910 万元 × 25% = 5227.50 万元

美元部分：贷款总额为 2300 万美元。

第 1 年为：2300 万美元 × 20% = 460 万美元

第 2 年为：2300 万美元 × 55% = 1265 万美元

第 3 年为：2300 万美元 × 25% = 575 万美元

3）每年应计利息计算。

每年应计利息 =（年初借款本利累计额 + 本年借款额 ÷ 2）× 年实际利率

人民币建设期贷款利息计算：

第 1 年贷款利息 =（0 + 4182 ÷ 2）万元 × 13.08% = 273.50 万元

第 2 年贷款利息 =（4182 + 273.5 + 11500.50 ÷ 2）万元 × 13.08% = 1334.91 万元

第 3 年贷款利息 =（4182 + 273.5 + 11500.50 + 1334.91 + 5227.50 ÷ 2）万元
× 13.08% = 2603.53 万元

人民币贷款利息合计 =（273.50 + 1334.91 + 2603.53）万元 = 4211.94 万元

外币贷款利息计算：

第 1 年外币贷款利息 =（0 + 460 ÷ 2）万美元 × 8% = 18.40 万美元

第 2 年外币贷款利息 =（460 + 18.40 + 1265 ÷ 2）万美元 × 8% = 88.87 万美元

第 3 年外币贷款利息 =（460 + 18.40 + 1265 + 88.87 + 575 ÷ 2）万美元 × 8%
= 169.58 万美元

外币贷款利息合计 =（18.40 + 88.87 + 169.58）万美元 = 276.85 万美元

建设期贷款利息总计 = 4211.94 万元 + 276.85 万元 × 8.3 = 6509.80 万元

(3) 用分项详细估算法估算流动资金。
1) 应收账款 = 年销售收入÷年周转次数 ≈ 年经营成本÷年周转次数
   = 21000 万元÷（360÷30） = 1750 万元
2) 现金 = （年工资福利费 + 年其他费用）÷年周转次数
   = （1100×0.72 + 860）万元÷（360÷40） = 183.56 万元
3) 存货：
外购原材料、燃料 = 年外购原材料、燃料动力费÷年周转次数
   = 19200 万元÷（360÷40） = 2133.33 万元
在产品 =（年工资福利费 + 年其他制造费用 + 年外购原材料、燃料动力费 +
   年修理费）÷年周转次数
   = （1100×0.72 + 660 + 19200 + 21000×10%）万元÷（360÷40）
   = 2528 万元
产成品 = 年经营成本÷年周转次数
   = 21000 万元÷（360÷40） = 2333.33 万元
存　货 = （2133.33 + 2528 + 2333.33）万元 = 6994.66 万元
4) 流动资产 = 应收账款 + 现金 + 存货
   = （1750 + 183.56 + 6994.66）万元 = 8928.22 万元
5) 应付账款 = 年外购原材料、燃料动力费÷年周转次数
   = 19200 万元÷（360÷30） = 1600 万元
6) 流动负债 = 应付账款 = 1600 万元
流动资金 = 流动资产 - 流动负债
   = （8928.22 - 1600）万元 = 7328.22 万元
(4) 项目总投资。
根据投资项目总投资的构成内容，计算拟建项目的总投资：
项目总投资估算额 = 建设投资总额 + 流动资金
   = （工程费 + 工程建设其他费 + 预备费 + 建设期利息）+ 流动资金
   =（34500 + 3450 + 7442.82 + 6509.80）万元 + 7328.22 万元
   = 59230.84 万元

4.3　建设项目财务评价

4.3.1　建设项目财务评价概述

1. 建设项目财务评价的概念

财务评价是在国家现行财税制度和市场价格体系下，分析预测项目的财务效

益与费用,计算财务评价指标,考查拟建项目的盈利能力、清偿能力,据以判断建设项目的财务可行性。其作用主要是用以衡量项目财务盈利能力,用于筹措资金,为协调企业利益和国家利益提供依据。

财务评价是建设项目可行性研究的核心,它是通过若干个建设方案的比较,选出技术上先进,经济上合理的方案,并对拟建项目进行全面的技术、经济、社会等方面的评价,提出综合评价意见,其评价结论是决定项目取舍的重要决策依据。

2. 建设项目财务评价的程序

1) 收集、整理和计算有关财务基础数据资料。根据项目市场调查和分析的结果,以及现行价格体系和财税制度进行财务数据分析,确定项目计算期,估算出项目的投资额、销售收入、总成本、利润及税金等一系列财务基础数据,并将得到的财务基础数据,编制成财务数据估算表。

2) 编制财务评价报表。根据财务数据估算表,分别编制现金流量表、损益表、资金来源和运用表和借款偿还计划表等财务评价报表。

3) 财务评价指标的计算与评价。根据财务评价报表,计算财务净现值、财务内部收益率、投资回收期、投资利润率、投资利税率、资本金净利润率、借款偿还期、利息备付率和偿债备付率等财务评价指标,并分别与对应的项目评价参数进行比较,对各项财务状况作出评价并得出结论。

4) 进行不确定性分析。通过盈亏平衡分析、敏感性分析及概率分析等不确定性分析方法,分析项目可能面临的风险及项目在不确定情况下的抗风险能力,得出项目在不确定情况下的财务评价结论和建议。

4.3.2 建设项目财务数据测算

建设项目财务数据的测算,是在项目可行性研究的基础上,按照项目经济评价的要求,调查、收集和测算一系列的财务数据,如总投资、总成本、销售收入、税金和利润,并编制各种财务基础数据估算表。各种财务基础数据估算表之间的关系如图4-2所示。

4.3.2.1 总成本费用构成

总成本费用是指在运营期内为生产产品或提供服务所发生的全部费用,总成本费用构成按其生产要素来分如图4-3所示。

可变成本是指产品成本中随产品产量发生变动的费用。固定成本是在一定生产规模中不随产品产量发生变动的费用。经营成本是项目评价所特有的概念,用于项目财务评价的现金流量分析,它是总成本费用扣除固定资产折旧费、无形资产摊销费、维简费、利息支出后的成本费用。

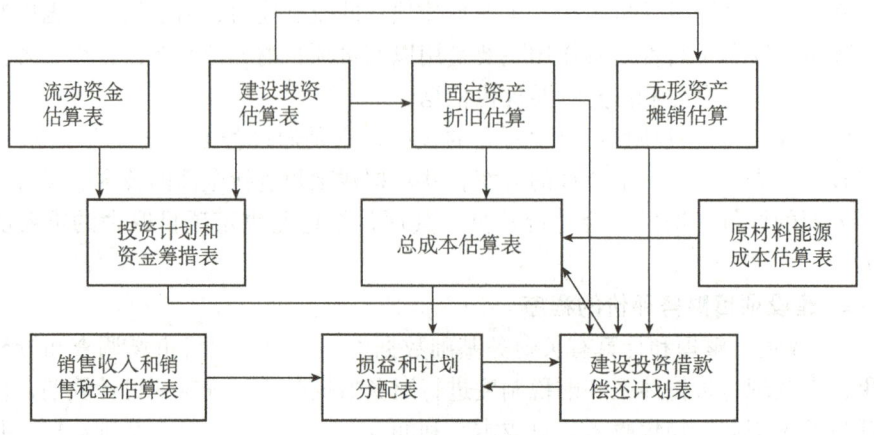

图 4-2 财务基础数据估算表之间的关系示意图

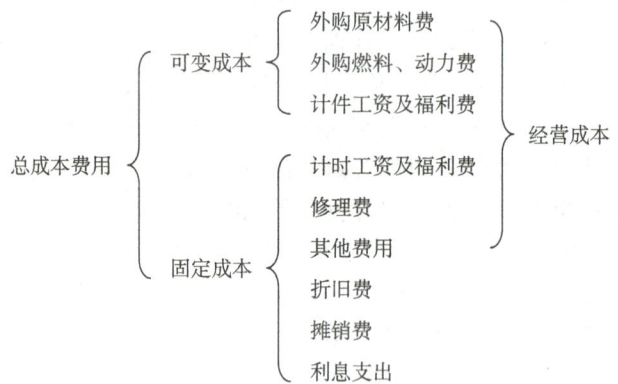

图 4-3 总成本费用的构成

4.3.2.2 总成本费用的估算

总成本费用估算的行业性很强,估算时应注意反映行业特点,或遵从行业规定。以下所述的总成本费用估算方法与注意事项适用于工业项目,在折旧、摊销、利息和某些费用计算方面也基本适用于其他行业。工业行业总成本费用的构成和估算通常采用以下两种方法。

1. 生产成本加期间费用估算法

按照此方法估算总成本费时,其费用构成如图 4-4 所示,其计算公式为:

$$总成本费用 = 生产成本 + 期间费用$$

式中 生产成本 = 直接材料费 + 直接燃料和动力费 + 直接工资 + 其他直接支出 + 制造费用

期间费用 = 管理费用 + 营业费用 + 财务费用

在具体估算总成本费用时,需要各分单元(如分车间、装置或生产线)的

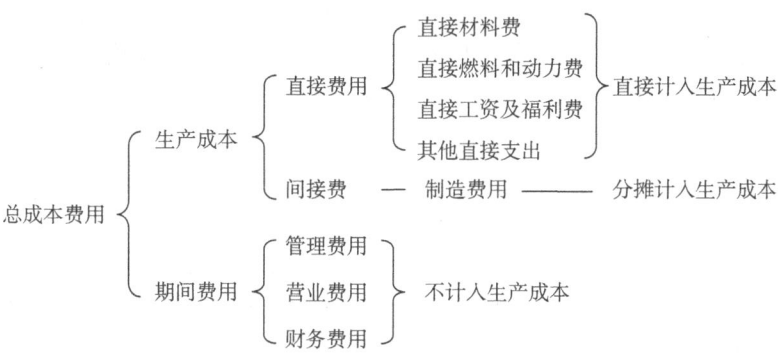

图 4-4 按生产成本加期间费用估算法总成本费用的构成

有关数据或每种服务的有关数据，主要有原材料和公用工程消耗、各车间、装置或生产线等的定员和固定资产原值等。要先分别估算各分单元的生产（服务）成本，再加总得出总的生产（服务）成本，然后与期间费用（管理费用、营业费用和财务费用）相加得到总成本费用。最终，编制总成本费用估算表。

2. 生产要素估算法

此方法从各种生产要素的费用入手，将生产和销售过程中消耗的外购原材料、辅助材料、燃料、动力，人员工资福利，外部提供的劳务服务，当期应计提的折旧和摊销，以及应付的财务费用相加，汇总得到总成本费用，如图 4-5 所示。

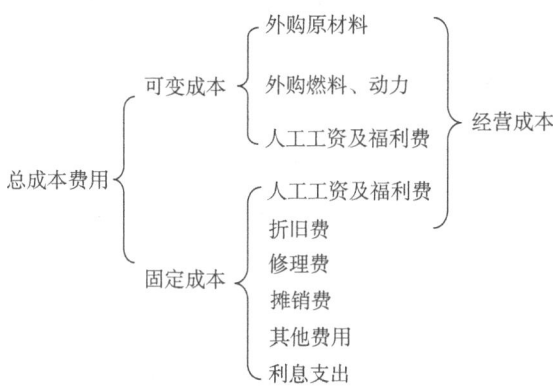

图 4-5 生产要素估算法总成本费用构成

采用此方法，不必计算内部各生产环节成本转移，也较容易计算可变成本和固定成本，所以在项目经济评价中通常采用此方法。按生产要素法估算的总成本费用，各分项的内容和估算要点如下：

（1）外购原材料和燃料动力费估算 按"生产要素法"估算总成本费用时，

原材料和燃料动力费是指外购的部分。外购原材料和燃料动力费的估算需要相关专业所提出的外购原材料和燃料动力年耗用量，以及在选定价格体系下的预测价格，该价格应按入库价格计，即到厂价格并考虑在途损耗。采用的价格时点和价格体系应与销售收入的估算一致。

外购原材料和燃料动力费 = $\sum$（某种材料和燃料动力消耗量 × 某种原材料和燃料动力单价）

（2）人工工资及福利费的估算　财务分析中的人工工资及福利费，是指企业为获得职工提供的服务而给予各种形式的报酬，通常包括职工工资、奖金、津贴和补贴以及职工福利费。医疗保险费、养老保险费、失业保险费、工伤保险费、生育保险费等社会保险费和住房公积金中由企业缴付的部分，应按规定计入其他管理费用。按"生产要素法"估算总成本费用时，人工工资及福利费按项目全部人员数量估算。

工资总额 = 企业定员人数 ×（年平均工资 + 福利费）

福利费按工资总额的 14% 估算。

（3）折旧费的估算　固定资产折旧是固定资产在使用过程中，出于逐渐磨损而转移到生产成本中去的价值。

固定资产折旧费是产品成本的组成部分，也是偿还投资贷款的资金来源。固定资产折旧的计算可采用直线折旧法和加速折旧法，在项目可行性研究中，一般采用直线折旧法。

其中，固定资产原值（建设投资）中含建设期利息，不含固定资产投资方向调节税。

固定资产形成率是指在建设投资中能够形成固定资产的百分比。

固定资产净值 = 固定资产原值 − 累计折旧额

（4）修理费的估算　修理费是指为保持固定资产的正常运转和使用，充分发挥使用效能，对其进行必要修理所发生的费用，按修理范围的大小和修理时间间隔的长短可以分为大修理和中小修理。

修理费允许直接在成本中列支，如果当期发生的修理费用数额较大，可实行预提或摊销的办法。

当按"生产要素法"估算总成本费用时，固定资产修理费系指项目全部固定资产的修理费，可直接按固定资产原值（扣除所含的建设期利息）的一定百分数估算。百分数的选取应考虑行业和项目特点。在生产运营的各年中，修理费率的取值，一般采用固定值。根据项目特点也可以间断性地调整修理费率，开始取较低值，以后取较高值。

（5）摊销费的估算　无形资产原值是指项目投产时按规定由投资形成无形资产的部分。

按照有关规定，无形资产和其他资产从开始使用之日起，在有效使用期限内平均摊入成本。法律和合同规定了法定有效期限或者受益年限的，摊销年限从其规定，否则摊销年限应注意符合税法的要求。无形资产和其他资产的摊销一般采用平均年限法，不计残值。

（6）其他费用估算 其他费用包括其他制造费用、其他管理费用和其他营业费用这三项费用，是指由制造费用、管理费用和营业费用中分别扣除工资及福利费、折旧费、摊销费、修理费以后的其余部分。产品出口退税和减免税项目和按规定不能抵扣的进项税额也可包括在内。

（7）利息支出 按照会计法规，企业为筹集所需资金而发生的费用称为借款费用，又称财务费用，包括利息支出（减利息收入）、汇兑损失（减汇兑收益）以及相关的手续费等。在大多数项目的财务分析中，通常只考虑利息支出。利息支出的估算包括长期借款利息、流动资金借款利息和短期借款利息三部分。

项目借款的还款方式应根据借款资金的不同来源所要求的还款条件来确定。债权人一般对借款本息的偿还期限均有明确的规定，要求借款方在规定的期限内按规定的数量还清全部借款的本金和利息。项目评价中可以选择等额还本付息方式或者等额还本利息照付方式来计算长期借款利息。

1）等额还本付息方式。这种方法是指在还款期内，每年偿付的本金利息之和是相等的，但每年支付的本金数和利息数均不相等。计算步骤如下：

① 计算还款起始年初的借款余额（含未支付的建设期利息）I_c。

② 根据等值计算原理，采用资金回收系数计算每年等值的还本付息额度 A。计算式为：

$$A = I_c \frac{i(1+i)^n}{(1+i)^n - 1}$$

③ 计算每年应付的利息。计算式为：

每年应支付的利息 = 年初借款余额 × 年利率

其中　　年初借款余额 = I_c − 本年以前各年偿还的借款累计

④ 计算每年偿还的本金。计算式为：

本年偿还本金 = A − 每年支付利息

采用等额还本付息法，每年支付的利息将随本金的逐步偿还逐年减少，而偿还的本金恰好相反，将由于利息减少而逐年加大。此方法适用投产初期效益较差，而后期效益较好的项目。

【例4-7】 已知某项目建设期末借款本利和累计为1000万元，按照借款协议，采用等额还本付息的方法分5年还清，已知年利率为6%，求该项目还款期每年的还本额、付息额和还本付息总额。

解：每年的还本付息总额计算式为：

$$A = I_c \frac{i(1+i)^n}{(1+i)^n - 1} = 1000 \text{ 万元} \times \frac{6\% \times (1+6\%)^5}{(1+6\%)^5 - 1} = 237.40 \text{ 万元}$$

还款期各年的还本额、付息额和还本付息总额见表 4-6。

表 4-6　等额还本付息方式下各年的还款数据　　（单位：万元）

年份	1	2	3	4	5
年初借款余额	1000	822.6	634.56	435.23	223.94
利率	6%	6%	6%	6%	6%
年利息	60	49.36	38.07	26.11	13.46
年还本额	177.40	188.04	199.33	211.29	223.94
年还本付息总额	237.40	237.40	237.40	237.40	237.40
年末借款余额	822.60	634.56	435.23	223.94	0

2) 等额还本利息照付。这种方法是指在还款期内每年等额偿还本金，而利息按年初借款余额和利率的乘积计算，利息不等，而且每年偿还的本利和不等。计算步骤如下：

① 计算还款起始年初的借款余额（含未支付的建设期利息）I_c。

② 计算在指定偿还期内，每年应偿还的本金 A。

$$A = \frac{I_c}{n}$$

式中　n—— 借款偿还期（不包括建设期）。

③ 计算每年应付的利息额。计算式为：

年应付利息 = 年初借款余额 × 年利率

④ 计算每年的还本付息总额。计算式为：

年还本付息总额 = A + 年应付利息

此方法由于每年偿还的本金是等额的，计算简单，但项目投产初期还本付息的压力大。因此，此法适用于投产初期效益好，有充足现金流的项目。

【**例 4-8**】　已知条件见【例 4-7】，求在等额还本、利息照付方式下的还本额、付息额和还本付息总额。

解：每年的还本额 $A = 1000 \text{ 万元} \div 5 = 200 \text{ 万元}$

还款期各年的还本额、付息额和还本付息总额见表 4-7。

表4-7 等额还本利息照付下还款数据　　　　　（单位：万元）

年份	1	2	3	4	5
年初借款余额	1000	800	600	400	200
利率	6%	6%	6%	6%	6%
年利息	60	48	36	24	12
年还本额	200	200	200	200	200
年还本付息总额	260	248	236	224	212
年末借款余额	800	600	400	200	0

3）按照每年最大偿还能力偿还。根据国家现行财税制度规定，偿还建设投资借款的资金来源主要是项目投产后所取得的利润和摊入成本费用中的折旧费、摊销费。用于归还借款的利润，一般用可供分配利润扣除法定盈余公积金、公益金后的未分配利润。如果投产初期用未分配利润归还借款的缺口较大时，也可暂不提取盈余公积金、公益金，直接用可供分配利润归还借款。计算公式为：

本年应还本金＝本年折旧费 ＋ 本年摊销费 ＋ 本年未分配利润

4.3.2.3　经营成本的估算

经营成本是财务分析的现金流量分析中所使用的特定概念，作为项目现金流量表中运营期现金流出的主体部分，应得到充分的重视。经营成本与融资方案无关，因此在完成建设投资和营业收入估算后，就可以估算经营成本，为项目融资前分析提供数据。

经营成本估算的行业性很强，不同行业在成本构成科目和名称上都可能有较大的不同。估算应按行业规定，没有规定的也应注意反映行业特点。计算公式为：

经营成本 ＝ 总成本费用 － 折旧费 － 摊销费 － 利息

4.3.2.4　固定成本和可变成本估算

为了进行盈亏平衡分析和不确定性分析，根据成本费用与产量的关系可以将总成本费用分解为固定成本、可变成本和半可变（或半固定）成本。

固定成本是指不随产品产量变化的各项成本费用，主要包括非生产人员工资、折旧费、摊销费、修理费、办公费和管理费等；可变成本是指随产品产量增减而成正比例变化的各项费用，主要包括原材料、燃料、动力消耗、包装费和生产人员工资等。有些成本费用属于半可变（或半固定）成本，如不能熄灭的工业炉的燃料费用等。工资、营业费用和流动资金利息等也都可能既有可变因素，又有固定因素。必要时需将半可变（或半固定）成本进一步分解为可变成本和固定成本，使产品成本费用最终划分为可变成本和固定成本。长期借款利息应视为固定成本；流动资金借款和短期借款利息可能部分与产品产量相关，其利息可视为半可变半固定成本，为简化计算，一般也将其作为固定成本。

4.3.2.5 营业收入及补贴的估算

（1）营业收入　营业收入是指销售产品或者提供服务所获得的收入，是现金流量表中现金流入的主体，也是利润表中的主要科目。营业收入是财务分析的重要数据，其估算的准确性极大地影响着项目财务效益的估计。

营业收入估算的基础数据，包括产品或服务的数量和价格，都与市场预测密切相关。在估算营业收入时应对市场预测的相关结果以及建设规模、产品或服务方案进行概括的描述或确认，特别应对采用价格的合理性进行说明。

工业项目评价中营业收入的估算基于一项重要假定，即当期的产出（扣除自用量后）当期全部销售，也就是当期商品产量等于当期销售量，不考虑库存。分年运营量可按照项目性质、技术掌握难易程度、产出的成熟度及市场的开发程度等诸多因素，根据经验直接判定分年的负荷率后计算。计算公式为：

$$年营业收入 = 年销售量 \times 销售单价$$

（2）补贴收入　某些项目还应按有关规定估算企业可能得到的补贴收入，包括先征后返的增值税、按销量或工作量等依据国家规定的补助定额计算并按期给予的定额补贴，以及属于财政扶持而给予的其他形式的补贴等。补贴收入同营业收入一样，应列入利润与利润分配表、财务计划现金流量表和项目投资现金流量表与项目资本金现金流量表。以上几类补贴收入，应根据财政、税务部门的规定，分别计入或不计入应税收入。

4.3.2.6 销售税金及附加的估算

项目评价涉及的税费主要包括关税、增值税、营业税、消费税、资源税、城市维护建设税和教育费附加等，有些行业还包括土地增值税。

（1）关税　关税是以进出口的应税货物为纳税对象的税种。我国对引进设备、技术和进口原材料时，可能需要估算进口关税。就出口而言，我国仅对少数货物征收出口关税，而对大部分货物免征出口关税。项目评价中应按有关税法和国家的税收优惠政策，正确估算进出口关税。

（2）增值税　增值税是对我国境内销售货物、进口货物以及提供加工、修理劳务的单位和个人，就其所取得货物的销售额、进口货物金额、应税劳务收入额计算税款、并实行税款抵扣制的一种流转税。

在建设项目经济评价中，增值税作为价外税可以不包括在销售税金及附加中，也可以包含在销售税金及附加中。如果不包括在销售税金及附加中，产出物的价格不含有增值税中的销项税，投入物的价格中也不含有增值税中的进项税。

计算公式为：

$$增值税应纳税额 = 销项税额 - 进项税额$$

（3）营业税　营业税是对在我国境内从事交通运输业、建筑业、邮电通信业、文化体育业、金融保险业、娱乐业、服务业、转让无形资产和销售不动产的单位和个人征收的一种税。计算公式为：

$$营业税 = 销售收入 \times 营业税税率$$

营业税税率在3%~20%的范围内。

（4）消费税　消费税是对在我国境内生产、委托加工和进口烟、酒、化妆品、贵重首饰、汽车、摩托车等11种消费品的单位和个人按差别税率或税额征收的一种税。计算公式为：

$$应纳消费税额 = 销售收入 \times 适用税率$$

或：

$$应纳消费税额 = 销售数量 \times 单位税率$$

消费税税率从3%~45%不等。

（5）资源税　资源税是对从事原油、天然气、煤炭、其他非金属矿原矿、黑色金属矿原矿、有色金属矿原矿和盐的开采或生产而进行销售或自用的单位和个人所征收的一种税。计算公式为：

$$应纳资源税额 = 销售数量 \times 单位税率$$

（6）城市维护建设税　城市维护建设税是为城市建设和维护筹集资金，而向有销售收入的单位和个人征收的一种税。计算公式为：

$$城市维护建设税 = （营业税 + 增值税 + 消费税）\times 适用税率$$

城市建设维护税税率按所在地实行7%、5%、1%的差别税率。

（7）教育费附加　教育费附加是为了加快地方教育事业的发展，扩大地方教育经费的资金来源，而向有销售收入的单位和个人征收的一种税。计算公式为：

$$教育费附加 = （营业税 + 增值税 + 消费税）\times 费率$$

教育费附加费率为3%。

4.3.2.7　利润总额及其分配估算

1. 利润总额的估算

利润总额估算是财务数据测算的中心目标。利润总额是企业在一定时期内生产经营的最终成果，集中反映企业生产的经济效益。计算公式为：

$$利润总额 = 销售利润 + 其他业务利润 + 营业外收入 - 营业外支出$$

在财务数据测算时，一般只测算产品的销售利润，不考虑其他业务利润和营业外收支。计算公式为：

$$年利润总额 = 年销售收入 - 年销售税金及附加 - 年总成本费用$$

2. 税后利润及其分配估算

税后利润是利润总额扣除企业所得税后的余额，税后利润可以在企业、投资者、职工之间分配。

(1) 企业所得税　企业所得税是对我国境内企业生产、经营所得和其他所得征收的一种税。

$$企业所得税 = 应纳所得额 \times 税率$$

其中：　　　应纳所得额 = 收入总额 - 准予扣除项目金额

准予扣除项目金额是指与纳税取得收入有关的成本、费用、税金和损失。如企业发生年度亏损的，可以用下一纳税年度的所得弥补；下一纳税年度的所得不足弥补的，可以逐年延续弥补，但延续弥补最长不得超过5年，企业所得税税率一般为33%。

(2) 净利润的分配　净利润是利润总额扣除所得税后的差额。在工程项目的经济分析中，如企业在5年内用纳税年度所得不足弥补亏损，可用税后利润弥补，弥补后的可供分配利润的顺序如下：

1) 提取盈余公积金。一般企业提取的盈余公积金分为两种：一是法定盈余公积金，在其金额累计达到注册资本的50%以前，按照可供分配的净利润的10%提取，达到注册资本的50%，可以不再提取；二是法定公益金，按可供分配的净利润的5%提取。

2) 向投资者分配利润（应付利润）。企业以前年度未分配利润，可以并入本年度向投资者分配。

3) 未分配利润。可供分配利润减去盈余公积金和应付利润后的余额，即为未分配利润。

4.3.3　项目财务评价报表

1. 财务现金流量表

财务现金流量表是根据项目在计算期内各年的现金流入和现金流出，计算各年净现金流量的财务报表。通过财务现金流量表可以计算动态和静态的评价指标，全面反映项目本身的盈利能力。财务现金流量表主要由"现金流入"、"现金流出"、"净现金流量"等组成。按投资计算基础的不同，财务现金流量表分为全部投资现金流量表和自有资金现金流量表。

(1) 全部投资现金流量表　全部投资现金流量表不分投资资金来源，以全部投资作为计算基础，用以计算全部投资所得税前的财务内部收益率、财务净现值和投资回收期等指标，评价项目全部投资的盈利能力。

【例 4-9】　若某大厦的立体车库由某单位建造并由其经营。立体车库建设期1年，第2年开始经营。建设投资600万元，全部为自有资金并全部形成固定资产。流动资金投资100万元，也全部为自有资金，第2年末一次性投入。从第2年开始，经营收入假定各年200万元，销售税金及附加11万元，经营成本25万元。

平均固定资产折旧年限为 10 年,残值率为 5%。计算期为 11 年。要求编制全部投资现金流量表。

解：回收固定资产余值 = 600 万元 × 5% = 30 万元。全部投资现金流量表见表 4-8。

表 4-8　全部投资现金流量表　　　　　　　　（单位：万元）

序号	项目	计算期										
		1	2	3	4	5	6	7	8	9	10	11
1	现金流入		200	200	200	200	200	200	200	200	200	330
1.1	销售收入		200	200	200	200	200	200	200	200	200	200
1.2	回收固定资产余值												30
1.3	回收流动资金												100
2	现金流出	600	136	36	36	36	36	36	36	36	36	36
2.1	建设投资	600										
2.2	流动资金		100										
2.3	经营成本		25	25	25	25	25	25	25	25	25	25
2.4	销售税金及附加		11	11	11	11	11	11	11	11	11	11
3	所得税前净现金流量（1-2）	-600	64	164	164	164	164	164	164	164	164	294
4	累计所得税前净现金流量	-600	-536	-372	-208	-44	120	284	448	612	776	1070

（2）自有资金现金流量表　自有资金现金流量表从投资者角度出发,以投资者的出资额作为计算基础,把借款本金偿还和利息支付作为现金流出,用以计算资本金财务内部收益率、财务净现值等评价指标,考查项目所得税后资本金可能获得的收益水平。

2. 损益和利润分配表

损益和利润分配表是反映项目计算期内各年的利润总额、所得税及税后利润的分配情况,用以计算投资利润率、投资利税率和资本金净利润率等指标。损益和利润分配表包括销售收入、总成本费用、销售税金及附加、利润总额、所得税、税后利润以及税后利润分配等项目。

3. 资金来源与运用表

资金来源与运用表用于反映项目计算期各年的投资、融资及生产经营活动的资金流入、资金流出情况，考查资金的平衡和余缺情况。资金来源与运用表是反映项目清偿能力的财务评价报表，它由资金流入、资金流出、资金盈余和累计资金盈余组成，它们之间的关系式为：

资金流入－资金流出＝资金盈余（"＋"表示当年资金盈余；"－"表示当年资金短缺）

4. 借款偿还计划表

借款偿还计划表的全称为建设投资国内借款偿还计划表，用于反映项目计算期各年借款的使用、还本付息以及偿债资金来源和计算借款偿还期或偿债备付率、利息备付率等指标。

需要说明的是，根据国家现行财税制度的规定，借款还本的资金来源主要包括可用于归还借款的利润、折旧、摊销和其他还款资金来源。

【例4-10】 某工业项目计算期15年，建设期3年，第4年投产，第5年开始达到生产能力。

（1）建设投资（不含建设期利息）8000万元，全部形成固定资产，流动资金2000万元。建设投资贷款的年利率为6%，建设期间只计息不还款，第四年投产后开始按量入偿付法以最大的偿还能力还款。投资计划与资金筹措表见表4-9。

表4-9　某工业项目投资计划与资金筹措表　　　（单位：万元）

项目/年份	1	2	3	4
建设投资	2500	3500	2000	
其中：自有资金	1500	1500	1000	
贷款（不含贷款利息）	1000	2000	1000	
流动资金				2000
其中：自有资金				2000
贷款				0

（2）固定资产平均折旧年限为15年，残值率5%。计算期末回收固定资产余值和回收流动资金。

（3）销售收入、销售税金及附加、经营成本的预测值见表4-10，其他支出忽略不计。

表4-10 某工业项目销售收入、税金及附加、经营成本预测值

(单位：万元)

项目/年份	4	5	6	…	15
销售收入	5600	8000	8000	…	8000
销售税金及附加	320	480	480	…	480
经营成本	3500	5000	5000	…	5000

(4) 税后利润分配包括法定盈余公积金、公益金、应付利润和未分配利润。法定盈余公积金按税后利润的10%计算，公益金按税后利润的5%计算，还清贷款前暂不计提法定盈余公积金，也不支付利润；还清贷款后按税后利润扣除法定盈余公积金、公益金后的余额全数计入应付利润。各年所得税税率为33%。表内数值四舍五入取整。

根据上述条件，编制借款偿还计划表、损益和利润分配表、自有资金现金流量表、资金来源与运用表。

解：

(1) 先计算建设期贷款利息。

第1年建设期贷款利息 = (年初贷款本息累计 + 本年贷款额÷2) × 年利率
= (0 + 1000÷2) 万元×6% = 30 万元

第2年建设期贷款利息 = (1000 + 30 + 2000÷2) 万元×6% = 121.8 万元

第3年建设期贷款利息 = (1000 + 30 + 2000 + 121.8 + 1000÷2) 万元×6%
= 219.11 万元

建设期贷款利息 = 30 万元 + 121.8 万元 + 219.11 万元 = 370.91 万元

(2) 年折旧额（建设期贷款利息计入固定资产原值内）。

年折旧额 = 固定资产原值×(1 - 残值率) ÷ 折旧年限
= (8000 + 370.91) 万元×(1 - 5%) ÷ 15
= 530.16 万元

(3) 回收固定资产余值。

回收固定资产余值 = 固定资产原值（含建设期贷款利息）- 累计折旧
= 8000 万元 + 370.91 万元 - 530.16 万元×12
= 2008.99 万元

(4) 借款偿还计划表见表4-11。

(5) 损益和利润分配表见表4-12。

(6) 自有资金现金流量表见表4-13。

(7) 资金来源与运用表见表4-14。

表 4-11 长期借款偿还计划表

(单位：万元)

序号	项目\年份	1	2	3	4	5	6	7	8	9	10	11	12	13
						计算期								
1	人民币借款													
1.1	年初借款本息累计		1030	3152	4371	3179	1444							
1.1.1	本金		1000	3000	4000									
1.1.2	建设期利息		30	152	371									
1.2	本年借款	1000	2000	1000										
1.3	本年应计利息	30	122	219	262	191	87							
1.4	本年偿还本金				1192	1735	1444							
1.5	本年支付利息				262	191	87							
2	偿还本金来源				1192	1735	1444	530	530	530	530	530	530	530
2.1	未分配利润				662	1205	914							
2.2	折旧费				530	530	530	530	530	530	530	530	530	530
2.3	摊销费													
3	来源合计				1192	1735	1444							
3.1	偿还人民币本金				1192	1735	1444							
3.2	偿还本金后余额				3179	1444	0							

第4章 建设项目投资决策阶段工程造价控制

表 4-12 损益和利润分配表

(单位：万元)

序号	项目 \ 年份	4	5	6	7	8	9	10	11	12	13	14	15
		投产期						达产期					
1	生产负荷	70%						100%					
2	产品销售收入	5600	8000	8000	8000	8000	8000	8000	8000	8000	8000	8000	8000
3	销售税金及附加	320	480	480	480	480	480	480	480	480	480	480	480
4	总成本费用	4292	5721	5617	5530	5530	5530	5530	5530	5530	5530	5530	5530
5	弥补以前年度亏损	0	0	0	0	0	0	0	0	0	0	0	0
6	利润总额	988	1799	1903	1990	1990	1990	1990	1990	1990	1990	1990	1990
7	所得税	326	594	628	657	657	657	657	657	657	657	657	657
8	税后利润	662	1205	1275	1333	1333	1333	1333	1333	1333	1333	1333	1333
9	可供分配利润	662	1205	1275	1333	1333	1333	1333	1333	1333	1333	1333	1333
9.1	法定公积金	0	0	128	133	133	133	133	133	133	133	133	133
9.2	法定公益金	0	0	64	67	67	67	67	67	67	67	67	67
9.3	应付利润	0	0	169	1133	1133	1133	1133	1133	1133	1133	1133	1133
9.4	未分配利润	662	1205	914									

工程造价控制

表 4-13 自有资金现金流量表

(单位：万元)

序号	项目 \ 年份	1	2	3	4	5	6	7	8	9	10	11	12	13	14	15
1	现金流入				5600	8000	8000	8000	8000	8000	8000	8000	8000	8000	8000	12009
1.1	营业收入				5600	8000	8000	8000	8000	8000	8000	8000	8000	8000	8000	8000
1.2	回收固定资产余值															2009
1.3	回收流动资金															2000
2	现金流出	1500	1500	1000	7600	8000	7639	6137	6137	6137	6137	6137	6137	6137	6137	6137
2.1	项目资本金	1500	1500	1000	2000											
2.2	借款本金偿还				1192	1735	1444									
2.3	借款利息支付				262	191	87									
2.4	经营成本				3500	5000	5000	5000	5000	5000	5000	5000	5000	5000	5000	5000
2.5	营业税金及附加				320	480	480	480	480	480	480	480	480	480	480	480
2.6	所得税				326	594	628	657	657	657	657	657	657	657	657	657
3	净现金流量 (1-2)	-1500	-1500	-1000	-2000	0	361	1863	1863	1863	1863	1863	1863	1863	1863	5872
4	累计净现金流量															

第4章 建设项目投资决策阶段工程造价控制

表 4-14 资金来源与运用表

(单位：万元)

序号	项目\年份	1	2	3	4	5	6	7	8	9	10	11	12	13	14	15
1	资金来源	2530	3622	2219	3518	2329	2433	2520	2520	2520	2520	2520	2520	2520	2520	6529
1.1	利润总额				988	1799	1903	1990	1990	1990	1990	1990	1990	1990	1990	1990
1.2	折旧费				530	530	530	530	530	530	530	530	530	530	530	530
1.3	摊销费															
1.4	长期借款	1030	2122	1219												
1.5	流动资金借款															
1.6	自有资金	1500	1500	1000	2000											
1.7	回收固定资产余值															2009
1.8	回收流动资金															2000
2	资金运用	2530	3622	2219	3518	2329	2241	1790	1790	1790	1790	1790	1790	1790	1790	1790
2.1	固定资产投资	2500	3500	2000												
2.2	建设期利息	30	122	219												
2.3	流动资金				2000											
2.4	所得税				326	594	628	657	657	657	657	657	657	657	657	657
2.5	应付利润						169	1133	1133	1133	1133	1133	1133	1133	1133	1133
2.6	长期借款本金偿还				1192	1735	1444									
2.7	流动资金借款本金偿还															
3	盈余资金						192	730	730	730	730	730	730	730	730	4739
4	累计盈余资金						192	922	1652	2382	3112	3842	4572	5302	6032	10771

4.3.4 项目财务评价指标

1. 财务评价指标与财务评价报表之间的关系

建设项目财务评价指标是衡量建设项目财务经济效果的尺度。通常,根据不同的评价深度要求和可获得资料的多少,以及项目本身所处条件的不同,可选用不同的指标,这些指标有主有次,可以从不同侧面反映项目的经济效果。财务评价的内容与评价指标见表 4-15。

表 4-15 财务评价的内容与评价指标

评价内容	基本报表		评价指标	
			静态指标	动态指标
盈利能力分析	融资前分析	全部投资现金流量表	项目投资回收期	项目投资财务内部收益率 项目投资财务净现值
	融资后分析	自有资金现金流量表		资本金财务内部收益率
		投资各方现金流量表		投资各方财务内部收益率
		损益表与利润分配表	总投资收益率 资本金净利润率	
偿债能力分析		借款还本付息计划表	利息备付率 偿债备付率	
		资产负债表	资产负债率	
财务生存能力分析		财务计划现金流量表	净现金流量 累计盈余资金	
不确定性分析		盈亏平衡分析	盈亏平衡产量 盈亏平衡生产能力利用率	
		敏感性分析表 敏感度系数和临界点分析表	敏感度系数临界点	
风险分析		概率分析	累计概率 标准差	
			定性分析	

2. 财务分析指标体系与方法

建设项目财务分析方法是与财务分析的目的和内容相联系的。财务分析的主要内容包括：盈利能力分析、偿债能力分析和财务生存能力分析。财务分析的方法有：以现金流量表和利润与利润分配表为基础的动态获利性分析和静态获利性分析；以资产负债表和借款还本付息计划表为基础的偿债能力分析；以财务计划现金流量表为基础的财务生存能力分析以及考虑项目风险的不确定性分析和风险分析等。

建设项目财务分析指标体系根据不同的标准，可作不同的分类形式。

1）根据是否考虑资金的时间价值分类，可分为静态经济评价指标和动态经济评价指标，如图4-6所示。

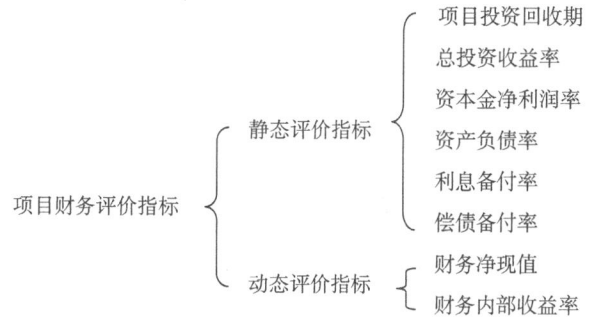

图4-6 财务评价指标体系分类之一

2）根据指标的性质分类，可以分为时间性指标、价值性指标和比率性指标，如图4-7所示。

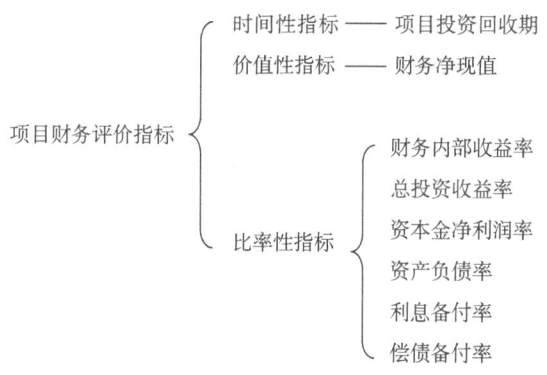

图4-7 财务评价指标体系分类之二

3. 建设项目财务分析方法

（1）财务盈利能力分析　财务盈利能力分析主要考查项目投资的盈利水平。盈利能力分析的主要指标包括项目投资财务净现值和财务内部收益率、投资回收期、总投资收益率、项目资本金净利润率、项目资本金财务内部收益率、投资各方财务内部收益率等,可根据项目的特点及财务分析的目的、要求等选用。

1)财务净现值($FNPV$)。财务净现值是指把项目计算期内各年的财务净现金流量,按照一个给定的标准折现率(基准收益率)折算到建设期初(项目计算期第一年年初)的现值之和。财务净现值是考查项目在其计算期内盈利能力的主要动态评价指标。其表达式为:

$$FNPV = \sum_{t=1}^{n}(CI-CO)_t(1+i_c)^{-t}$$

式中　　$FNPV$——净现值;

CI——现金流入量;

CO——现金流出量;

$(CI-CO)_t$——第 t 期的净现金流量;

n——项目计算期;

i_c——标准折现率。

一般情况下,财务盈利能力分析只计算项目投资财务净现值,可根据需要选择计算所得税前净现值或所得税后净现值。

财务净现值表示建设项目的收益水平超过基准收益的额外收益,当计算的财务净现值大于或等于零时,项目方案在财务上可考虑接受。

2)财务内部收益率($FIRR$)。财务内部收益率是指项目在整个计算期内各年财务净现金流量的现值之和等于零时的折现率,也就是使项目的财务净现值等于零时的折现率,其表达式为:

$$\sum_{t=1}^{n}(CI-CO)_t(1+FIRR)^{-t}=0$$

项目投资财务内部收益率、项目资本金财务内部收益率和投资各方财务内部收益率都依据上式计算,但所用的现金流入和现金流出不同。

当财务内部收益率大于或等于所设定的判别基准,(通常称为基准收益率)时,项目方案在财务上可考虑接受。项目投资财务内部收益率、项目资本金财务内部收益率和投资各方财务内部收益率可有不同的判别基准。财务内部收益率一般用试算插值法计算。公式为:

$$FIRR = i_1 + \frac{NPV_1}{VPV_1 - NPV_2}(i_2 - i_1)$$

3)投资回收期(P_t)。项目投资回收期系指以项目的净收益回收项目投资所需要的时间,一般以年为单位。项目投资回收期宜从项目建设开始年算起,若从项目投产开始年计算,应予以特别注明。项目投资回收期可采用下式表达:

$$\sum_{t=1}^{P_t}(CI-CO)_t = 0$$

项目投资回收期可借助项目投资现金流量表计算。项目投资现金流量表中累计净现金流量由负值变为零的时点，即为项目的投资回收期。投资回收期应按下式计算：

$$P_t = 累计净现金流量开始出现正值的年份 - 1 + \frac{上一年累计现金流量的绝对值}{当年净现金流量}$$

投资回收期短，表明项目投资回收快，抗风险能力强。

4) 总投资收益率（ROI）。总投资收益率表示总投资的盈利水平，系指项目达到设计能力后正常年份的年息税前利润或运营期内年平均息税前利润（EBIT）与项目总投资（TI）的比率，是考查项目单位投资盈利能力的静态指标。其表达式为：

$$ROI = \frac{EBIT}{TI} \times 100\%$$

式中　EBIT——项目正常年份的年息税前利润或运营期内年平均息税前利润；
　　　TI——项目总投资。

总投资收益率高于同行业的收益率参考值，表明用总投资收益率表示的盈利能力满足要求。

5) 项目资本金净利润率（ROE）。项目资本金净利润率表示项目资本金的盈利水平，系指项目达到设计能力后正常年份的年净利润或运营期内年平均净利润（NP）与项目资本金（EC）的比率；项目资本金净利润率应按下式计算：

$$ROE = \frac{NP}{EC} \times 100\%$$

式中　NP——项目正常年份的年净利润或运营期内年平均净利润；
　　　EC——项目资本金。

项目资本金净利润率高于同行业的净利润率参考值，表明用项目资本金净利润率表示的盈利能力满足要求。

(2) 偿债能力分析　投资项目的资金构成一般可分为借入资金和自有资金。自有资金可长期使用，而借入资金必须按期偿还。项目的投资者自然要关心项目偿债能力；借入资金的所有者——债权人也非常关心贷出资金能否按期收回本息。因此，偿债分析是财务分析中的一项重要内容。偿债能力分析通过计算利息备付率（ICR）、偿债备付率（DSCR）和资产负债率（LOAR）等指标，分析判断财务主体的偿债能力。

1) 利息备付率（ICR）。利息备付率是指在借款偿还期内的息税前利润（EBIT）与应付利息（PI）的比值，它从付息资金来源的充裕性角度反映项目偿付债务利息的保障程度。其计算式为：

$$ICR = \frac{EBIT}{PI}$$

式中　　$EBIT$——息税前利润；

　　　　PI——计入总成本费用的应付利息。

利息备付率应分年计算。利息备付率高，表明利息偿付的保障程度高。

利息备付率应当大于1，并结合债权人的要求确定。

2）偿债备付率（$DSCR$）。偿债备付率系指在借款偿还期内，用于计算还本付息的资金（$EBITDA - TAX$）与应还本付息金额（PD）的比值，它表示可用于计算还本付息的资金偿还借款本息的保障程度。其计算式为：

$$DSCR = \frac{EBITDA - TAX}{PD}$$

式中　　$EBITDA$——息税前利润加折旧和摊销；

　　　　TAX——企业所得税；

　　　　PD——应还本付息金额，包括还本金额和计入总成本费用的全部利息。融资租赁费用可视同借款偿还。运营期内的短期借款本息也应纳入计算。

如果项目在运行期内有维持运营的投资，可用于还本付息的资金应扣除维持运营的投资。

偿债备付率应分年计算，偿债备付率高，表明可用于还本付息的资金保障程度高。

偿债备付率应大于1，并结合债权人的要求确定。

3）资产负债率（$LOAR$）。资产负债率系指各期末负债总额（TL）同资产总额（TA）的比率，应按下式计算：

$$LOAR = \frac{TL}{TA} \times 100\%$$

式中　　TL——期末负债总额；

　　　　TA——期末资产总额。

适度的资产负债率，表明企业经营安全、稳健，具有较强的筹资能力，也表明企业和债权人的风险较小。对该指标的分析，应结合国家宏观经济状况、行业发展趋势、企业所处竞争环境等具体条件判定。项目财务分析中，在长期债务还清后，可不再计算资产负债率。

（3）财务生存能力分析　　财务生存能力分析是在财务分析辅助表和利润与利润分配表的基础上编制财务计划现金流量表，通过考查项目计算期内的投资、融资和经营活动所产生的各项现金流入和流出，计算净现金流量和累计盈余资金，分析项目是否有足够的净现金流量维持正常运营，以实现财务可持续性。

财务可持续性应首先体现在有足够大的经营活动净现金流量，其次各年累计盈余资金不应出现负值。若出现负值，应进行短期借款，同时分析该短期借款的年份长短和数额大小，进一步判断项目的财务生存能力。短期借款应体现在财务计划现金流量表中，其利息应计入财务费用。为维持项目正常运营，还应分析短期借款的可靠性。

思 考 题

1. 某拟建炼钢厂设计年产量 10 万 t，根据可行性报告提供的主厂房工艺设备清单和询价资料估算出该项目主厂房设备投资约为 3600 万元。已建类似项目资料：与设备投资有关的其他各专业工程投资系数见表 4-16；与主厂房投资有关的辅助工程及附属设施投资系数见表 4-17。

表 4-16　与设备投资有关的其他各专业工程投资系数

加热炉	汽化冷却	余热锅炉	自动化仪表	起重设备	供电与传动	建安工程
0.12	0.01	0.04	0.02	0.09	0.18	0.40

表 4-17　与主厂房投资有关的辅助工程及附属设施投资系数

动力系统	机修系统	总图运输系统	行政及生活设施	工程建设其他费
0.30	0.12	0.20	0.30	0.20

本项目的资金来源为自由资金和贷款，贷款总额为 8000 万元，贷款利率为 8%（按年计息）。建设期 3 年，第一年投入 30%，第二年投入 50%，第三年投入 20%。预计建设期物价平均上涨 3%，基本预备费率 5%。

（1）试用系数估算法估算该项目主厂房投资。
（2）估算该项目的固定资产投资额。
（3）若固定资产投资流动资金率为 6%，试用扩大指标估算法估算项目的流动资金。

2. 某建设项目计算期 20 年，各年净现金流量见表 4-18，该项目的行业基准收益率为 $i_c = 10\%$，试计算以下财务评价指标：

表 4-18　某建设项目各年净现金流量表

（单位：万元）

年份	1	2	3	4	5	6	7	8	9~20
净现金流量	-150	-250	-100	80	120	150	150	150	12×150

（1）计算该项目的投资回收期 P_t。
（2）计算该项目的财务净现值 FNPV。
（3）计算该项目的财务内部收益率 FIRR。

3. 拟建某工业建设项目，各项费用估计如下：

（1）主要生产项目 4410 万元（其中：建筑工程费 2550 万元；设备购置费 1750 万元；安装工程费 110 万元）。

（2）辅助生产项目 3600 万元（其中：建筑工程费 1800 万元；设备购置费 1500 万元；安装工程费 300 万元）。

（3）公用工程费 2000 万元（其中：建筑工程费 1200 万元；设备购置费 600 万元；安装工程费 200 万元）。

（4）环境保护工程费 600 万元（其中：建筑工程费 300 万元；设备购置费 200 万元；安装工程费 100 万元）。

（5）总图运输工程费 300 万元（其中：建筑工程费 200 万元；设备购置费 100 万元）。

（6）服务性工程费 150 万元。

（7）生活福利工程费 200 万元。

（8）厂外工程费 100 万元。

（9）工程建设其他费 380 万元。

（10）基本预备费费率为 10%。

（11）预计建设期内每年价格平均上涨率为 6%。

（12）建设期为 2 年，每年建设投资相等，所有建设投资一律为贷款，贷款年利率为 11%（每半年计息一次）。

问题：

（1）试将以上数据填入建设投资估算表。

（2）列式计算基本预备费、涨价预备费、实际年贷款利率和建设期贷款利息。

4. 某建设项目的工程费用与工程建设其他费用的估算额为 52180 万元，预备费 5000 万元，项目建设期为 3 年。3 年的投资比例是：第 1 年 20%，第 2 年 55%，第 3 年 25%；第 4 年投产。

该项目建设投资来源为自有资金和贷款。贷款的总额为 40000 万元，其中外汇贷款为 2300 万美元。外汇牌价为 1 美元兑换 7.5 元人民币，贷款的人民币部分，从中国建设银行获得，年利率为 12.48%（按季计息）。贷款的外汇部分从中国银行获得，年利率为 8%（按年计息）。

建设项目达到设计生产能力后，全厂定员为 1100 人，工资和福利费按每人每年 7200 元估算。每年其他费用为 860 万元（其中：其他制造费用为 660 万元）。年外购原材料、燃料动力费估算为 19200 万元。年经营成本为 21000 万元，年修理费占年经营成本 10%。各项流动资金最低周转天数分别为：应收账款 30 天，现金 40 天，应付账款为 30 天，存货为 40 天。

问题:

(1) 估算建设期的利息。
(2) 用分项详细估算法估算拟建项目的流动资金。
(3) 估算拟建项目的总投资。

第 5 章

建设项目设计阶段工程造价控制

5.1 概述

5.1.1 项目设计阶段的内容及程序

1. 工程设计的含义

工程设计是指在建设项目开始施工之前,设计人员根据已批准的设计任务书,为具体实现拟建项目的技术、经济要求,提供建筑、安装及设备制造等所需的规划、设计图、数据等技术文件的工作。工程设计是建设项目从计划变为现实具有决定意义的工作阶段,设计文件是建筑安装施工的依据。拟建工程在建设过程中能否保证进度、保证质量和节约投资,在很大程度上取决于设计质量的优劣。工程建成后,能否获得满意的经济效果,除了项目决策之外,设计工作也起着主导性的作用。为了使建设项目达到预期的经济效果,设计工作必须按一定的程序分阶段进行。

2. 设计阶段

为保证工程建设和设计工作有机的配合和衔接,一般将工程设计划分为几个阶段进行。我国规定,一般工业与民用建设项目可按初步设计和施工图设计两个阶段进行,称之为"两阶段设计";对于技术上复杂而又缺乏设计经验的项目,可按初步设计、技术设计和施工图设计三个阶段进行,称之为"三阶段设计"。在各设计阶段,都需要编制相应的工程造价控制文件,即设计概算、修正概算、施工图预算等,由粗到细逐步确定工程造价控制目标,并经过分段审批,切块分解,层层控制工程造价。工程设计的全过程如图 5-1 所示。

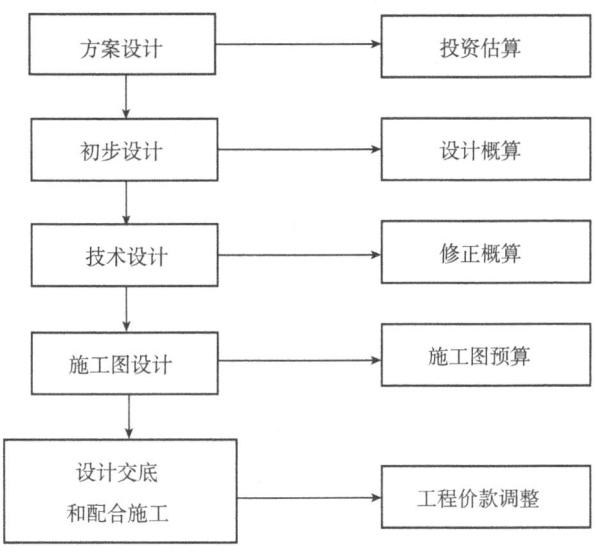

图 5-1　工程设计的全过程

3. 设计程序

（1）方案设计　建设项目方案设计是指投资项目前期研究中，通过对项目方案的设想和构思，形成项目建设方案的一项重要工作，包括建设规模、产品方案、原材料和燃料动力供应方案、工艺技术和设备方案、公用工程和辅助设施方案、环境保护措施方案以及项目进度计划方案等。建设项目方案设计为投资估算、项目融资、成本分析和财务评价等后续分析工作提供条件。建设方案设计中反复开展的技术、经济比较，在逐步完善设计方案的同时，实现项目优化，为项目的初步设计提供全面的基础方案和依据。

（2）初步设计　这是设计过程中的一个关键性阶段，也是整个设计构思基本形成的阶段。初步设计可以在满足设计任务书要求的基础上进行各工种的配合与协调，将可行性研究深化为具体的措施，进一步明确拟建工程在指定地点和规定期限内进行建设的技术可行性和经济合理性；并规定主要技术方案、工程总造价和主要技术经济指标，以利于在项目建设和使用过程中最有效地利用人力、物力和财力。工业项目初步设计包括总平面设计、工艺设计和建筑设计三部分。

根据初步设计图和说明书及概算定额编制初步设计总概算；概算一经批准，即为控制拟建项目工程造价的最高限额。总概算是确定建设项目投资额、编制固定资产投资计划的依据；是签订建设工程总包合同、贷款总合同、实行投资包干的依据；同时也可以作为控制建设工程拨款、组织主要设备订货、进行施工准备及编制技术、设计文件和施工图设计文件等的依据。

（3）技术设计　技术设计是初步设计的具体化，也是各种技术问题的定案阶段。技术设计的详细程度应能满足确定设计方案中重大技术问题的要求，应保证能根据它进行施工图设计和提出设备订货明细表。技术设计时如果对初步设计中所确定的方案有所更改，应对更改部分编制修正概算书。对于不太复杂的工程，技术设计阶段可以省略，即初步设计完成后直接进入施工图设计阶段。

（4）施工图设计　这一阶段主要是通过设计图，把设计者的意图表达出来，作为工人进行建筑工程建造的依据。具体包括建设项目各部分工程的详图，零部件、结构构件明细图，以及验收标准、方法等。施工图设计的深度应能满足设备材料的选择与确定、非标准设备的设计与加工制作、施工图预算的编制、建筑工程施工和安装的要求。

（5）设计交底和配合施工　施工图发出后，设计单位根据现场需要应派人到施工现场，与建设、施工单位共同会审施工图，进行技术交底，介绍设计意图和技术要求，修改不符合实际和有错误的设计图；在施工中及时解决施工时设计文件出现的问题；施工完毕后参加试运转和竣工验收，解决试运转过程中的各种技术问题。对于大中型工业项目和大型复杂的民用工程，设计单位应派代表到现场积极配合现场施工并参加隐蔽工程验收。

5.1.2　设计阶段工程造价控制的重要意义

1. 提高资金利用效率

设计阶段工程造价的计价形式是编制设计概预算，通过设计概预算可以了解工程造价的构成，分析资金分配的合理性，并可以利用价值工程理论分析项目各个组成部分功能与成本的匹配程度，调整项目功能与成本，使其更趋合理。

2. 提高投资控制效率

编制设计概预算并进行分析，可以了解工程各组成部分的投资比例。对于投资比例比较大的部分应作为投资控制的重点，这样可以提高投资控制效率。

3. 使控制工作更主动

长期以来，人们把控制理解为目标值与实际值的比较，以及当实际值偏离目标值时分析产生差异的原因，确定下一步对策。这对于批量性生产的制造业而言，是一种有效的管理方法。但是对于建筑业而言，由于建筑产品具有单件性的特点，这种管理方法只能发现差异，不能消除差异，也不能预防差异的发生，而且差异一旦发生，损失往往很大，因此是一种被动的控制方法。而如果在设计阶段控制工程造价，可以先按一定的质量标准，提出新建建筑物每一部分或分项的计划支出费用的报表，即造价计划。然后当详细设计制定出来以后，对工程的每一部分或分项的估算造价，对照造价计划中所列的指标进行审核，预先发现差异，主动采取一些控制方法消除差异，使设计更经济。

4. 便于技术与经济相结合

由于体制和传统习惯原因，我国的工程设计工作往往是由建筑师等专业技术人员来完成的。他们在设计过程中往往更关注工程的使用功能，力求采用比较先进的技术方法实现项目所需功能，而对经济因素考虑较少。在设计阶段造价工程师应共同参与全过程设计，使设计从一开始就建立在健全的经济基础之上，在做出重要决定时就能充分认识其经济后果。另外投资限额一旦确定以后，设计只能在确定的限额内进行，有利于建筑师发挥个人创造力，选择一种最经济的方式实现技术目标，从而确保设计方案能较好地体现技术与经济的结合。

5. 在设计阶段控制工程造价效果最显著

工程造价控制贯穿于项目建设全过程，而设计阶段的工程造价控制是整个工程造价控制的龙头。图 5-2 反映了各阶段影响工程项目投资的一般规律。

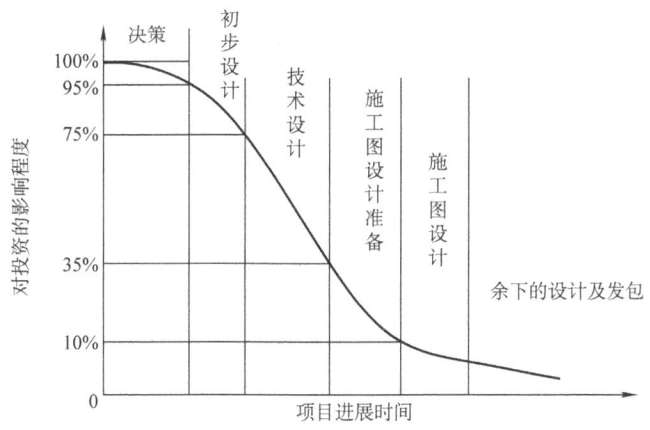

图 5-2　建设过程各阶段对投资的影响

从图中可以看出，初步设计阶段对投资的影响约为 20%，技术设计阶段对投资的影响约为 40%，施工图设计准备阶段对投资的影响约为 25%。很显然，控制工程造价的关键是在设计阶段。在设计一开始就将控制投资的目标贯穿于设计工作中，可保证选择恰当的设计标准和合理的功能水平。

5.1.3　工业建筑设计与工程造价

在工业建筑设计中，影响工程造价的主要因素有总平面图设计、工业建筑的平面和立面设计、建筑结构方案的设计、工艺技术方案选择、设备选型和设计等。

1. 总平面图设计

厂区总平面图设计是指总图运输设计和总平面布置。主要包括的内容有：厂址方案、占地面积和土地利用情况；总图运输、主要建筑物和构筑物及公用设施的布置；外部运输、水、电、气及其他外部协作条件等。

总平面图设计是否合理对于整个设计方案的经济合理性有重大影响。正确合理的总平面设计可以大大减少建筑工程量，节约建设用地，节省建设投资，降低工程造价和项目运行后的使用成本，加快建设进度，并可以为企业创造良好的生产组织、经营条件和生产环境；还可以为工业区创造完美的建筑艺术整体。总平面设计与工程造价的关系体现在以下几个方面：

（1）占地面积　占地面积的大小一方面影响征地费用的高低，另一方面也会影响管线布置成本及项目建成运营的运输成本。因此，在总平面设计中应尽可能节约用地。

（2）功能分区　工业建筑由许多功能区组成，如生产区、动力区、仓库区、办公区、生活设施区等。这些功能分区之间相互联系，相互制约。合理的功能分区既可以使建筑物的各项功能充分发挥，又可以使总平面布置紧凑、安全，避免大挖大填，减少土石方量和节约用地，降低工程造价。同时，合理的功能分区还可以使生产工艺流程顺畅，运输简便，降低项目建成后的运营成本。

（3）运输方式的选择　不同的运输方式其运输效率及成本不同。有轨运输运量大，安全性好，但需要一次性投入大量资金；无轨运输无需一次性大规模投资，但是运量小，运输安全性较差。从降低工程造价的角度来看，应尽可能选择无轨运输，可以减少占地，节约投资。但是运输方式的选择不能仅仅考虑工程造价，还应考虑项目运营的需要，如果运输量较大，则有轨运输往往比无轨运输成本低。

2. 工业建筑的平面和立面设计

新建工业厂房的平面和立面设计方案是否合理和经济，不仅与降低建筑工程造价和使用费有关，也直接影响到节约用地和建筑工业化水平的提高。要根据生产工艺流程合理布置建筑平面，控制厂房高度，充分利用建筑空间，选择合适的厂内起重运输方式，尽可能把生产设备露天或半露天布置。

（1）工业厂房层数的选择　选择工业厂房层数应考虑生产性质和生产工艺的要求。对于拥有重型生产设备和起重设备，生产时有较大振动及散发大量热和气的重型工业，厂房要求跨度大、层高大，因此采用单层厂房是比较经济合理的；而对于工艺过程紧凑，采用垂直工艺流程和利用重力运输方式，设备和产品重量不大，并要求恒温条件的各种轻型车间，可采用多层厂房。多层厂房的突出优点是占地面积小，减少基础工程量，缩短交通线路、工程管线和围墙等的长度，降低屋盖和基础单方造价，缩小传热面，节约热能，经济效果显著。

确定多层厂房的经济层数主要有两个因素：一是厂房展开面积的大小。展开面积越大，层数越可提高；二是厂房的宽度和长度。如宽度和长度越大，则经济层数越可提高，而造价则相应降低。比如，当厂房宽为30m，长为120m时，经济层数为 3～4 层；而厂房宽为 37.5m，长为 150m 时，则经济层数为 4～5 层；后者比前者造价降低 4%～6%。

（2）工业厂房层高的选择　在建筑面积不变的情况下，建筑层高的增加会引起各项费用的增高。如墙与隔墙及有关粉刷、装饰费用提高；供暖空间体积增大；起重运输费的增加；卫生设备的上下水管道长度增加；楼梯间造价和电梯设备费用的增加等，从而增加单位面积造价。

据分析，单层厂房层高每增加 1m，单位面积造价增加 1.8%～3.6%，年度采暖费增加约 3%；多层厂房的层高每增加 0.6m，单位面积造价提高 8.3% 左右。由此可见，随着层高的增加，单位建筑面积造价也在不断增加（见图 5-3）。

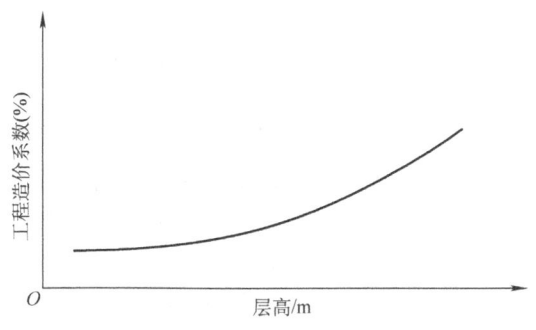

图 5-3　层高与每平方米造价关系

（3）合理确定柱网　柱网的布置是指确定柱子的行距（跨度）和间距（每行柱子中两个柱子间的距离）。工业厂房柱网布置是否合理，对工程造价和厂房面积的利用效率都有较大的影响。

柱网的选择与厂房中有无起重机、起重机的类型及吨位、屋顶的承重结构以及厂房的高度等因素有关。对于单跨厂房，当柱间距不变时，跨度越大则单位面积的造价越小。因为除屋架外，其他结构件分摊在单位面积上的平均造价随跨度的增大而减少；对于多跨厂房，当跨度不变时，中跨数量越多越经济。这是因为柱子和基础分摊在单位面积上的造价减少了。

（4）尽量减少厂房的体积和面积　对于工业建筑，在不影响生产能力的条件下，厂房、设备布置力求紧凑合理；要采用先进工艺和高效能的设备，节省厂房面积；要采用大跨度、大柱距的大厂房平面设计形式，提高平面利用系数；尽可能把大型设备设置于露天，以节省厂房的建筑面积。

3. 建筑材料与结构的选择

建筑材料与结构的选择对建筑工程造价有着直接的影响。这是因为材料费一般占直接费的 70% 左右，同时直接费用的降低也会导致间接费用的降低。采用各种先进的结构形式和轻质高强度的建筑材料，能减轻建筑物的自重，简化和减轻基础工程，减少建筑材料和构配件的费用及运输费，并能提高劳动生产率和缩短建设工期，经济效果十分明显。因此工业建筑结构正在向轻型、大跨、空间、薄壁的方向发展。

砖木混合结构通常是采用砖墙或砖柱，用木材作屋架。其优点是构造简单，施工容易，抗压强度好，造价较低；缺点是抗震、抗拉强度较差，耐火、耐酸、耐碱、抗腐等性能较差。它适用于跨度不大的冷加工车间、仓库等，在许多工业建筑中受到限制。

钢筋混凝土结构坚固耐久，强度、刚度较大，抗震、耐热、耐酸、耐碱、耐火性能好，便于预制装配和采用工业化方法施工，在大中型工业厂房中应用最为广泛。

钢结构强度大、质地均匀、抗震性能好，和钢筋混凝土结构相比较，其重量较轻。但它的造价相对较高，适用于大跨度以及振动大的厂房。

预应力钢筋混凝土结构能够充分利用混凝土抗压能力和钢筋抗拉能力，具有强度大、自重轻、抗裂性好等优点，在许多情况下可代替钢结构。

钢筋混凝土薄壳结构是一种新型结构。薄壳屋顶能形成宽阔空间，为合理布置生产设备提供了有利条件。同时由于它将承重结构和屋面防护结构结合起来，又充分利用了材料的性能，因而可以大大减轻结构自重，节约钢材和水泥。其缺点是施工技术比较复杂，耗用模板量大，应根据具体条件考虑采用。

4. 工艺技术方案的选择

工艺技术方案主要包括建设规模、标准和产品方案；工艺流程和主要设备的选型；主要原材料、燃料供应；"三废"治理及环保措施；此外还包括生产组织及生产过程中的劳动定员情况等。设计阶段应按照可行性研究阶段已经确定的建设项目的工艺流程进行工艺技术方案的设计，确定从原料到产品整个生产过程的具体工艺流程和生产技术。在具体项目工艺设计方案的选择时，应以提高投资的经济效益为前提，认真进行分析、比较，综合考虑各方面因素进行确定。

5. 设备的选型和设计

通过工艺设计确定生产工艺流程后，就要根据工厂生产规模和工艺流程的要求，选择设备的型号和数量，对一些标准设备和非标准设备进行设计。设备和工艺的选择是相互依存、紧密相连的。设备选择的重点因设计形式的不同而不同，应该选择能满足生产工艺和达到生产能力需要的最适用的设备和机械。

设备选型和设计应注意下列要求：

1）设备选型应该注意标准化、通用化和系列化。

2）采用高效率的先进设备要本着技术先进、稳妥可靠、经济合理的原则。先进设备必须经过试验验证，在产品定型或有工厂的技术鉴定后，证明是正确可靠、切实可行时，才能在工艺设计中采用。

3）设备的选择必须首先考虑国内可供的产品。如需进口国外设备，应力求避免成套进口和重复进口。

4）在设计和选择设备时，要结合企业建设地点的实际情况和动力、运输、资源等具体条件。

5.1.4 民用建筑设计与工程造价

在民用建筑设计中，影响工程造价的主要因素有小区规划设计、住宅建筑的平面布置、住宅单元组成、户型和住户面积、住宅层高与层数、住宅建筑结构方案选择等。

1. 小区建设规划的设计

在进行小区规划时，要根据小区基本功能和要求确定各构成部分的合理层次与关系，据此安排住宅建筑、公共建筑、管网、道路及绿地的布局，确定合理人口与建筑密度、房屋间距和建筑层数，布置公共设施项目、规模及其服务半径，以及水、电、热、燃气的供应等，并划分包括土地开发在内的上述各部分的投资比例。

小区用地面积指标，反映小区内居住房屋和非居住房屋、绿化园地、道路和工程管网等占地面积及比重，是考查建设用地利用率和经济性的重要指标。它直接影响小区内道路管线长度和公用设备的多少，而这些费用约占小区建设投资的1/5。因而，用地面积指标在很大程度上影响小区建设的总造价。

小区的居住建筑面积密度、居住建筑密度、居住面积密度和居住人口密度也直接影响小区的总造价。在保证小区居住功能的前提下，密度越高，越有利于降低小区的总造价。

2. 住宅建筑的平面布置

在同样建筑面积下，由于住宅建筑平面形状不同，其建筑周长系数 K（即每平方米建筑面积所占的外墙长度）也不相同。圆形、正方形、矩形、T形、L形等，其建筑周长系数依次增长，即外墙面积、墙身基础、墙身内外表面装修面积依次增大。但由于圆形建筑施工复杂，施工费用较矩形建筑增加20% ~30%，故其墙体工程量的减少不能使建筑工程造价降低。因此，一般来讲，正方形和矩形的住宅既有利于施工，又能降低工程造价，而在矩形住宅建筑中，又以长宽比为2:1最佳。

当房屋长度增加到一定程度时，就需要设置带有二层隔墙的变温伸缩；当长度超过90m时，就必须有贯通式过道。这些都要增加房屋的造价，所以一般小单元住宅设4个单元、大单元住宅设3个单元，房屋长度60~80m较为经济。在满足住宅的基本功能、保证居住质量的前提下，加大住宅的进深（宽度）对降低造价也有明显的效果。

3. 住宅单元的组成、户型和住户面积

住宅结构面积与建筑面积之比为结构面积系数，这个系数越小，设计方案越经济。因为结构面积减少，有效面积就相应增加，因而它是评比新型结构经济的重要指标，该指标除与房屋结构有关外，还与房屋外形及其长度和宽度有关，同时也与房间平均面积的大小和户型组成有关。房屋平均面积越大，内墙、隔墙在建筑面积中所占比重就越低。

4. 住宅的层高和净高

据有关资料分析，住宅层高每降低 10cm，可降低造价 1.2% ~ 1.5%。层高降低还可提高住宅区的建筑密度，节约征地费、拆迁费及市政设施费。一般来说，住宅层高不宜超过 2.8m，可控制在 2.5 ~ 2.8m。

5. 住宅的层数

民用住宅按层数划分为低层住宅（1~3层）、多层住宅（4~6层）、中高层住宅（7~9层）、高层住宅（10层以上）。在民用建筑中，多层住宅具有降低工程造价和使用费以及节约用地的优点。房间内部和外部的设施、供水管道、排水管道、煤气管道、电力照明和交通道路等费用，在一定范围内都随着住宅层数的增加而降低。表5-1对低、多层结构住宅造价进行了分析。

表 5-1 砖混结构低、多层住宅层数与造价的关系

住宅层数	一	二	三	四	五	六
单方造价系数（%）	138.05	116.95	108.38	103.51	101.68	100.00
边际造价系数（%）		-21.10	-8.57	-4.87	-1.83	-1.68

由上表可知，随着住宅层数的增加，单方造价系数在逐渐降低，即层数越多越经济。但是边际造价系数也在逐渐减少，说明随着层数的增加，单方造价系数下降幅度减缓，住宅超过7层，就要增加电梯费用，需要较多的交通面积（过道、走廊要加宽）和补充设备（供水设备和供电设备等）。特别是高层住宅，要经受较强的风荷载，需要提高结构强度，改变结构形式，使工程造价大幅度上升。因而，一般来讲，在中小城市以建筑多层住宅为经济合理，在大城市可沿主要街道建设一部分中高层和高层住宅，以合理利用空间，美化市容。

6. 住宅建筑结构类型的选择

对同一建筑物来说，不同的结构类型其造价是不同的。一般来说，砖混结构比框架结构的造价低，因为框架结构的钢筋混凝土现浇构件的比重较大，其钢材、水泥的材料消耗量大，因而建筑成本也高。由于各种建筑体系的结构形式各有利弊，在选用结构类型时应结合实际，因地制宜，就地取材，采用适合本地区本部门的经济合理的结构形式。

5.2 工程设计方案优选

工程设计方案的优选是设计阶段的重要步骤,是控制工程造价的有效方法。其目的是论证拟采用的设计方案在技术上是否先进可行、功能上是否满足需要、经济上是否合理、使用上是否安全可靠。

5.2.1 工程设计招投标

工程设计招投标是指招标单位就拟建工程的设计任务发布招标公告,以吸引众多设计单位参加竞争,经招标单位审查符合投标资格的设计单位按照招标文件的要求,在规定的时间内向招标单位填报投标文件,招标单位从中择优确定中标设计单位来完成工程设计任务的活动。设计招标的目的是鼓励竞争、促使设计单位改进管理,促使设计人员设计出采用先进技术、降低工程造价、缩短工期、提高经济效益的施工图。

5.2.2 工程设计方案竞选

设计方案竞选是指由组织竞选活动的单位通过报刊、信息网络或其他媒体发布方案竞选公告,吸引设计单位参加方案竞选;参加竞选的设计单位按照竞选文件和国家有关规定,作好方案设计和编制有关文件,经具有相应资质的注册建筑师签字,并加盖单位法定代表人或法定代表人委托的代理人的印鉴,在规定的时间内,密封送达组织竞选单位。组织竞选单位邀请有关专家组成评定小组,采用科学的方法,按照适用、经济、美观的原则,以及技术先进、结构合理、满足建筑节能、环境等要求,综合评定设计方案优劣,择优确定中选方案,最后签订设计合同等一系列活动。

5.2.3 用价值工程优化设计方案

1. 价值工程的概念

价值工程是一门科学的技术经济分析方法,是研究用最少的成本支出,实现必要的功能,从而达到提高产品价值的一门科学。价值工程中的"价值"是功能与成本的综合反映,其表达式为:

$$价值 = \frac{功能(效用)}{成本(费用)}$$

或:

$$V = \frac{F}{C}$$

一般来说,提高成品的价值,有以下五种途径:

1）提高功能，成本降低。这是最理想的途径。
2）保持功能不变，降低成本。
3）保持成本不变，提高功能水平。
4）成本稍有增加，但功能水平大幅度提高。
5）功能水平稍有下降，但成本大幅度下降。

必须指出，价值分析并不是单纯追求降低成本，也不是片面追求提高功能，而是力求处理好功能与成本的对立统一关系，提高他们之间的比值，研究产品功能和成本的最佳配置。

2. 价值工程工作程序

价值工程工作可以分为四个阶段：准备阶段、分析阶段、创新阶段、实施阶段；大致可以分为八项工作内容：价值工程对象选择、收集资料、功能分析、功能评价、提出改进方案、方案的评价与选择、试验证明、决定实施方案。

价值工程主要回答和解决下列问题：
1）价值工程的对象是什么。
2）它是干什么用的。
3）其成本是多少。
4）其价值是多少。
5）有无其他方案实现同样的功能。
6）新方案成本是多少。
7）新方案能否满足要求。

围绕以上七个问题，价值工程的一般工作程序见表 5-2。

表 5-2 价值工程的一般工作程序

阶 段	步 骤	说 明
准备阶段	1. 对象选择	应明确目标、限制条件及分析范围
	2. 组成价值工程领导小组	一般由项目负责人、专业技术人员、熟悉价值工程的人员组成
	3. 制订工作计划	包括具体执行人、执行日期、工作目标等
分析阶段	4. 收集整理信息资料	此项工作应贯穿于价值工程的全过程
	5. 功能系统分析	明确功能特性要求，并绘制功能系统图
	6. 功能评价	确定功能目标成本，确定功能改进区域
创新阶段	7. 方案创新	提出各种不同的实现功能的方案
	8. 方案评价	从技术、经济和社会等方面综合评价各方案达到预定目标的可行性
	9. 提案编写	将选出的方案及有关资料编写成册

（续）

阶　段	步　骤	说　明
实施阶段	10. 审批	由主管部门组织进行
	11. 实施与检查	制订实施计划、组织实施，并跟踪检查
	12. 成果鉴定	对实施后取得的技术经济效果进行鉴定

3. 在设计阶段实施价值工程的意义

工程设计决定建筑产品的目标成本，目标成本是否合理，直接影响产品的效益。在施工图确定以前，确定目标成本可以指导施工成本控制，降低建筑工程的实际成本，提高经济效益。建筑工程在设计阶段实施价值工程的意义有以下几个方面：

（1）可以使建筑产品的功能更合理　工程设计实质上就是对建筑产品的功能进行设计。而价值工程的核心就是功能分析。通过实施价值工程，可以使设计人员更准确地了解用户所需及建筑产品各项功能之间的比重，同时还可以将设计专家、建筑材料和设备制造专家、施工单位及其他专家的建议考虑到设计中，从而使设计更加合理。

（2）可以有效地控制工程造价　价值工程需要对研究对象的功能与成本之间的关系进行系统分析。设计人员参与价值工程，就可以避免在设计过程中只重视功能而忽视成本的倾向，在明确功能的前提下，发挥设计人员的创造精神，提出各种实现功能的方案，从中选取最合理的方案。这样既保证了用户所需功能的实现，又有效地控制了工程造价。

（3）可以节约社会资源　价值工程着眼于寿命周期成本，即研究对象在其寿命期内所发生的全部费用。对于建设工程而言，寿命周期成本包括工程造价和工程使用成本。价值工程的目的是以研究对象的最低寿命周期成本可靠地实现使用者所需功能。实施价值工程，既可以避免一味地降低工程造价而导致研究对象功能水平偏低的现象，也可以避免一味地降低使用成本而导致功能水平偏高的现象，使工程造价、使用成本及建筑产品功能合理匹配，节约社会资源消耗。

4. 价值工程在工程项目设计方案优选中的应用

同一个工程项目，可以有不同的设计方案，不同的设计方案会产生功能和成本上的差别，这时可以用价值工程的方法选择优秀设计方案。在设计阶段实施价值工程一般按以下几个步骤进行：

（1）功能分析　建筑功能是指建筑产品满足社会需要的各种性能的总和。不同的建筑产品有不同的使用功能，它们通过一系列建筑因素体现出来，反映建筑物的使用要求。例如，住宅建筑功能效果评价指标体系可参考表 5-3。

表5-3 住宅建筑功能效果评价指标

序号	指标类型	一级指标	二级指标	具体内容
1	建筑功能效果	适用性	平面指标	平均每套建筑面积
				平面系数 K（套内使用面积与建筑面积的比例）
				平均每套住宅面宽（户型单元平面宽度）
2			空间布置	平均每套卧室、起居室数
				平均每套良好朝向卧室、起居室面积
				平面空间布置合理程度
				家具布置适宜程度
				储藏设施利用合理程度
3			物理性能	采光、通风、保温、隔热、隔声等
4			配套设施	电视、网络通信、燃气热水、供电空调系统等
5			厨卫布置	厨房平面形状、固定设备、通风排烟、管道布置
				卫生间设备、采光、排气、管道布置
6		安全性	结构安全	满足设计规范和抗震要求、满足国家工程建设标准强制性条文规定
7			耐久性	结构耐久性，设备、设施防腐性能，设备耐久性
8			使用安全	防火安全、燃气、电气设施安全、日常安全及防范措施
9			环保	装修材料的安全环保性能、室内空气和供水有毒有害物质的危害性
10			私密性	隔声、隔视线
11		经济性	劳动消耗	每平方米建筑面积造价、平均每套造价
				工期
				日常运行耗能指标
12		艺术性	室内效果	室内空间比例、色调、观感
13			外观效果	体型、立面、色彩、比例、协调效果
14			环境效果	体型、比例、色彩与环境的协调性

（2）功能评价 功能评价主要是比较各项功能的重要程度，计算各项功能的功能评价系数，作为该功能的重要度权数。常用的功能评价方法有01法、04法和多比例评分法。以上三种方法都是将某个评价指标同其他评价指标逐个进行对比，根据功能重要程度，按对比分值和一定限值评分，然后计算该指标同其他指标两两比较时的评分之和，即得该评价指标功能评分的方法。下面简单介绍

04 法在功能评价中的应用。

04 法是将每个评价指标同其他评价指标逐个进行比较，根据指标重要程度，对功能很重要的指标得 4 分，比较重要的得 3 分，两个指标同等重要的得 2 分，不太重要的得 1 分，很不重要的得 0 分。04 法在功能评价中的应用见表 5-4。

表 5-4 04 法指标权重值的确定

指标	A	B	C	D	E	得分	指标权重
A	—	3	1	3	4	11	0.275
B	1	—	3	2	3	9	0.225
C	3	1	—	4	4	12	0.300
D	1	2	0	—	3	6	0.150
E	0	1	0	1	—	2	0.050
合计						40	1.000

(3) 计算成本系数 成本系数计算公式为：

$$成本系数 = \frac{某方案平方米造价}{所有评选方案平方米造价之和}$$

(4) 计算功能评价系数 功能评价系数计算公式为：

$$功能评价系数 = \frac{某方案功能满足程度总分}{所有参加评选方案功能满足程度总分之和}$$

(5) 最优设计方案评选 运用功能评价系数和成本系数计算价值系数，价值系数最大的方案为最优设计方案。

$$价值系数 = \frac{功能评价系数}{成本系数}$$

【例 5-1】 某房地产公司针对某公寓项目的开发征集到若干设计方案，经筛选后对其中较为出色的四个设计方案作进一步的技术经济评价。有关专家决定从适用、安全、美观和其他四个方面对不同方案的功能进行评价，并依次对该四个方案功能满足程度打分，其结果见表 5-5。此后，专家们对各功能的重要性达成以下共识：适用功能相对于安全、美观、其他功能都很重要，安全功能相对于美观、其他功能比较重要，美观功能相对于其他功能较重要。根据上述资料，试对这四个方案进行价值工程分析，并择优选择方案。

表5-5 方案功能得分表

方案功能	A	B	C	D
适用	9	10	9	8
安全	10	10	8	9
美观	9	9	10	9
其他	8	8	8	7

解：(1) 计算各功能权重系数。

根据背景资料所给出的条件，运用04法计算，各功能权重系数的结果见表5-6。

表5-6 住宅工程功能权重系数计算表

指标	适用	安全	美观	其他	得分	指标权重
适用	—	4	4	4	12	0.500
安全	0	—	3	3	6	0.250
美观	0	1	—	3	4	0.167
其他	0	1	1	—	2	0.083
合计					24	1.000

(2) 计算成本系数。

$$A 方案成本系数 = \frac{A 方案平方米造价}{所有方案平方米造价之和}$$

$$= \frac{625.00}{625.00 + 540.00 + 570.00 + 470.00} = 0.283$$

其余类推，计算结果见表5-7。

表5-7 住宅工程成本系数计算表

方案名称	主要特征	平方米造价/(元/m²)	成本系数
A	7层砖混结构，层高3m，240mm厚砖墙，钢筋混凝土灌注桩，外装饰较好，内装饰一般，卫生设施较齐全	625.00	0.283
B	6层砖混结构，层高2.9m，240mm厚砖墙，混凝土带形基础，外装饰一般，内装饰较好，卫生设施一般	540.00	0.245

(续)

方案名称	主要特征	平方米造价/(元/m²)	成本系数
C	7层砖混结构，层高2.8m，240mm厚砖墙，混凝土带形基础，外装饰较好，内装饰较好，卫生设施较齐全	570.00	0.259
D	5层砖混结构，层高2.8m，240mm厚砖墙，混凝土带形基础，外装饰一般，内装饰较好，卫生设施一般	470.00	0.213
小　计		2205.00	1.000

(3) 计算功能评价系数。A、B、C、D 四个方案功能评价系数计算过程见表 5-8。

表 5-8　住宅工程功能评价系数计算表

评价因素		方案名称	A	B	C	D
功能因素	权重系数 K					
适用	0.500	方案满足程度分值	9	10	9	8
安全	0.250		10	10	8	9
美观	0.167		9	9	10	9
其他	0.083		8	8	8	7
方案满足功能程度总分		$M_j = \sum KN_j$	9.167	9.667	8.834	8.334
功能评价系数		$M_j / \sum M_j$	0.255	0.269	0.245	0.232

注：1. N_j 表示 j 方案对应某功能的得分值。

2. M_j 表示 j 方案满足功能程度总分。

以 A 方案为例，介绍满足功能评价系数的步骤。

A 方案满足功能程度总分：

$M_A = 0.500 \times 9 + 0.250 \times 10 + 0.167 \times 9 + 0.083 \times 8 = 9.167$

A 方案功能评价系数 $= \dfrac{\text{A 方案功能满足程度总分}}{\text{所有参加评选方案功能满足程度总分之和}}$

$= \dfrac{9.167}{9.167 + 9.667 + 8.834 + 8.334} = 0.255$

(4) 最优设计方案评选。运用功能评价系数和成本系数计算价值系数，价值系数最大的方案为最优设计方案，见表 5-9。

表 5-9　住宅工程价值系数计算表

方案名称	功能评价系数	成本系数	价值系数	最优方案
A	0.255	0.283	0.901	
B	0.269	0.245	1.098	此方案最优
C	0.245	0.259	0.946	
D	0.232	0.213	1.089	

显然，B 方案价值系数最大，故 B 方案为最优方案。

5.2.4　设计方案的选择

设计方案选择的方法需要采用技术与经济的比较方法，按照工程项目经济效果，针对不同的设计方案，分析其技术经济指标，从中选择出经济效果最优的方法。

1. 计算费用法

建设工程全寿命是指从投资决策、勘察、设计、施工、建成后使用直至报废所经历的时间。全寿命费用应包括上述各阶段的合理支出。

计算费用法又叫最小费用法，它是以货币表示的计算费用来反映设计方案对物化劳动和活化劳动的消耗量的多少，从而评价设计方案优劣。它可以将一次性投资与经常性的经营成本统一为一种性质的费用。最小费用法的原理是在诸设计方案的功能相同的情况下，项目在整个寿命期内费用最低者为最优的方案。

对于寿命期相同的设计方案，可以采用净现值法、净年值法、差额内部收益率法等。寿命期不同的设计方案比选，可以采用费用年值法。其数学表达式为：

$$PC = \sum_{t=0}^{n} CO_t (P/F, i, t)$$

$$AC = PC(A/P, i, n) = \sum_{t=0}^{n} CO_t (P/F, i, t)(A/P, i, n)$$

式中　PC——费用现值；
　　　CO_t——第 t 年的现金流出量；
　　　AC——费用年值；
　　　i——基准折现率。

【例 5-2】　某企业为扩大生产规模，要在 3 个设计方案中进行选择。方案1：改建现有工厂，一次性投资 2545 万元，年经营成本为 760 万元；方案2：建新工厂，一次性投资 3140 万元，年经营成本为 670 万元；方案3：扩建现有工厂，一次性投资 4360 万元，年经营成本为 650 万元。3 个方案的寿命期相同，均为 10 年，所在行业的标准投资效果系数为 8%，试用计算费用法选择最优方案。其中，$(A/P, 8\%, 10) = 0.149$。

解：（1）方案 1：改建现有工厂。
$AC_1 = [2545(A/P, 8\%, 10) + 760]$ 万元 = 1139.21 万元
（2）方案 2：重建新工厂。
$AC_2 = [3140(A/P, 8\%, 10) + 670]$ 万元 = 1137.86 万元
（3）方案 3：扩建现有工厂。
$AC_3 = [4360(A/P, 8\%, 10) + 650]$ 万元 = 1299.64 万元
由于 $AC_2 < AC_1 < AC_3$，所以方案 2 为最优方案。

以上计算结果表明：建设期投资最少的方案不一定是最优方案。

2. 投资回收期法

设计方案的比较往往是比选各方案的功能水平及成本。功能水平先进的方案一般需要的投资较多，方案实施过程中的效益一般也比较好。用方案实施过程中的效益回收投资，即投资回收期反映初始投资补偿速度，衡量设计方案也是非常必要的。投资回收期越短的设计方案越好。

不同的设计方案的比选实际上是互斥方案的比选，首先要考虑方案的可比性问题。当相互比较的各设计方案能满足相同的需要时，就只需要比较它们的投资和经营成本的大小，用差额投资回收期比较。差额投资回收期是指在不考虑时间价值的情况下，用投资大的方案比投资小的方案所节约的投资成本，回收差额投资所需要的时间。其计算公式为：

$$\triangle P_t = \frac{K_2 - K_1}{C_1 - C_2}$$

式中　$\triangle P_t$——差额投资回收期；
　　　K_1——方案 1 的投资额；
　　　K_2——方案 2 的投资额，且 $K_2 > K_1$；
　　　C_1——方案 1 的经营成本；
　　　C_2——方案 2 的经营成本，且 $C_2 < C_1$。

当 $\triangle P_t \leq P_0$（基准投资回收期）时，投资大的方案优；反之，投资小的方案优。

3. 多指标评价法

通过对反映建筑产品功能和消费特点的若干技术经济指标的计算、分析、比较，评价设计方案的经济效果。多指标评价法又可分为多指标对比法和多目标优选法。

（1）多指标对比法　这是目前采用比较多的一种方法。它的基本特点是使

用一组适用的指标体系,将对比方案的指标值列出,然后一一进行对比分析,根据指标值的高低分析判断方案的优劣。

利用这种方法首先需要将指标体系中的各个指标,按其在评价中的重要性,分为主要指标和辅助指标。当主要指标不足以说明方案的技术经济效果优劣时,辅助指标就成为进一步进行技术经济分析的依据。但是要注意参选方案在功能、价格、时间、风险等方面的可比性。如果方案不完全符合对比条件,要加以调整,使其满足对比条件后再进行对比,并在综合分析时进行说明。

多指标对比法其优点是:指标全面,分析确切,可通过各种技术经济指标定性或定量地直接反映方案技术经济性能的主要方面;其缺点是:不便于对某一功能的评价,不便于综合定量分析,容易出现某一方案有些指标较优,另一些指标较差的情况。

(2) 多目标优选法 在对设计方案评价中需要使用费用指标,而有时因获取的费用指标不准确,而严重影响方案优选的正确性。这种情况下,可以采用多目标优选法,这种方法首先对需要进行分析评价的设计方案设定若干个评价指标,并按其重要程度确定各指标的权重,然后确定评分标准,并就各设计方案对各指标的满足程度打分,最后计算各方案的加权得分,以加权得分最高者为最优设计方案。这种方法是定性分析、定量打分相结合的方法。本方法的关键是评价指标的选取和指标的权重。其计算公式为:

$$S = \sum_{i=1}^{n} W_i S_i$$

式中　S——设计方案总得分;
　　　S_i——某方案在评价指标 i 上的得分;
　　　W_i——评价指标 i 的权重, $\sum W_i = 1$;
　　　n——评价指标的数量。

【例 5-3】 某建设方案有三个设计方案,根据该项目的特点拟对设计方案的设计技术应用、工程造价、建设工期、施工技术方案、三材用量进行比较分析,各指标的权重及三个方案的得分情况见表 5-10,试对三个设计方案进行评价。

表 5-10　各评价指标权重表

指标	设计技术应用	工程造价	建设工期	施工技术方案	三材用量
权重	0.3	0.25	0.1	0.2	0.15

解:根据各方案的具体情况,组织专家进行评价,结果见表 5-11。

表 5-11　各方案的专家打分

评分项目 方案	设计技术应用	工程造价	建设工期	施工技术方案	三材用量
方案 A	9	8	9	9	8
方案 B	8	9	7	8	7
方案 C	9	9	8	9	8

方案 A：$S_A = \sum_{i=1}^{3} W_i S_i = 9 \times 0.3 + 8 \times 0.25 + 9 \times 0.1 + 9 \times 0.2 + 8 \times 0.15 = 8.60$

方案 B：$S_B = \sum_{i=1}^{3} W_i S_i = 8 \times 0.3 + 9 \times 0.25 + 7 \times 0.1 + 8 \times 0.2 + 7 \times 0.15 = 8.00$

方案 C：$S_C = \sum_{i=1}^{3} W_i S_i = 9 \times 0.3 + 9 \times 0.25 + 8 \times 0.1 + 9 \times 0.2 + 8 \times 0.15 = 8.75$

显然，$S_B < S_A < S_C$，所以方案 C 得分最高，故方案 C 为最优方案。

5.2.5　限额设计

1. 限额设计的概念和目标

所谓限额设计就是按照批准的可行性研究报告及投资估算控制初步设计，按照批准的初步设计概算控制施工图设计，按照施工图预算对施工图设计的各个专业设计文件作出决策。限额设计并不是单纯的节约投资，盲目追求低造价，而是在保证建设项目满足其功能要求的前提下控制工程造价，节约投资。在整个设计过程中，设计人员与经济管理人员必须密切配合，在每个设计阶段都从功能和成本两个角度认真进行综合考虑、评价，使功能与造价互相平衡、协调，优化设计方案。

限额设计目标是在初步设计开始前，根据批准的可行性研究报告及其投资估算确定的。一旦限额设计目标确定后，设计项目经理或总设计师按总额度的 90% 下达任务，把具体的目标值分解到各专业内部。各专业限额指标用完或节约的单项费用，需经批准才能调整。确保限额目标的实现，必须进行设计方案的优化。优化设计是以系统工程理论为基础，应用现代数学方法对工程设计方案、设备选型、参数匹配、效益分析等方面进行最优化的设计。通过优化设计不仅可以选择最佳设计方案，提高设计质量，而且能有效控制工程造价。

2. 限额设计的全过程控制

限额设计是工程建设领域控制投资支出，有效利用建设资金的重要措施，在一定阶段一定程度上很好地解决了工程项目在建设过程中技术与经济相统一的关系。因此抓住设计这个关键阶段，也就是抓住了造价全过程控制中的重点。限额设计的全过程实际上是建设项目投资目标管理的过程，造价全过程控制体现在设计阶段的限额设计应层层展开，纵向到底，横向到边，即限额设计的纵向控制和横向控制。

（1）限额设计的纵向控制　纵向控制的内容包括投资分配、初步设计造价控制、施工图设计造价控制、设计变更控制。

1）投资分配。它是在建设项目可行性研究阶段，采用科学、合理的方法并考虑影响投资的各种因素来估算投资额，一旦可行性研究报告和投资估算额批准以后，就将投资先分解到各专业，然后再分配到各单项工程和单位工程，作为初步设计的造价控制目标。

2）初步设计造价控制。在初步设计开始时，将设计任务和投资限额分专业下达到设计人员，促使设计人员进行多方案比选，使设计人员严格按分配的投资限额进行设计，为此，初步设计阶段的限额设计，控制设计概算不超过投资估算，主要是对工程量、设备和材质的控制。如果发现投资超限额，应及时反映，并提出解决问题的办法。

3）施工图设计造价控制。施工图设计是以已批准的初步设计和初步设计概算为依据，在施工图设计过程中，严格按批准的初步设计和初步设计概算进行设计，重点应放在工程量控制上，控制的工程量是经审定的初步设计工程量，并作为施工图设计工程量的最高限额，不得突破，并注意把握两个标准：一个是质量标准，一个是造价标推。使两个标准协调一致，相互制约。如果发现单位工程施工图预算超设计概算，应及时找出原因，及时修改施工图设计，直到满足限额要求。

4）设计变更控制。由于外部条件的制约和人们主观认识的局限，在施工图设计阶段对初步设计进行局部的修改和变更，使设计更趋完善。但设计变更应尽量提前，施工图设计阶段的变更，只需修改设计图，这种变更损失不大；如果在采购阶段变更，不仅需要修改设计图，而且需要重新采购材料、设备；如果在施工阶段变更，除发生上述费用外，还需要拆除变更部分工程，会造成更大的损失。所以，应尽量把变更控制在设计阶段初期，对于设计变更较大的项目，采用先算账后变更的方法解决，使工程造价控制在限额范围内。

（2）限额设计的横向控制　横向控制的内容包括健全责任分配制度和健全奖罚制度。明确设计单位内部各专业科室对限额设计所负的责任。建立、健全设计院内部的院级、项目经理级、室主任级"三级"管理制度，使责任具体落实到个人，院级落实到主管院长、总工程师、总经济师等，项目经理级落实到正、副项目经理、项目总设计师等，室主任级落实到正、副主任、主任工程师等，使落实到个人的指标不突破限额。为使限额设计落实到实处，应建立、健全奖罚制度，对于设计单位和设计人员在保证工程功能水平和工程安全的前提下，采用新工艺、新材料、新设备、新技术优化设计方案，节约项目投资额，按节约投资额的大小，给予设计单位和设计人员奖励；对于设计单位的设计错误及由于设计原因造成的较大的设计变更，导致投资额超过了目标控制限额，按超支比例扣除相应比例的设计费用。

5.3 设计概算

5.3.1 设计概算的概念与作用

1. 设计概算的概念

设计概算是设计文件的重要组成部分，是在投资估算的控制下由设计单位根据初步设计图、概算定额（或概算指标）、各项费用定额或取费标准（指标）、建设地区自然、技术经济条件和设备、材料预算价格等资料，编制和确定的建设项目从筹建至竣工交付使用所需全部费用的文件。采用两阶段设计的建设项目，初步设计阶段必须编制设计概算；采用三阶段设计的，技术设计阶段必须编制修正概算。

设计概算的编制内容包括静态投资和动态投资两部分。其中，静态投资部分是以某一基准年、月建设要素的价格为依据所计算出的投资瞬时值（包含因工程量误差而引起的工程造价的增减），包括建筑安装工程费、设备和工器具购置费、工程建设其他费用、基本预备费。动态投资部分则包括建设期贷款利息、投资方向调节税、涨价预备费等。静态投资部分作为考核工程设计和施工图预算的依据，静、动态两部分投资之和则作为筹措和控制资金使用的限额。

2. 设计概算的作用

1）设计概算是编制建设项目投资计划、确定和控制建设项目投资的依据。国家规定，编制年度固定资产投资计划，确定计划投资总额及其构成数额，要以批准的初步设计概算为依据，没有批准的初步设计及其概算的建设工程不能列入年度固定资产投资计划。

经批准的建设项目设计总概算的投资额，是该工程建设投资的最高限额。在工程建设过程中，年度固定资产投资计划安排、银行拨款或贷款、施工图设计及其预算、竣工决算等，未经按规定的程序批准，都不能突破这一限额，以确保国家固定资产投资计划的严格执行和有效控制。

2）设计概算是控制施工图设计和施工图预算的依据。经批准的设计概算是建设项目投资的最高限额，设计单位必须按照批准的初步设计及其总概算进行施工图设计，施工图预算不得突破设计概算。如确需突破总概算时，应按规定程序报经审批。

3) 设计概算是衡量设计方案经济合理性和选择最佳设计方案的依据,根据设计概算可以用来对不同的设计方案进行技术与经济合理性的比较,以便选择最佳的设计方案。

4) 设计概算是工程造价管理及编制招标标底和投标报价的依据。设计总概算一经批准,就作为工程造价管理的最高限额,并据此对工程造价进行严格的控制。以设计概算进行招投标的工程,招标单位编制标底是以设计概算造价为依据的,并以此作为评标定标的依据。承包单位为了在投标竞争中取胜,也必须以设计概算为依据,编制出合适的投标报价。

5) 设计概算是考核建设项目投资效果的依据。通过设计概算与竣工决算对比,可以分析和考核投资效果的好坏,同时还可以验证设计概算的准确性,有利于加强设计概算的管理和建设项目的造价管理工作。

5.3.2 设计概算的内容

设计概算可分为单位工程概算、单项工程综合概算和建设项目总概算三级。各级概算间的相互关系如图 5-4 所示。

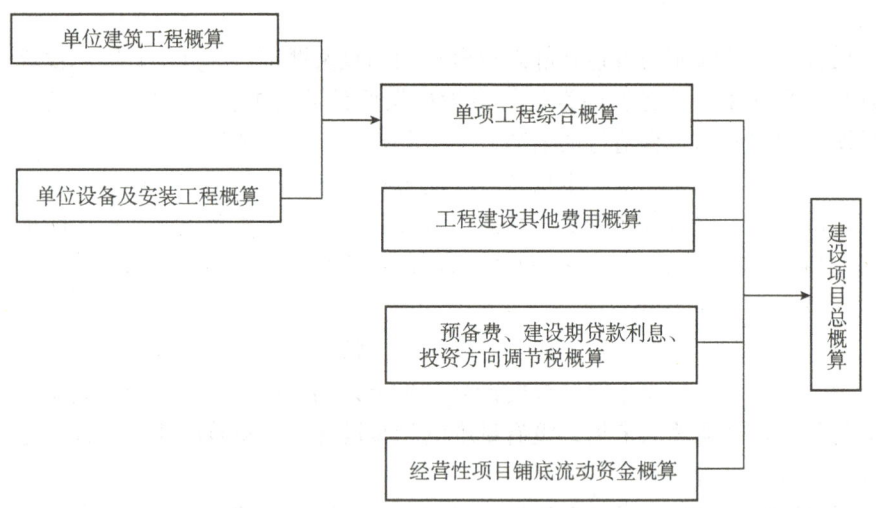

图 5-4 设计概算的三级概算关系图

1. 单位工程概算

单位工程概算是确定各单位工程建设费用的文件,是编制单项工程综合概算的依据,是单项工程综合概算的组成部分。单位工程概算按其工程性质分为建筑工程概算和设备及安装工程概算两大类。建筑工程概算包括土建工程概算,给排水、采暖工程概算,通风、空调工程概算,电气、照明工程概算,弱电工程概算,特殊构筑物工程概算等;设备及安装工程概算包括机械设备及安装工程概算，电气设备及安装工程概算，热力设备及安装工程概算，工具、器具及生产家具购置费概算等。

2. 单项工程综合概算

单项工程综合概算是确定一个单项工程所需建设费用的文件，它是由单项工程中的各单位工程概算汇总编制而成的，是建设项目总概算的组成部分。单项工程综合概算的组成内容如图5-5所示。

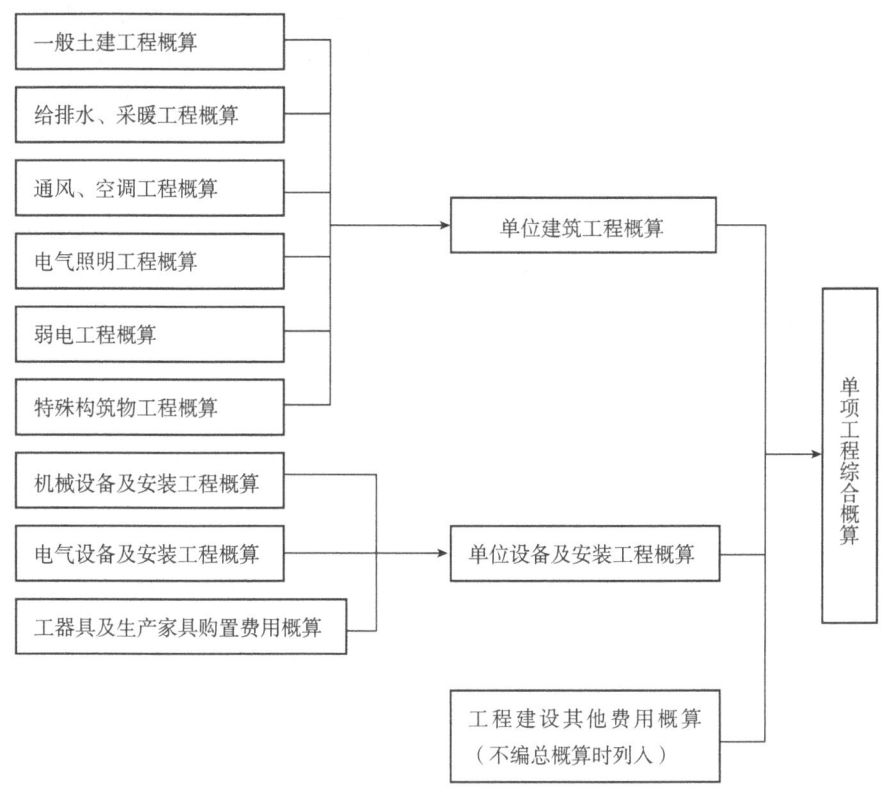

图5-5 单项工程综合概算的组成

3. 建设项目总概算

建设项目总概算是确定整个建设项目从筹建到竣工验收所需全部费用的文件，它是由各单项工程综合概算、工程建设其他费用概算、预备费、建设期贷款利息和固定资产投资方向调节税概算汇总编制而成的，如图5-6所示。

5.3.3 设计概算的编制

5.3.3.1 设计概算的编制原则

1）严格执行国家的建设方针和经济政策的原则。设计概算是一项重要的技术经济工作,要严格按照党和国家的方针、政策办事,坚决执行勤俭节约的方针,严格执行规定的设计标准。

2) 完整、准确地反映设计内容的原则。编制设计概算时,要认真了解设计意图,根据设计文件、设计图准确计算工程量,避免重算和漏算。设计修改后,要及时修正概算。

3) 坚持结合拟建工程的实际,反映工程所在地当时价格水平的原则。为提高设计概算的准确性,要实事求是地对工程所在地的建设条件,可能影响造价的各种因素进行认真的调查研究。在此基础上正确使用定额、指标、费率和价格等各项编制依据,按照现行工程造价的构成,根据有关部门发布的价格信息及价格调整指数,考虑建设期的价格变化因素,使概算尽可能地反映设计内容、施工条件和实际价格。

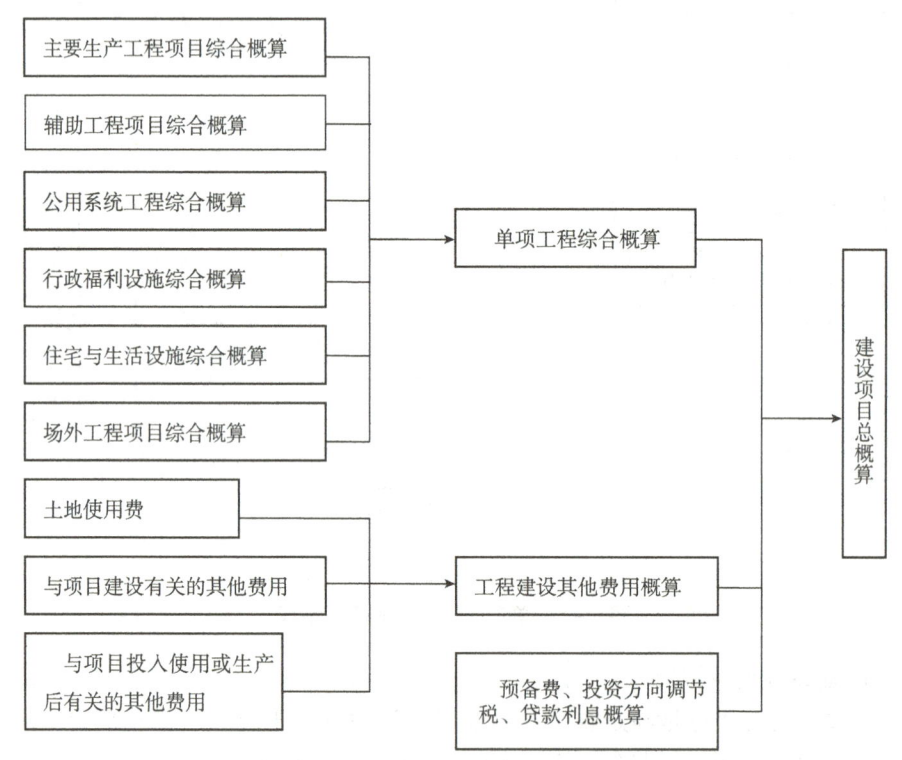

图 5-6 建设项目总概算的组成

5.3.3.2 设计概算的编制依据

1) 国家发布的有关法律、法规、规章、规程等。

2) 批准的可行性研究报告及投资估算、设计图等有关资料。

3) 有关部门颁布的现行概算定额、概算指标、费用定额等和建设项目设计概算编制办法。

4) 有关部门发布的人工、设备材料价格，造价指数等。

5) 建设地区的自然、技术、经济条件等资料。

6) 有关合同、协议等。

7) 其他有关资料。

5.3.3.3 设计概算的编制方法

1. 单位工程概算的编制方法

单位工程是单项工程的组成部分，是指具有单独设计可以独立组织施工，但不能独立发挥生产能力或使用效益的工程。单位工程概算是确定单位工程建设费用的文件，是单项工程综合概算的组成部分。它由直接费、间接费、利润和税金组成。

单位工程概算分建筑工程概算和设备及安装工程概算两大类。建筑工程概算的编制方法有：概算定额法、概算指标法、类似工程预算法等；设备及安装工程概算的编制方法有：预算单价法、扩大单价法、设备价值百分比法和综合吨位指标法等。

（1）概算定额法编建筑工程概算 概算定额法又叫扩大单价法或扩大结构定额法。它是采用概算定额编制建筑工程概算的方法，类似用预算定额编制建筑工程预算。其主要步骤是：

1) 计算工程量。

2) 套用概算定额。

3) 计算直接费。

4) 人工、材料、机械台班用量分析及汇总。

5) 计算间接费、利润和税金。

6) 汇总为概算工程造价。

概算定额法要求初步设计达到一定深度，建筑结构比较明确，能按照初步设计的平面、立面、剖面图计算出楼地面、墙身、门窗和屋面等扩大分项工程（或扩大结构构件）项目的工程量时，才可采用。

（2）概算指标法编建筑工程概算 当设计图较简单，无法根据其计算出详细的实物工程量时，可以选择恰当的概算指标来编制概算。其主要步骤如下：

1) 根据拟建工程的具体情况，选择恰当的概算指标。

2) 根据选定的概算指标计算拟建工程概算造价。

3) 根据选定的概算指标计算拟建工程主要材料用量。

概算指标法适用于当初步设计深度不够，不能准确地计算出工程量，但工程设计是采用技术比较成熟而又有类似工程概算指标可以利用的情况。

由于拟建工程往往与类似工程的概算指标的技术条件不尽相同，而且概算指标编制年份的设备、材料、人工等价格与拟建工程当时当地的价格也不会一样。因此，必须对其进行调整。当设计对象的结构特征与概算指标有局部差异时，其调整方法如下：

结构变化修正概算指标（元/m^2） = $J + Q_1 P_1 - Q_2 P_2$

式中　J——原概算指标；

　　　Q_1——换入新结构的含量；

　　　Q_2——换出旧结构的含量；

　　　P_1——换入新结构的单价；

　　　P_2——换出旧结构的单价。

或：

$$\begin{matrix}结构变化修正概算指\\标人工材料机械数量\end{matrix} = \begin{matrix}原概算指标的\\人工材料机械数量\end{matrix} + \begin{matrix}换入结构\\构件工程量\end{matrix} \times \begin{matrix}相应定额人工\\材料机械消耗量\end{matrix}$$

$$- \begin{matrix}换出结构\\构件工程量\end{matrix} \times \begin{matrix}相应定额\\人工材料机械消耗量\end{matrix}$$

以上两种方法，前者是直接修正结构构件指标单价，后者是修正结构构件指标人工、材料、机械数量。

人工、材料、机械费用的调整：

$$\begin{matrix}工人、材料\\机械修正概算费用\end{matrix} = 原概算指标设备、人工、机械费 +$$

$$\sum（换入人工、材料、机械数量 \times$$
拟建地区相应单价） $-$

$$\sum（换出人工、材料、机械数量 \times$$
原概算指标的设备、人工、材料、机械单价）

【例5-4】 某市新建一栋普通办公楼为砖混结构3500m^2。按概算指标和地区材料价格等算出单位造价一般土建工程为640.00元/m^2（其中直接工程费为468.00元/m^2），采暖工程为32.00元/m^2，给排水工程为36.00元/m^2，照明工程为30.00元/m^2。按照当地工程造价管理部门规定，土建工程措施费费率为8%，间接费费率为15%，利润率为7%，税率为3.4%。

新建办公楼的设计资料与概算指标相比，其结构构件有部分变更，设计资料表明外墙为一砖半外墙，而概算指标中外墙为一砖外墙。根据当地土建工程预算定额，外墙带型钢筋混凝土基础的预算单价为405.30元/m^3，一砖外墙的预算单价为243.50元/m^3，一砖半外墙的预算单价为242.10元/m^3；概算指标中每100m^2建筑面积中含外墙带型钢筋混凝土基础为18m^3，一砖外墙为46.5m^3，新建工程设计资料表明，每100m^2中含外墙带型钢筋混凝土基础为19.6m^3，一砖半外墙为61.2m^3。求调整后的概算单价和新建办公楼的概算造价。

解：对土建工程中结构构件的变更和单价调整见表 5-12。

表 5-12 土建工程概算指标调整表

序号	结构名称		单位	数量 （每 100 m²）	单价/元	合价/元
	土建工程单位直接工程费造价					468.00
1	换出部分	外墙带型钢筋混凝土基础	m³	18.00	405.30	7295.40
2		一砖外墙	m³	46.50	243.50	11322.75
	换出部分合计		元			18618.15
3	换入部分	外墙带型钢筋混凝土基础	m³	19.60	405.30	7943.88
4		一砖半外墙	m³	61.20	242.10	14816.52
	换入部分合计		元			22760.40
	结构变化修正指标		（468.00 - 18618.15 ÷ 100 + 22760.4 ÷ 100）元/m² = 509.42 元/m²			

以上计算结果为直接工程费单价，需取费后得到修正后的土建单位工程造价，即：

509.42 元/m² × (1 + 8%) × (1 + 15%) × (1 + 7%) × (1 + 3.4%) = 700 元/m²

其余工程单位造价不变，因此，经调整后的概算单价为：

(700 + 32.00 + 36.00 + 30.00) 元/m² = 798 元/m²

新建办公楼概算造价为：798 元/m² × 3500 m² = 2793000 元

（3）类似工程预算法编建筑工程概算 如果找不到合适的概算指标，也没有概算定额时，可以考虑采用类似的工程预算来编制设计概算。其主要编制步骤如下：

1) 根据设计对象的各种特征参数，选择最合适的类似工程预算。

2) 根据本地区现行的各种价格和费用标准计算类似工程预算的人工费修正系数、材料费修正系数、机械费修正系数、措施费修正系数、间接费修正系数等。

3) 根据类似工程预算修正系数和五项费用占预算成本的比重，计算预算成本总修正系数，并计算出修正后的类似工程平方米预算成本。

4) 根据类似工程修正后的平方米预算成本和编制概算地区的利税率计算修正后的类似工程平方米造价。

5) 根据拟建工程的建筑面积和修正后的类似工程平方米造价，计算拟建工程概算造价。

用类似工程预算编制概算时应选择与所编概算结构类型、建筑面积基本相同的工程预算为编制依据,并且设计图纸应能满足计算工程量的要求,只需个别项目要按设计图纸调整,由于所选工程预算提供的各项数据较齐全、准确,概算编制的速度就较快。

用类似工程预算编制概算时的计算公式为:

$$D = AK$$

$$K = a\% K_1 + b\% K_2 + c\% K_3 + d\% K_4 + e\% K_5$$

拟建工程概算造价 $= DS$

式中 D——拟建工程单方概算造价;

A——类似工程单方预算造价;

K——综合调整系数;

S——拟建工程建筑面积;

$a\%$、$b\%$、$c\%$、$d\%$、$e\%$——类似工程预算的人工费、材料费、机械台班费、措施费、间接费占预算造价的比重。如 $a\% = \dfrac{\text{类似工程人工费(或工资标准)}}{\text{类似工程预算造价}} \times 100\%$;$b\%$、$c\%$、$d\%$、$e\%$ 类同。

K_1、K_2、K_3、K_4、K_5——拟建工程地区与类似工程预算造价在人工费、材料费、机械台班费、措施费和间接费之间的差异系数。如

$$K_1 = \dfrac{\text{拟建工程概算的人工费(或工资标准)}}{\text{类似工程预算人工费(或地区工资标准)}}$$

;K_2、K_3、K_4、K_5 类同。

【例 5 – 5】 某市 2007 年初拟建一住宅楼,其建筑面积为 6500 m²。编制土建工程概算时采用 2002 年建成的 6000 m² 某类似住宅工程预算造价资料,见表 5 – 13。由于拟建住宅楼与已建成的类似住宅对比在结构上有所调整,拟建住宅比类似住宅工程增加直接工程费 25 元/m²。拟建新住宅工程所在地区的利润率为 7%,综合税率为 3.413%。试求:

(1) 类似住宅工程成本造价和平方米成本造价是多少?

(2) 用类似工程预算法编制拟建新住宅工程的概算造价和平方米造价是多少?

表 5 – 13 2002 年某类似住宅工程预算造价资料

序号	名称	单位	数量	2002 年单价/元	2007 年第一季度单价/元
1	人工	工日	38000	28	40
2	钢筋	t	245	2600	3200
3	型钢	t	147	2800	3500

（续）

序号	名称	单位	数量	2002年单价/元	2007年第一季度单价/元
4	木材	m³	220	630	680
5	水泥	t	1221	360	340
6	砂子	m³	2863	36	32
7	石子	m³	2778	65	68
8	红砖	千块	950	180	260
9	木门窗	m²	1171	130	180
10	其他材料		18万元		调增系数10%
11	机械台班费		28万元		调增系数7%
12	措施费占直接工程费比率			15%	17%
13	间接费率			16%	17%

解：（1）求类似住宅工程成本造价和平方米成本造价。

类似住宅工程人工费 =（38000×28）元 = 1064000元

类似住宅工程材料费 =（245×2600 + 147×2800 + 220×630 + 1221×360 + 2863×36 + 2778×65 + 950×180 + 1171×130 + 180000）元 = 2413628元

类似住宅工程机械台班费 = 280000元

类似住宅直接工程费 = 人工费 + 材料费 + 机械台班费 =（1064000 + 2413628 + 280000）元 = 3757628元

措施费 = 3757628元 × 15% = 563644元，则：

直接费 =（3757628 + 563644）元 = 4321272元

间接费 = 4321272元 × 16% = 691404元

类似住宅工程的成本造价 = 直接费 + 间接费 =（4321272 + 691404）元
　　　　　　　　　　　　　　= 5012676元

类似住宅工程平方米成本造价 = $\dfrac{5012676 \text{元}}{6000 \text{m}^2}$ = 835.45元/m²

（2）求拟建新住宅工程的概算造价和平方米造价。

首先求出类似住宅工程人工费、材料费、机械台班费占其预算成本造价的百分比。然后，求出拟建新住宅工程的人工费、材料费、机械台班费、措施费、间接费与类似住宅工程之间的差异系数。进而求出综合调整系数（K）和拟建新住宅的概算造价。

1）求类似住宅工程各费用占其造价的百分比：

人工费占造价百分比 = $\frac{1064000}{5012676}$ = 21.23%

材料费占造价百分比 = $\frac{2413628}{5012676}$ = 48.15%

机械台班费占造价百分比 = $\frac{280000}{5012676}$ = 5.59%

措施费占造价百分比 = $\frac{563644}{5012676}$ = 11.24%

间接费占造价百分比 = $\frac{691404}{5012676}$ = 13.79%

2）求拟建新住宅与类似住宅工程在各项费用上的差异系数：

人工费差异系数（K_1） = $\frac{40}{28}$ = 1.43

材料费差异系数（K_2） = （245×3200 + 147×3500 + 220×680 + 1221×340 + 2863×32 + 2778×68 + 950×260 + 1171×180 + 180000×1.1）÷2413628 = 1.16

机械台班差异系数（K_3） = 1.07

措施费差异系数（K_4） = $\frac{17\%}{15\%}$ = 1.13

间接费差异系数（K_5） = $\frac{17\%}{16\%}$ = 1.06

3）求综合调价系数（K）：

K = 21.23%×1.43 + 48.15%×1.16 + 5.59%×1.07 + 11.24%×1.13 + 13.79%×1.06 = 1.20

4）拟建新住宅平方米造价 = [835.45×1.20 + 25×(1+17%)×(1+17%)]元/m² × (1+7%) × (1+3.413%) = (1002.54 + 34.22)元/m² × (1+7%) × (1+3.413%) = 1147.20 元/m²

5）拟建新住宅总造价 = 1147.20 元/m² × 6500m² = 7456800 元 = 745.68 万元

（4）设备购置费概算的编制　设备购置费是根据初步设计的设备清单计算出设备原价，并汇总求出设备总原价，然后按有关规定的设备运杂费率乘以设备总原价，两项相加即为设备购置费概算，其公式为：

设备购置费概算 = ∑（设备清单中的设备数量×设备原价）×（1+运杂费率）

或：　设备购置费概算 = ∑（设备清单中的设备数量×设备预算价格）

国产标准设备原价可根据设备型号、规格、性能、材质、数量及附带的配件，向制造厂家询价或向设备、材料信息部门查询或按主管部规定的现行价格逐项计算。非主要标准设备和工器具、生产家具的原价可按主要标准设备原价的百分比计算，百分比指标按主管部门或地区有关规定执行。

（5）设备安装工程费概算的编制　设备安装工程费概算的编制方法是根据初步设计深度和要求明确的程度来确定的，其主要编制方法有以下几种。

1）预算单价法。当初步设计较深，有详细的设备清单时，可直接按安装工程预算定额单价编制安装工程概算，概算编制程序基本同安装工程施工图预算。该法具有计算比较具体、精确性较高之优点。

2）扩大单价法。当初步设计深度不够，设备清单不完备，只有主体设备或仅有成套设备重量时，可采用主体设备、成套设备的综合扩大安装单价来编制概算。

上述两种方法的具体操作与建筑工程概算相类似。

3）设备价值百分比法，又称安装设备百分比法。当初步设计深度不够，只有设备出厂价而无详细规格、重量时，安装费可按占设备费的百分比计算。其百分比值（即安装费率）由主管部门制定或由设计单位根据已完类似工程确定。该法常用于价格波动不大的定型产品和通用设备产品。其公式为：

$$设备安装费 = 设备原价 \times 安装费率（\%）$$

4）综合吨位指标法。当初步设计提供的设备清单有规格和设备重量时，可采用综合吨位指标编制概算，其综合吨位指标由主管部门或由设计院根据已完类似工程资料确定。该法常用于设备价格波动较大的非标准设备和引进设备的安装工程概算。其公式为：

$$设备安装费 = 设备重量 \times 每吨设备安装费指标（元/t）$$

2. 单项工程综合概算的编制方法

单项工程综合概算是确定单项工程建设费用的综合性文件，它是由该单项工程各专业的单位工程概算汇总而成的，是建设项目总概算的组成部分。

单项工程综合概算文件一般包括编制说明（不编制总概算时列入）和综合概算表两大部分。当建设项目只有一个单项工程时，此时综合概算文件（实为总概算）除包括上述两大部分外，还应包括工程建设其他费用、建设期贷款利息、预备费和固定资产投资方向调节税的概算。

（1）编制说明　应列在综合概算表的前面，其内容为：

1）编制依据。包括国家和有关部门的规定、设计文件、现行概算定额或概算指标、设备材料的预算价格和费用指标的等。

2）编制方法。说明设计概算是采用概算定额法，还是采用概算指标法。

3）主要设备、材料（钢材、木材、水泥）的数量。

4）其他需要说明的有关问题。

（2）综合概算表　综合概算表是根据单项工程所辖范围内的各单位工程概算等基础资料，按照国家规定统一表格进行编制。对于工业建筑而言，其综合概算包括建筑工程和设备及安装工程两大部分组成；对于民用建筑工程而言，其综合概算就是建筑工程一项。单项工程综合概算表的格式可参考表 5-14。表 5-14 是某地区铝厂电解车间单项工程概算表,该综合概算是根据工程所在地现行概算定额和价格编制的。

(3) 综合概算的费用组成　一般应包括建筑工程费、安装工程费、设备购置及工器具和生产家具购置费。当不编制总概算时,还应包括工程建设其他费、建设期贷款利息、预备费和固定资产方向调节税等费用项目。

表 5-14　单项工程概算表

序号	工程或费用名称	概算价值/元					技术经济指标		
		建筑工程费	安装工程费	设备及工器具购置费	工程建设其他费用	合计	单位	数量	单位价值/(元/m²)
①	②	③	④	⑤	⑥	⑦	⑧	⑨	⑩
1	建筑工程	4857914				4857914	m²	3600	1349.4
1.1	一般土建	3187475				3187475			
1.2	电解槽基础	203800				203800			
1.3	氧化铝	120000				120000			
1.4	工业炉窑	1268700				1286700			
1.5	工艺管道	25646				25646			
1.6	照明	34293				34293			
2	设备及安装工程		3843972	3188173		7032145	m²	3600	1953.4
2.1	机械设备及安装		2005995	3153609		5159604			
2.2	电解系列母线安装		1778550			1778550			
2.3	电力设备及安装		57337	30574		87911			
2.4	自控系统设备及安装		2090	3990		6080			
3	工器具和生产家具购置			47304		47304	m²	3600	13.1
4	合计	4857914	3843972	3235477		11937363			3315.9
5	占综合概算造价比例	40.7%	32.2%	27.1%		100%			

3. 建设项目总概算的编制方法

建设项目总概算是设计文件的重要组成部分，是确定整个建设项目从筹建到竣工交付使用所预计花费的全部费用的文件。它是由各单项工程综合概算、工程建设其他费、建设期贷款利息、预备费、固定资产投资方向调节税和经营性项目的铺底资金概算所组成，按照主管部门规定的统一表格进行编制而成的。

设计总概算文件一般应包括：封面及目录、编制说明、总概算表、工程建设其他费概算表、单项工程综合概算表、单位工程概算表、工程量计算表、分年度投资汇总表、分年度资金流量汇总表、主要材料汇总表与工日数量表等。现将有关主要情况说明如下：

（1）封面、签署页及目录　封面、签署页格式如图 5-7 所示。

（2）编制说明　编制说明应包括下列内容：

1）工程概况。简述建设项目性质、特点、生产规模、建设周期、建设地点等主要情况。引进项目要说明引进内容以及与国内配套工程等主要情况。

2）资金来源及投资方式。

3）编制依据及编制原则。

4）编制方法。说明设计概算是采用概算定额法，还是采用概算指标法等。

5）投资分析。主要分析各项投资的比重、各专业投资的比重等经济指标。

6）其他需要说明的问题。

```
                     建设项目设计概算文件

    建设单位：_____

    建设项目名称：_____

    设计单位（或工程造价咨询单位）：_____

    编制单位：_____

    编制人（资格证号）：_____

    审核人（资格证号）：_____

    项目负责人：_____

    总工程师：_____

    单位负责人：_____        年     月     日
```

图 5-7　封面、签署页格式

(3) 总概算表　总概算表应反映静态投资和动态投资两个部分。静态投资是按设计概算编制期价格、费率、利率、汇率等确定的投资；动态投资是考虑概算编制时期到竣工验收前因价格变化等多种因素后确定的所需投资。

(4) 工程建设其他费用概算表　工程建设其他费用概算按国家、地区或部委所规定的项目和标准确定，并按统一表格式编制。

(5) 单项工程综合概算表和建筑安装单位工程概算表。

(6) 工程量计算表和工、料数量汇总表。

(7) 分年度投资汇总表和分年度资金流量汇总表　示例详见表5-15和表5-16。

表5-15　分年度投资汇总表

序号	主项号	工程项目或费用名称	总投资/万元		分年度投资/万元										备注
			总计	其中外币	第一年		第二年		第三年		第四年		…		
					总计	其中外币	总计	其中外币	总计	其中外币	总计	其中外币	总计	其中外币	

编制：　　　　　　　核对：　　　　　　　审核：

表5-16　分年度资金流量汇总表

序号	主项号	工程项目或费用名称	资金总供应量/万元		分年度资金供应流量/万元										备注
			总计	其中外币	第一年		第二年		第三年		第四年		…		
					总计	其中外币	总计	其中外币	总计	其中外币	总计	其中外币	总计	其中外币	

编制：　　　　　　　核对：　　　　　　　审核：

【例5-6】　设计总概算编制实例

表5-17是某工业建设项目总概算，该概算是按2002年3月工程所在地的现行概算定额和设备、材料市场价编制的。

第5章 建设项目设计阶段工程造价控制

表5-17 某工业建设项目总概算

序号	主项号	工程项目或费用名称	建设规模 (t/年)	概算价值/万元 静态部分 建筑工程费用	设备购置费 需安装设备	不需安装设备	安装工程费	其他	合计	其中外币(币种)	动态部分 合计	其中外币(币种)	静、动态合计	技术经济指标 静态指标/(元/t)	动态指标/(元/t)	占总投资(%) 静态部分	动态部分
1		工程费用															
	1.1	主要生产工程	10000	764.08	1286.00	59.30	64.30		2173.68				2173.68				
	1.2	辅助生产工程		242.13	854.00	27.00	42.70		1165.83				1165.83				
	1.3	公共设施工程		122.65	86.00	56.00	4.30		268.95				268.95				
		小计		1128.86	2226.00	142.30	111.30		3608.46				3608.46				
2		工程其他费用															
	2.1	土地征用费						75.20	75.20				75.20				
	2.2	勘察设计费						113.00	113.00				113.00				
	2.3	其他						66.00	66.00				66.00				
		小计						254.20	254.20				254.20				
3		预备费															
	3.1	基本预备费						308.00	308.00				308.00				
	3.2	涨价预备费									354.60		354.60				
		小计						308.00	308.00		354.60		662.60				
4		投资方向调节税									324.00		324.00				
5		建设期贷款利息									678.60		678.60				
		固定资产投资合计	10000	1128.86	2226.00	142.30	111.30	562.20	4170.66		678.60		4849.26	4170.66	678.60	86	14
6		铺底流动资金											500.00				
		建设项目概算总投资											5349.26				

5.3.4 设计概算的审查

1. 审查设计概算的意义

1）有利于合理分配投资资金、加强投资计划管理，有助于合理确定和有效控制工程造价。设计概算编制偏高或偏低，不仅影响工程造价的控制，也会影响投资计划的真实性，影响投资资金的合理分配。

2）有利于促进概算编制单位严格执行国家有关概算的编制规定和费用标准，从而提高概算的编制质量。

3）有利于促进设计的技术先进性与经济合理性。概算中的技术经济指标，是概算的综合反映，与同类工程对比，便可看出它的先进与合理程度。

4）有利于核定建设项目的投资规模，可以使建设项目总投资力求做到准确、完整，防止任意扩大投资规模或出现漏项，从而减少投资缺口，缩小概算与预算之间的差距，避免故意压低概算投资，最后导致实际造价大幅度突破概算。

5）经审查的概算，有利于为建设项目投资的落实提供可靠的依据。打足投资，不留缺口，有助于提高建设项目的投资效益。

2. 设计概算的审查内容

（1）审查设计概算的编制依据 具体如下：

1）依据的合法性。采用的各种编制依据必须经过国家和授权机关的批准，符合国家的编制规定，未经批准的不能采用。不能强调情况特殊，擅自提高概算定额、指标或费用标准。

2）依据的时效性。各种依据，如定额、指标、价格、取费标准等，都应根据国家有关部门的现行规定进行，注意有无调整和新的规定，如果有，应按新的调整办法和规定执行。

3）依据的适用范围。各种编制依据都有规定的适用范围，如各主管部门规定的各种专业定额及其取费标准，只适用于该部门的专业工程；各地区规定的各种定额及其取费标准，只适用于该地区范围内，特别是地区的材料预算价格区域性更强，如某市有该市区的材料预算价格，又编制了郊区内一个矿区的材料预算价格，在编制该矿区某工程概算时，应采用该矿区的材料预算价格。

（2）审查概算编制深度 具体如下：

1）审查编制说明。审查编制说明可以检查概算的编制方法、深度和编制依据等重大原则问题，若编制说明有差错，具体概算必有差错。

2）审查概算编制深度。一般大中型项目的设计概算，应有完整的编制说明和"三级概算"（即总概算表、单项工程综合概算表、单位工程概算表），并按有关规定的深度进行编制。审查其编制深度是否到位，有无随意简化的情况。

3) 审查概算的编制范围。审查概算编制范围及具体内容是否与主管部门批准的建设项目范围及具体工程内容一致；审查分期建设项目的建筑范围及具体工程内容有无重复交叉，是否重复计算或漏算；审查其他费用应列的项目是否符合规定，静态投资、动态投资和经营性项目铺底流动资金是否分别列出等。

(3) 审查工程概算的内容 具体如下：

1) 审查概算的编制是否符合党的方针、政策，是否根据工程所在地的自然条件编制。

2) 审查建设规模（投资规模、生产能力等）、建设标准（用地指标、建筑标准等）、配套工程、设计定员等是否符合原批准的可行性研究报告或立项批文的标准。对总概算投资超过批准投资估算10%以上的，应查明原因，重新上报审批。

3) 审查编制方法、计价依据和程序是否符合现行规定，包括定额或指标的适用范围和调整方法是否正确。进行定额或指标的补充时，要求补充定额的项目划分、内容组成、编制原则等要与现行的定额精神相一致等。

4) 审查工程量是否正确。工程量的计算是否根据初步设计图、概算定额、工程量计算规则和施工组织设计的要求进行，有无多算、重算和漏算，尤其对工程量大，造价高的项目要重点审查。

5) 审查材料用量和价格。审查主要材料（钢材、木材、水泥、砖）的用量数据是否正确，材料预算价格是否符合工程所在地的价格水平，材料价差调整是否符合现行规定及其计算是否正确等。

6) 审查设备规格、数量和配置是否符合设计要求，是否与设备清单相一致，设备预算价格是否真实，设备原价和运杂费的计算是否正确，非标准设备原价的计价方法是否符合规定，进口设备的各项费用的组成及计算程序、方法是否符合国家主管部门的规定。

7) 审查建筑安装工程的各项费用的计取是否符合国家或地方有关部门的现行规定，计算程序和取费标准是否正确。

8) 审查综合概算、总概算的编制内容、方法是否符合现行规定和设计文件的要求，有无设计文件外项目，有无将非生产性项目以生产性项目列入。

9) 审查总概算文件的组成内容，是否完整地包括了建设项目从筹建到竣工投产为止的全部费用组成。

10) 审查工程建设其他各项费用。这部分费用内容多、弹性大，约占项目总投资的25%以上，要按国家和地区规定逐项审查，不属于总概算范围的费用项目不能列入概算，具体费率或计取标准是否按国家、行业有关部门规定计算，有无随意列项，有无多列、交叉计列和漏项等。

11）审查项目的"三废"治理。拟建项目必须同时安排"三废"（废水、废气、废渣）的治理方案和投资，对于未作安排、漏项或多算、重算的项目，要按国家有关规定核实投资，以满足"三废"排放达到国家标准。

12）审查技术经济指标。技术经济指标计算方法和程序是否正确，综合指标和单项指标与同类型工程指标相比，是偏高还是偏低，其原因是什么并予纠正。

13）审查投资经济效果。设计概算是初步设计经济效果的反映，要按照生产规模、工艺流程、产品品种和质量，从企业的投资效益和投产后的运营效益全面分析，是否达到了先进可靠、经济合理的要求。

3. 审查设计概算的方法

采用适当方法审查设计概算是确保审查质量、提高审查效率的关键。常用方法有以下几种。

（1）对比分析法　对比分析法主要是通过建设规模、标准与立项批文对比；工程数量与设计图纸对比；综合范围、内容与编制方法、规定对比；各项取费与规定标准对比；材料、人工单价与统一信息对比；引进设备、技术投资与报价要求对比；技术经济指标与同类工程对比等；通过以上对比，容易发现设计概算存在的主要问题和偏差。

（2）查询核实法　查询核实法是对一些关键设备和设施、重要装置、引进工程图不全、难以核算的较大投资进行多方查询核对、逐项落实的方法。主要设备的市场价向设备供应部门或招标公司查询核实；重要生产装置、设施向同类企业（工程）查询了解；引进设备价格及有关费税向进出口公司调查落实；复杂的建筑安装工程向同类工程的建设、承包、施工单位征求意见；深度不够或不清楚的问题应直接向原概算编制人员、设计者询问清楚。

（3）联合会审法　联合会审前，可先采取多种形式分头审查，包括设计单位自审，主管、建设、承包单位初审，工程造价咨询公司评审，邀请同行专家预审，审批部门复审等，经层层审查把关后，由有关单位和专家进行联合会审。在会审大会上，由设计单位介绍概算编制情况及有关问题，各有关单位、专家汇报初审、预审意见。然后进行认真分析、讨论，结合对各专业技术方案的审查意见所产生的投资增减，逐一核实原概算出现的问题。经过充分协商，认真听取设计单位意见后，实事求是地处理和调整。

通过以上复审后，对审查中发现的问题和偏差，按照单项、单位工程的顺序，先按设备费、安装费、建筑费和工程建设其他费用分类整理，然后按照静态投资、动态投资和铺底流动资金三大类，汇总核增或核减的项目及其投资额。最后将具体审核数据，按照"原编概算"、"审核结果"、"增减投资"、"增减幅度"四栏列表，并按照原总概算表汇总顺序，将增减项目逐一列出，相应调整所属项目投资合计,再依次汇总审核后的总投资及增减投资额。对于差错较多、问题较大或不能满足要求的,按会审意见修改返工后,重新报批;对于无重大原则问题,深度基本满足要求,投资增减不多的,当场核定概算投资额,并提交审批部门复核后,正式下达审批概算。

5.4 施工图预算

5.4.1 施工图预算的概念与作用

1. 施工图预算的概念

施工图预算是施工图设计预算的简称,又叫设计预算。它是由设计单位在施工图设计完成后,根据施工图、现行预算定额、费用定额以及地区设备、材料、人工、施工机械台班等预算价格编制和确定的建筑安装工程造价的文件。

2. 施工图预算的作用

施工图预算的主要作用有:

1)是设计阶段控制工程造价的重要环节,是控制施工图设计不突破设计概算的重要措施。

2)是编制或调整固定资产投资计划的依据。

3)对于实行施工招标的工程,施工图预算是编制标底的依据,也是承包企业投标报价的基础。

4)对于不宜实行招标而采用施工图预算加调整价结算的工程,施工图预算可作为确定合同价款的基础或作为审查施工企业提出的施工图预算的依据。

5.4.2 施工图预算的内容

施工图预算有单位工程预算、单项工程预算和建设项目总预算。根据施工图设计文件、现行预算定额、费用定额以及人工、材料、设备、机械台班等预算价格资料,以一定的方法编制单位工程的施工图预算;汇总所有各单位工程施工图预算,即成为单项工程施工图预算;再汇总各所有单项工程施工图预算,便是一个建设项目的总预算。

单位工程预算包括建筑工程预算和设备安装工程预算。建筑工程预算按其工程性质分为一般土建工程预算、卫生工程预算(包括室内外给排水工程、采暖通风工程、煤气工程等)、电气照明工程预算、弱电工程预算、特殊构筑物(如炉窑、烟囱、水塔等)工程预算和工业管道工程预算等。设备安装工程预算可分为机械设备安装工程预算、电气设备安装工程预算和热力设备安装工程预算等。

5.4.3 施工图预算的编制

5.4.3.1 施工图预算编制依据

(1) 施工图及说明书和标准图集　经审定的施工图、说明书和标准图集，完整地反映了工程的具体内容，各部的具体做法，结构尺寸、技术特征以及施工方法，是编制施工图预算的重要依据。

(2) 现行预算定额及单位估价表　国家和地区都颁发有现行建筑、安装工程预算定额及单位估价表和相应的工程量计算规则，是编制施工图预算确定分项工程子目、计算工程量、选用单位估价表、计算直接工程费的主要依据。

(3) 施工组织设计或施工方案　因为施工组织设计或施工方案包括了编制施工图预算必不可少的有关资料，如建设地点的土质、地质情况，土石方开挖的施工方法及余土外运的方式与运距，施工机械的使用情况，结构件预制加工方法及运距，重要的梁板柱的施工方案、重要或特殊机械设备的安装方案等。

(4) 材料、人工、机械台班预算价格及调价规定　材料、人工、机械台班预算价格是预算定额的三要素，是构成直接工程费的主要因素。尤其是材料费在工程成本中占的比重大，而且在市场经济条件下，材料、人工、机械台班的价格是随市场而变化的。为使预算造价尽可能接近实际，各地区主管部门对此都有明确的调价规定。因此，合理确定材料、人工、机械台班预算价格及其调价规定是编制施工图预算的重要依据。

(5) 建筑安装工程费用定额　建筑安装工程费用定额是各省、市、自治区和各专业部门规定的费用标准及计算程序。

(6) 预算员工作手册及有关工具书　预算员工作手册和工具书包括了计算各种结构件面积和体积的公式，钢材、木材等各种材料规格型号及用量数据，各种单位换算比例，特殊断面、结构件的工程量速算方法、金属材料重量表等。显然，以上这些公式、资料、数据是施工图预算中常常要用到的，所以它们是编制施工图预算必不可少的依据。

5.4.3.2 施工图预算的编制方法

1. 单价法编制施工图预算

单价法是用事先编制好的分项工程的单位估价表来编制施工图预算的方法。按施工图计算的各分项工程的工程量，并乘以相应的单价，汇总相加后，得到单位工程的人工费、材料费、机械使用费之和；再加上按规定程序计算出来的措施费、间接费、利润和税金，便可得出单位工程的施工图预算造价。

单价法编制施工图预算的计算公式为：

$$单位工程预算直接工程费 = \sum (工程量 \times 预算定额单价)$$

单价法编制施工图预算的步骤如图 5-8 所示。

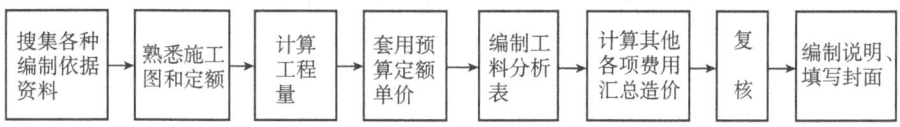

图 5-8 单价法编制施工图预算步骤

2. 实物法编制施工图预算

1）实物法是首先根据施工图分别计算出分项工程量，然后套用相应预算人工、材料、机械台班的定额用量，再分别乘以工程所在地当时的人工、材料、机械台班的实际单价，求出单位工程的人工费、材料费和施工机械使用费，并汇总求和，进而求得直接工程费，最后按规定计取其他各项费用，最后汇总就可得出单位工程施工图预算造价。

实物法编制施工图预算，其中直接工程费的计算公式为：

单位工程直接工程费 = ∑（工程量×人工预算定额用量×当时当地人工费单价）+
　　　　　　　　　　∑（工程量×材料预算定额用量×当时当地材料费单价）+
　　　　　　　　　　∑（工程量×机械预算定额用量×当时当地机械费单价）

2）实物法编制施工图预算的步骤如图 5-9 所示。

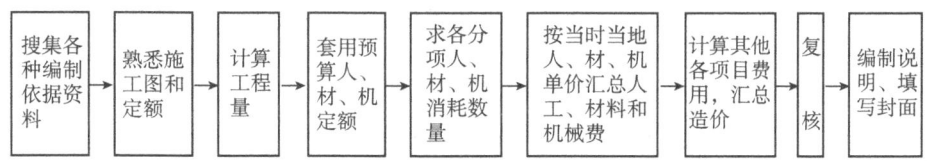

图 5-9 实物法编制施工图预算步骤

由图 5-9 可见，实物法与单价法首尾部分的步骤是相同的，所不同的主要是中间的三个步骤：

1）工程量计算后，套用相应的预算人工、材料、机械台班定额用量。原建设部 1995 年颁发的《全国统一建筑工程基础定额》（土建部分），现行全国统一安装定额、专业统一和地区统一的计价定额的实物消耗量，是完全符合国家技术规范、质量标准的，并反映一定时期施工工艺水平的分项工程计价所需的人工、材料、施工机械消耗量的标准。这个消耗量标准，在建材产品、标准、设计、施工技术、工艺水平及其相关规范等没有大的突破性变化之前，是相对稳定不变的，因此，它是合理确定和有效控制造价的依据。这个定额消耗量标准，由工程造价主管部门按照定额管理分工进行统一制定，并根据技术发展适时地补充、修改。

2）求出各分项工程人工、材料、机械台班消耗数量，并汇总单位工程所需

各类人工工日、材料和机械台班的消耗量。各分项工程人工、材料、机械台班消耗数量由分项工程的工程量分别乘以预算人工定额用量、材料定额用量和机械台班定额用量而得出的，然后汇总便可得出单位工程各类人工、材料和机械台班的消耗量。

3）用当时当地的各类人工、材料和机械台班的实际单价分别乘以相应的人工、材料和机械台班的消耗量，并汇总便得出单位工程的人工费、材料费和机械使用费。

在市场经济条件下，人工、材料和机械台班单价是随市场而变化的，而且它们是影响工程造价最活跃、最主要的因素。用实物法编制施工图预算，采用的是工程所在地的当时人工、材料、机械台班的价格，可较好地反映实际价格水平，工程造价的准确性高；虽然计算过程较单价法繁琐，但使用计算机进行计算也就不会影响编制造价的速度了。因此，实物法是与市场经济体制相适应的预算编制方法。

5.4.4 施工图预算的审查

5.4.4.1 审查施工图预算的意义

施工图预算编完之后，需要认真进行审查。加强施工图预算的审查，对于提高预算的准确性，正确贯彻党和国家的有关方针政策，降低工程造价具有重要的现实意义。

1）有利于控制工程造价，克服和防止预算超概算。

2）有利于加强固定资产投资管理，节约建设资金。

3）有利于施工承包合同价的合理确定和控制。因为，施工图预算，对于招标工程，它是编制标底的依据；对于不宜招标的工程，它是合同价款结算的基础。

4）有利于积累和分析各项技术经济指标，不断提高设计水平。通过审查工程预算，核实了预算价值，为积累和分析技术经济指标，提供了准确数据，进而通过有关指标的比较，找出设计中的薄弱环节，及时改进，不断提高设计水平。

5.4.4.2 审查施工图预算的内容

审查施工图预算的重点，应该放在工程量计算、预算单价套用、设备材料预算价格取定是否正确，各项费用标准是否符合现行规定等方面。

1. 审查工程量

（1）土方工程 具体如下：

1）平整场地、挖地槽、挖地坑、挖土方工程量的计算是否符合现行定额计算规定和施工图标注尺寸，土壤类别是否与勘察资料一致，地槽与地坑放坡、挡土板是否符合设计要求,有无重算和漏算。

2)回填土工程量应注意地槽、地坑回填土的体积是否扣除了基础所占体积,地面和室内填土的厚度是否符合设计要求。

3)运土方的审查除了注意运土距离外,还要注意运土数量是否扣除了就地回填的土方。

(2)打桩工程 具体如下:

1)注意审查各种不同桩料,必须分别计算,施工方法必须符合设计要求。

2)桩料长度必须符合设计要求,桩料长度如果超过一般桩料长度需要接桩时,注意审查接头数是否正确。

(3)砖石工程 具体如下:

1)墙基和墙身的划分是否符合规定。

2)按规定不同厚度的内、外墙是否分别进行计算,应扣除的门窗洞口及埋入墙体各种钢筋混凝土梁、柱等是否已扣除。

3)不同砂浆标号的墙和定额规定按立方米或按平方米计算的墙,有无混淆、错算或漏算。

(4)混凝土及钢筋混凝土工程 具体如下:

1)现浇与预制构件是否分别计算,有无混淆。

2)现浇柱与梁、主梁与次梁及各种构件计算是否符合规定,有无重算或漏算。

3)有筋与无筋构件是否按设计规定分别计算,有无混淆。

4)钢筋混凝土的含钢量与预算定额的含钢量发生差异时,是否按规定予以调整。

(5)木结构工程 具体如下:

1)门窗是否分别不同种类,按门、窗洞口面积计算。

2)木装修的工程量是否按规定分别以延长米或平方米计算。

(6)楼地面工程 具体如下:

1)楼梯抹面是否按踏步和休息平台部分的水平投影面积计算。

2)细石混凝土地面找平层的设计厚度与定额厚度不同时,是否按其厚度进行换算。

(7)屋面工程 具体如下:

1)卷材屋面工程是否与屋面找平层工程量相等。

2)屋面保温层的工程量是否按屋面层的建筑面积乘以保温层平均厚度计算,不做保温层的挑檐部分是否按规定不作计算。

(8)构筑物工程 当烟囱和水塔定额是以"座"编制时,地下部分已包括在定额内,按规定不能再另行计算。审查是否符合要求,有无重算。

（9）装饰工程　内墙抹灰的工程量是否按墙面的净高和净宽计算，有无重算或漏算。

（10）金属构件制作工程　金属构件制作工程量多数以"吨"为单位。在计算时，型钢按图示尺寸求出长度，再乘以每米的重量；钢板要求算出面积再乘以每平方米的重量。审查是否符合规定。

（11）水暖工程　具体如下：

1）室内外排水管道、暖气管道的划分是否符合规定。

2）各种管道的长度、口径是否按设计规定计算。

3）室内给水管道不应扣除阀门、接头零件所占的长度，但应扣除卫生设备（浴盆、卫生盆、冲洗水箱、淋浴器等）本身所附带的管道长度。审查是否符合要求，有无重算。

4）室内排水工程采用承插铸铁管，不应扣除异形管及检查口所占长度。审查是否符合要求，有无漏算。

5）室外排水管道是否已扣除了检查井所占的长度。

6）暖气片的数量是否与设计一致。

（12）电气照明工程　具体如下：

1）灯具的种类、型号、数量是否与设计图一致。

2）线路的敷设方法、线材品种等，是否达到设计标准，工程量计算是否正确。

（13）设备及其安装工程　具体如下：

1）设备的种类、规格、数量是否与设计相符，工程量计算是否正确。

2）需要安装的设备和不需要安装的设备是否分清，有无把不需安装的设备作为安装的设备计算安装工程费用。

2. 审查设备、材料的预算价格

设备、材料预算价格是占施工图预算造价比重最大，同时变化也最大的内容，要重点审查。

1）审查设备、材料的预算价格是否符合工程所在地的真实价格及价格水平。若是采用市场价，要核实其真实性、可靠性；若是采用有关部门公布的信息价，要注意信息价的时间、地点是否符合要求，是否要按规定调整。

2）设备、材料的原价确定方法是否正确。非标准设备原价的计价依据、方法是否正确、合理。

3）设备的运杂费率及其运杂费的计算是否正确，材料预算价格的各项费用的计算是否符合规定、是否正确。

3. 审查预算单价的套用

审查预算单价套用是否正确，是审查预算工作的主要内容之一。审查时应注

意以下几个方面:

1) 预算中所列各分项工程预算单价是否与现行预算定额的预算单价相符,其名称、规格、计量单位和所包括的工程内容是否与单位估价表一致。

2) 审查换算的单价,首先要审查换算的分项工程是否是定额中允许换算的,其次审查换算是否正确。

3) 审查补充定额和单位估价表的编制是否符合编制原则,单位估价表的计算是否正确。

4. 审查有关费用项目及其计取

审查措施费和间接费的计取是否按有关规定执行。有关费用项目计取的审查,要注意以下几个方面:

1) 措施费及间接费的计取基础是否符合现行规定,有无不能作为计费基础的费用,列入计费的基础。

2) 预算外调增的材料差价是否计取了间接费。直接费或人工费增减后,有关费用是否相应作了调整。

3) 有无巧立名目,乱计费、乱摊费用现象。

5.4.4.3 审查施工图预算的方法

审查施工图预算的方法较多,主要有全面审查法、标准预算审查法、分组计算审查法、筛选审查法、重点抽查法、对比审查法、利用手册审查法和分解对比审查法八种。

1. 全面审查法

全面审查又叫逐项审查法,就是按预算定额顺序或施工的先后顺序,逐一地全部进行审查的方法。其具体计算方法和审查过程与编制施工图预算基本相同。此方法的优点是全面、细致,经审查的工程预算差错比较少,质量比较高,缺点是工作量大。对于一些工程量比较小、工艺比较简单的工程,编制工程预算的技术力量又比较薄弱,可采用全面审查法。

2. 标准预算审查法

标准预算审查法是指对于利用标准图或通用图施工的工程,先集中力量编制标准预算,以此为标准审查预算的方法。按标准图设计或通用图施工的工程一般上部结构和做法相同,可集中力量细审一份预算或编制一份预算,作为这种标准图的标准预算,或用这种标准图的工程量为标准,对照审查,而对局部不同的部分作单独审查即可。这种方法的优点是时间短、效果好、好定案,缺点是只适合按标准图设计的工程,适用范围小。

3. 分组计算审查法

分组计算审查法是一种加快审查工程量速度的方法,把预算中的项目划分为若干组,并把相邻且有一定内在联系的项目编为一组,审查或计算同一组中某个分项工程量，利用工程量间具有相同或相似计算基础的关系，判断同组中其他几个分项工程量计算的准确程度的方法。

一般土建工程的审查可以分为以下几个组：

1）地槽挖土、基础砌体、基础垫层、槽坑回填土、运土。

2）底层建筑面积、地面面层、地面垫层、楼面面层、楼面找平层、楼板体积、天棚抹灰、天棚刷浆、屋面层。

3）内、外墙抹灰，墙面刷浆，外墙上的门窗和圈过梁，外墙砌体。

在第1）组中，先将挖地槽土方、基础砌体体积（室外地坪以下部分）、基础垫层计算出来，而槽坑回填土、外运的体积按下式确定：

回填土量 = 挖土量 − 余土外运量（基础砌体 + 垫层体积）

余土外运量 = 基础砌体体积 + 垫层体积

在第2）组中，先把底层建筑面积、楼（地）面面积计算出来。而楼面找平层、顶棚抹灰、刷白的工程量与楼（地）面面积相同；垫层工程量等于地面面积乘以垫层厚度；底层建筑面积加挑檐面积，乘以坡度系数（平屋面不乘以此系数），就是屋面工程量；底层建筑面积乘以坡度系数（平屋面不乘以此系数）再乘以保温层的平均厚度为保温层工程量。

在第3）组中，首先将各种厚度的内外墙上的门窗面积和过梁体积分别列表填写然后再计算工程量。门窗及墙体构件统计表格式见表5−18和表5−19。

表5−18 门窗统计表

门窗编号	门窗洞口尺寸(m)(长×宽)/m	每个面积/m²	个数	合计面积/m²	1层				2层以上每层			
					外墙		内墙		外墙		内墙	
					一砖	一砖半	半砖	一砖	一砖半	半砖	一砖	一砖半

注：如果2层以上的门窗数不同时，应把不同层次单独计算

表5−19 墙体构件统计表

构件名称或代号	构件尺寸(长×宽×高)	每根构件体积/m³	根数	合计面积/m²	1层				2层以上每层			
					外墙		内墙		外墙		内墙	
					一砖	一砖半	半砖	一砖	一砖半	半砖	一砖	一砖半

注：如果2层以上有不同时，应把不同层次单独计算，圈梁也要在此表反映。

在第3）组中，先求出内墙面积，再减门窗面积，再乘以墙厚减圈过梁体积等于墙体积（如果室内外高差部分与墙体材料不同时，应从墙体中扣除，另行

计算)。外墙内面抹灰可用墙体乘以定额系数计算,或用外抹灰乘以系数 0.9 来估算。

4. 对比审查法

对比审查法是用已建成工程的预算或虽未建成但已审查修正的工程预算对比审查拟建的类似工程预算的一种方法。对比审查法一般有以下几种情况,应根据工程的不同条件,区别对待。

1) 两个工程采用同一个施工图,但基础部分和现场条件不同。其新建工程基础以上部分可采用对比审查法;不同部分可分别采用相应的审查方法进行审查。

2) 两个工程设计相同,但建筑面积不同。根据两个工程建筑面积之比与两个工程分部分项工程量之比基本一致的特点,可审查新建工程各分部分项工程的工程量。或者用两个工程每平方米建筑面积造价以及每平方米建筑面积的各分部分项工程量进行对比审查,如果基本相同时,说明新建工程预算是正确的;反之,说明新建工程预算存在问题,应找出差错原因,加以更正。

3) 两个工程的面积相同,但设计图不完全相同时,可把相同的部分,如厂房中的柱子、房架、屋面、砖墙等,进行工程量的对比审查,不能对比的分部分项工程按图计算。

5. 筛选审查法

筛选法是统筹法的一种,也是一种对比方法。建筑工程虽然有建筑面积和高度的不同,但是它们的各个分部分项工程的工程量、造价、用工量在每个单位面积上的数值变化不大,对把这些数据加以汇集、优选、归纳系列为工程量、造价(价值)、用工三个单方基本值表,同时并注明其适用的建筑标准。这些基本值犹如"筛子孔",用来筛选各分部分项工程,筛去的就不审查了,剩下的就意味着此分部分项的单位建筑面积数值不在基本值范围之内,应对该分部分项工程详细审查。当所审查的预算的建筑面积标准与"基本值"所适用的标准不同时,就要对其进行调整。

筛选法的优点是简单易懂,便于掌握,审查和发现问题的速度快。但要解决差错、分析其原因需继续审查。因此,此法适用于住宅工程或不具备全面审查条件的工程。

6. 重点抽查法

此法是抓住工程预算中的重点进行审查的方法。审查的重点一般是:工程量大或造价较高、工程结构复杂的工程,补充单位估价表,计取各项费用(计费基础、取费标准等)。

重点抽查法的优点是重点突出,审查时间短、效果好。

7. 利用手册审查法

此法是把工程中常用的构件、配件事先整理成预算手册，按手册对照审查的方法。如工程常用的预制构配件：洗涤池、大便台、检查井、化粪池、碗柜等，把这些配件按标准图集计算出工程量，套用单价后，编制成预算手册使用，可大大简化预、结算的编审工作。

8. 分解对比审查法

把一个单位工程按直接费与间接费进行分解，然后再把直接费按工种和分部工程进行分解，分别与审定的标准预算进行对比分析的方法叫分解对比审查法。

分解对比审查法一般有三个步骤：

第一步，全面审查某种建筑的定型标准施工图或复用施工图的工程预算，经审定后作为审查其他类似工程预算的对比基础。将审定预算按直接费与应取费用分解成两部分，再把直接费分解为各工种工程和分部工程预算，分别计算出它们的单平方米预算价格。

第二步，把拟审的工程预算与同类型预算单方造价进行对比，若出入在 1%～3%以内（根据本地区要求），再按分部分项工程进行分解，边分解边对比，对出入较大者进行进一步的审查。

第三步，对比审查。其方法如下：

1）经分析对比，如发现应取费用相差较大，应考虑建设项目的投资来源和工程类别及取费项目和取费标准是否符合现行规定；材料调价相差较大，则应进一步审查材料调价统计表，将各种调价材料的用量、单位差价及其调增数量等进行对比。

2）经过分解对比，如发现土建工程预算价格出入较大，首先审查其土方和基础工程，因为±0.000 以下的工程往往工程量相差较大；再对比其余各个分部工程，发现某一分部工程预算价格相差较大时，再进一步对比各分项工程或工程细目。对比时，先检查所列工程细目是否正确，预算价格是否一致。发现相差较大者，再进一步审查所套用的预算单价，最后审查该项工程细目的工程量。

5.4.4.4 审查施工图预算的步骤

1. 做好审查前的准备工作

（1）熟悉施工图　施工图是编审预算分项工程量的重要依据，必须全面熟悉了解，核对全部图纸，清点无误后，依次识读。

（2）了解预算包括的范围　根据预算编制说明，了解预算包括的工程内容，例如配套设施、室外管线、道路以及图纸会审后的设计变更等。

（3）弄清预算采用的单位估价表　任何单位估价表或预算定额都有一定的适用范围，应根据工程性质，搜集、熟悉相应的单价和定额资料。

2. 选择合适的审查方法，按相应内容审查

由于工程规模、繁简程度不同，施工方法和施工企业情况不一样，所编工程预算的质量也不同，因此，需选择适当的审查方法进行审查。综合整理审查资料，并与编制单位交换意见，定案后编制调整预算。审查后，需要进行增加或减少的，经与编制单位协商，统一意见后，进行相应的修正。

思 考 题

1. 设计阶段工程造价控制的重要意义有哪些？
2. 在工业建筑设计中，影响工程造价的主要因素有哪些？
3. 在民用建筑设计中，影响工程造价的主要因素有哪些？
4. 什么是价值工程？利用价值工程优化设计方案的步骤有哪些？
5. 什么是限额设计？其作用有哪些？
6. 单位工程概算编制方法有哪些？
7. 简述施工图预算的概念与作用。
8. 审查施工图预算中混凝土及钢筋混凝土工程时，重点应审查哪些内容？
9. 审查施工图预算的方法有哪些？

第 6 章
建设工程招投标阶段
工程造价控制

6.1 概述

6.1.1 建设工程招投标的概念

1. 建设工程招标与投标

（1）工程招标 招标投标是在市场经济条件下进行工程建设、货物买卖、中介服务等经济活动的一种竞争方式和交易方式，其特征是引入竞争机制以求达成交易协议或订立合同。它是指招标人对工程建设、货物买卖、中介服务等交易业务，事先公布采购条件和要求，吸引愿意承接任务的众多投标人参加竞争，招标人按照规定的程序和办法择优选定中标人的活动。

按照我国有关规定，工程是指各类房屋和土木工程建造、设备安装、管线敷设、装饰装修等建设以及附带的服务。货物是指各种各样的物品，包括原材料、产品、设备和固态、液态或气态物体和电力，以及货物供应的附带服务。服务是指除工程、货物以外的任何采购对象，如勘察、设计、咨询、监理等。

整个招标投标过程包含着招标、投标和定标（决标）三个主要阶段。招标是招标人事先公布有关工程、货物和服务等交易业务的采购条件和要求，以吸引他人参加竞争承接。这是招标人为签订合同而进行的准备，在性质上属要约邀请（要约引诱）。投标是投标人获悉招标人提出的条件和要求后，以订立合同为目的向招标人作出愿意参加有关任务的承接竞争，在性质上属要约。定标是招标人完全接受众多投标人中提出最优条件的投标人，在性质上属承诺。承诺即意味着合同成立，定标是招标投标活动中的核心环节。招标投标的过程是当事人就合同条款提出要约邀请、要约、新要约、再新要约……，直至承诺的过程。

（2）工程投标 建设工程招标投标，是指建设单位或个人（即业主或项目法人)通过招标的方式,将工程建设项目的勘察、设计、施工、材料设备供应、监理等业务,一次或分步发包,由具有相应资质的承包单位通过投标竞争的方式承接。其最突出的优点是将竞争机制引入工程建设领域,将工程项目的发包方、承包方和中介方统一纳入市场,实行交易公开,给市场主体的交易行为赋予了极大的透明度;鼓励竞争,防止和反对垄断,通过平等竞争、优胜劣汰,最大限度地实现投资效益的最优化;通过严格、规范、科学合理的运作程序和监管机制,有力地保证了竞争过程的公正和交易安全。

2. 建设工程招投标范围

我国工程建设项目招标的范围,在2000年1月1日起施行的《中华人民共和国招标投标法》中规定:"在中华人民共和国境内进行下列工程建设项目,包括项目的勘察、设计、施工、监理以及与工程建设有关的重要设备、材料等的采购,必须进行招标:①大型基础设施、公用事业等关系社会公共利益、公众安全的项目;②全部或者部分使用国有资金投资或者国家融资的项目;③使用国际组织或者外国政府贷款、援助资金的项目。"

3. 建设工程招投标方式

建设工程招标投标在国外已有多年的历史,也产生了许多招标方式。对招标方式可以从不同的角度进行分类。如按竞争的程度分类,有公开招标(即无限竞争性招标)和邀请招标(即有限竞争性招标);按竞争的范围分类,有国内竞争性招标和国际竞争性招标;按招标的阶段分类,有一阶段招标和两阶段招标。我国规定国内工程招标应采用公开招标和邀请招标两种方式。

(1) 公开招标 公开招标是指招标人以招标公告的方式邀请不特定的法人或者其他组织投标。公开招标又称无限竞争性招标,是一种由招标人按照法定程序,在公开出版物(指报刊、广播、网络等公共媒体)上发布招标公告,所有符合条件的供应商或者承包商都可以平等参加投标竞争,招标人从中择优选择中标者的招标方式。

公开招标的优点是能有效地防止腐败,为潜在的投标人提供均等的机会,能最大限度地引起竞争,达到节约建设资金、保证工程质量、缩短建设工期的目的。但是公开招标也存在着工作量大,周期长,花费人力、物力、财力多等方面的不足。

我国规定,对国民经济或本地经济和社会发展有重大影响的大中型重点项目,应当采用公开招标的方式。对于有些不适宜公开招标的重点项目,经批准可采用邀请招标的方式。

(2) 邀请招标 邀请招标是指招标人用投标邀请书的方式邀请特定的法人或者其他组织投标。邀请招标又称有限竞争性招标,是一种由招标人选择若干符合招标条件的供应商或承包商,向其发出投标邀请,由被邀请的供应商、承包商投标竞争，从中选定中标者的招标方式。邀请招标的特点是：①招标人在一定范围内邀请特定的法人或其他组织投标。为了保证招标的竞争性，邀请招标必须向三个以上具备承担招标项目能力并且资信良好的投标人发出邀请书。②邀请招标不需发布公告，招标人只要向特定的投标人发出投标邀请书即可。接受邀请的人才有资格参加投标，其他人无权索要招标文件，不得参加投标。

应当指出，邀请招标虽然在潜在投标人的选择上和通知形式上与公开招标不同，但其所适用的程序和原则与公开招标是相同的，其在开标、评标标准等方面都是公开的，因此，邀请招标仍不失其公开性。

6.1.2 招投标对工程造价的影响

推行工程招投标制度，对工程造价的合理控制具有非常重要的影响。这种重要影响主要表现为以下几方面。

1）推行招投标制基本形成了由市场定价的价格机制，使工程价格更加趋于合理。推行招投标制最明显的表现是若干投标人之间出现激烈竞争，这种市场竞争最直接、最集中的表现就是在价格上的竞争。通过竞争确定出工程价格，使其趋于合理或下降，这将有利于节约投资、提高投资效益。

2）推行招投标制能够不断降低社会平均劳动消耗水平，使工程价格得到有效控制。在建筑市场中，不同投标者的个别劳动消耗水平是有差异的。推行招投标，会使那些个别劳动消耗水平最低或接近最低的投标者获胜，这样便实现了生产力资源较优配置，也对不同投标者实行了优胜劣汰。面对激烈竞争的压力，为了自身的生存与发展，每个投标者都必须切实在降低自己个别劳动消耗水平上下功夫，这样将逐步而全面地降低社会平均劳动消耗水平，使工程价格更为合理。

3）推行招投标制便于供求双方更好地相互选择，使工程价格更加符合价值基础，进而更好地控制工程造价。由于供求双方各自出发点不同，存在利益矛盾，因而单纯采用"一对一"的选择方式，成功的可能性较小。采用招投标方式就为供求双方在较大范围内进行相互选择创造了条件，为需求者（如建设单位、业主）与供给者（如勘察设计单位、施工企业）在最佳点上结合提供了可能。需求者对供给者选择（即建设单位、业主对勘察设计单位和施工单位的选择）的基本出发点是"择优选择"，即选择那些报价较低、工期较短、具有良好业绩和管理水平的供给者，这样即为合理控制工程造价奠定了基础。

4）推行招投标制有利于规范价格行为，使公开、公平、公正的原则得以贯彻。我国招投标活动有特定的机构进行管理，有严格的程序必须遵循，有高素质的专家支持系统、工程技术人员的群体评估与决策，能够避免盲目过度的竞争和营私舞弊现象的发生，对建筑领域中的腐败现象也是强有力的遏制，使价格形成过程变得透明而规范。

5）推行招投标制能够减少交易费用，节省人力、物力、财力，进而使工程造价有所降低。我国目前从招标、投标、开标、评标直至定标，均有一些法律、法规规定，已进入制度化操作。招投标中，若干投标人在同一时间、地点报价竞争，在专家支持系统的评估下，以群体决策方式确定中标者，必然减少交易过程的费用，这本身就意味着招标人收益的增加。

6.1.3 招投标阶段工程造价控制的内容

1）发包人选择合理的招标方式。《中华人民共和国招标投标法》允许的招标方式有公开招标和邀请招标。邀请招标一般只适用于国家投资的特殊项目和非国有经济投资的项目，公开招标方式是能够体现公开、公平、公正原则的最佳招标方式。选择合理的招标方式是合理确定工程合同价款的基础

2）发包人选择合理的承包模式。常见的承包模式包括总分包模式、平行承包模式、联合承包模式和合作承包模式，不同的承包模式适用于不同类型的工程项目，对工程造价的控制也体现出不同的作用。

总分包模式的总包合同价格可以较早地确定，业主可以承担较少风险。对总承包商而言，责任重、风险大，获得高额利润的潜力也比较大。

平行承包模式的总合同价不易短期确定，从而影响工程造价控制的实施。工程招标任务量大，需控制多项合同价格，从而增加了工程造价控制的难度。但对于大型复杂工程，如果分别招标，可参与竞争的投标人增多，业主就能够获得具有竞争性的商业报价。

联合承包对业主而言，合同结构简单，有利于工程造价的控制。对联合体而言，可以集中各成员单位在资金、技术和管理等方面的优势，增强了抗风险能力。

合作承包模式与联合承包模式相比，业主的风险较大，合作各方之间的信任度不够。

3）发包人编制招标文件，合理确定招标控制价（当采用工程量清单招标时）。建设项目的发包数量、合同类型和招标方式一经批准确定以后，即应编制为招标服务的有关文件。工程计量方法和报价方法的不同，会产生不同的合同价格，因而在招标前，应选择有利于降低工程造价和便于合同管理的工程计量方法和报价方法。当采用工程量清单招标时，编制招标控制价是建设项目招标前的另一项重要工作，而且是较复杂细致的工作。招标控制价应按照《建设工程工程量清单计价规范》中相应规定进行编制，综合考虑和体现发包人和承包人的利益。没有合理招标控制价就可能会导致工程招标的失误，达不到降低建设投资、缩短建设工期、保证工程质量、择优选择工程承包队伍的目的。

4）承包人编制投标文件，合理确定投标报价。潜在投标人在通过资格预审

后，根据获取的招标文件，编制投标文件并对其作出实质性响应。在核实工程量的基础上依据企业定额进行工程估价，然后在广泛了解潜在竞争者及工程情况和企业情况的基础上，运用投标技巧和正确的策略来确定最后报价。

5）发包人选择合理评标方式进行评标。评标过程中使用的方法很多，不同的计价方式对应不同的评标方法。在评标时一般商务标占得权重比较大，选择合理的评标方法，使通过评标得到一个合理的低价。

6）发包人择优选择中标单位，签订承包合同。评标委员会依据评标原则，对投标人评分并排名，向业主推荐中标人，并以中标人的报价作为承包价。合同的形式应在招标文件中确定，并在投标函中作出响应。

6.2 建设工程施工招标

6.2.1 建设工程施工招标程序

建设工程施工招标程序主要是指招标工作在时间和空间上应遵循的先后顺序。按招标人和投标人的参与程度，可将招标过程划分成招标准备阶段、招标投标阶段和决标成交阶段。建设工程施工招标公开招标主要工作程序图如图6-1所示。邀请招标程序可参照公开招标程序进行。

1. 招标准备阶段主要工作

招标准备阶段的工作由招标人单独完成，投标人不参与。主要工作内容包括以下几个方面：

1）建设工程项目报建。建设工程项目的立项批准文件或年度投资计划下达后，按照有关规定，须向建设行政主管部门的招标投标行政监管机关报建备案。工程项目报建备案的目的是便于当地建设行政主管部门掌握工程建设的规模，规范工程实施阶段程序的管理，加强工程实施过程的监督。建设工程项目报建备案后，具备招标条件的建设工程项目，即可开始办理招标事宜。凡未报建的工程项目，不得办理招标手续和发放施工许可证。工程项目报建应按规定的格式进行填报，其主要内容包括：①工程名称；②建设地点；③投资规模；④资金来源；⑤当年投资额；⑥工程规模；⑦开竣工时间；⑧发包方式；⑨工程筹建情况等。

2）审查招标人招标资质。组织招标有两种情况，招标人自己组织招标或委托招标代理机构代理招标。对于招标人自行办理招标事宜的，必须满足一定的条件，并向其行政监督机关备案，行政监督机关对招标人是否具备自行招标的条件进行监督。对委托招标代理机构代理招标的也应向其行政监督机关备案，行政监督机关检查其相应的代理资质。对委托的招标代理机构，招标人应与其签订委托代理合同。

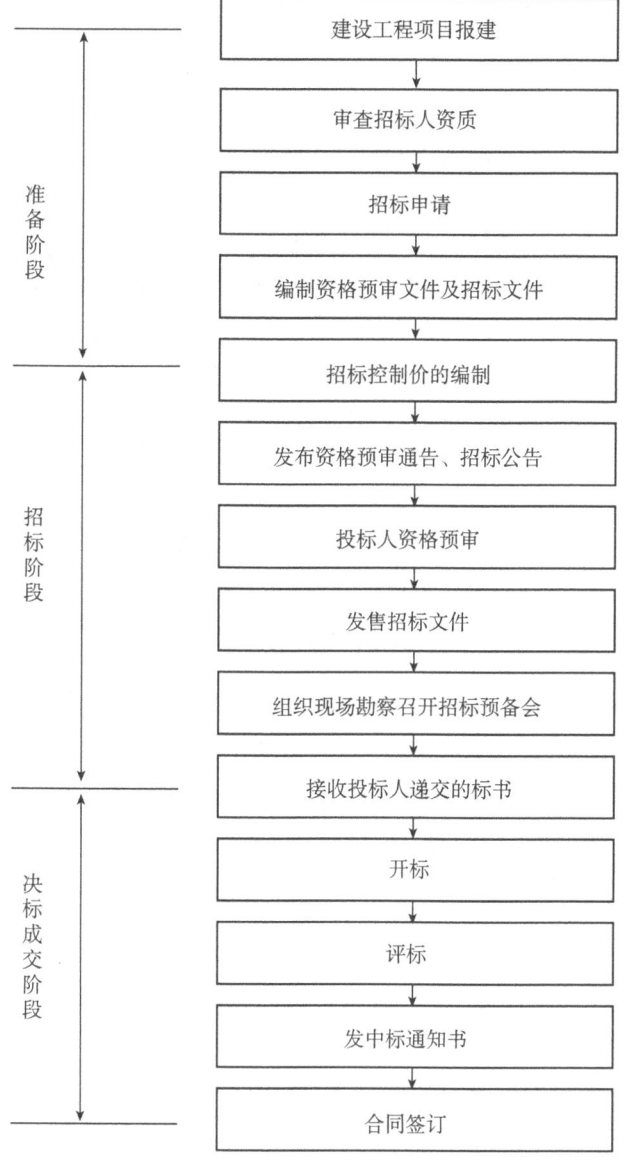

图 6-1 建设工程招标程序图

3）招标申请。当招标人自己组织招标或委托招标代理机构代理招标确定后，应向行政监管机关提出招标申请，当招标申请批准后才可进行招标。

4）资格预审文件与招标文件的编制、送审。资格预审文件是指公开招标时，招标人要求对投标的施工单位进行资格预审，只有通过资格预审的施工单位才可以参加投标而编制的文件。资格预审文件和招标文件都有必须经过招标管机构审查，审查同意后方可刊登资格预审通告、招标通告。

2. 招标投标阶段主要工作

公开招标时，从发布招标公告开始，若为邀请招标，则从发布邀请投标函开始，到投标截止日为止的期间称为招标投标阶段。在此阶段，招标人应做好招标的组织工作，投标人则按照招标文件的规定程序和具体要求进行投标报价竞争。

1) 发布资格预审公告、招标公告或者发出投标邀请书。资格预审文件、招标文件经审查备案后，招标人即可发布资格预审公告、招标公告或发出投标邀请书，吸引特定、不特定的潜在投标人前来投标（或参加资格预审）。资格预审公告、招标公告必须在国家或省、自治区、直辖市人民政府指定的媒体上发布。资格预审公告、招标公告和投标邀请书应当至少载明的内容有：①招标人的名称和地址；②招标项目的内容、规模、资金来源；③招标项目的实施地点和工期；④获取招标文件或者资格预审文件的地点和时间；⑤对招标文件或者资格预审文件收取的费用；⑥对投标人资质等级的要求。

2) 资格预审。对已获取招标资格预审信息，愿意参加投标资格预审的报名者进行资格预审，其目的是为了保证投标人具备承担招标项目的能力。资格预审工作应当遵循公平、公正、科学、择优的原则，任何单位和个人不得非法干预，影响资格预审过程和结果。

资格预审的作用是：①排除不合格的投保人。招标人可以在资格预审中设置基本的要求，将不具备要求的投标人排除在外。②降低招标人的招标成本。如果允许所有愿意投标的投标人都参加投标，招标工作量增大，招标成本也会增加，通过资格预审，排除掉不合格的投标人，把参加投标的投标人控制在一个合理的范围内，有利于降低招标成本，提高招标工作效率。③可以吸引实力雄厚的投标人参加竞争。资格预审排除一些条件差的投标人，可以避免恶性竞争，这对实力雄厚的潜在投标人是一个吸引。

3) 编制及发放招标文件。招标根据招标文件的内容编制招标文件，并将招标文件、设计图和有关技术资料发放给通过资格预审获得投标资格的投标单位。投标单位收到招标文件、设计图和有关资料后，应认真核对。核对无误后，应以书面形式予以确认。

4) 现场勘察。招标文件发放后，招标人要在招标文件规定的时间内，组织投标人踏勘现场，并对投标人关于招标文件和踏勘现场中所提问题进行答疑。

踏勘现场的目的在于使投标人了解工程现场和周围环境情况，获取对投标有帮助的信息，并据此作出关于投标策略和投标报价的决定；同时还可以针对招标文件中的有关规定和数据，通过现场踏勘进行详细的核对，对于现场实际情况与招标文件不符之处向招标人书面提出。

投标人对招标文件或者在现场踏勘中有疑问或不清楚的问题，应当用书面形式向招标人提出，招标人应当给予解释和答复。招标人的答疑可以根据情况采用以下方式进行：①以信函的方式书面解答。解答内容应同时送达所有获得招标文件的投标人。②通过召开答疑会进行解答。以会议纪要形式将解答内容送达所有获得招标文件的投标人，并同时将答疑纪要向建设行政主管部门备案。

5）投标文件的接收。投标文件的接收是指投标单位根据招标文件的要求，编制投标文件，并进行密封和标志，在投标截止时间前按规定的地点递交至招标单位。招标单位接收投标文件并将其秘密封存。

3. 决标成交阶段的主要工作

从开标日到签订合同这一期间称为决标成交阶段，是对各投标书进行评审比较，最终确定中标人的过程。

1）开标。在投标截止日期后，按规定时间、地点，在投标单位法定代表人或授权代理人在场的情况下举行开标会议，按规定的议程进行开标。

2）评标。建设工程招标的评标定标工作由评定标组织完成，评标定标组织即评标委员会。评标委员会是在招投标管理机构的监督下，由招标人组织设立、负责评标定标的临时组织，依据评标原则、评标方法，对投标单位报价、工期、质量、施工方案或施工组织设计、以往业绩、社会信誉、优惠条件等方面对所有投标文件进行评定，写出书面评标报告，推荐或确定中标候选人等工作。

3）定标。中标单位选定后，由招标管理机构核准，获准后招标单位向中标单位发出"中标通知书"。

4）合同签订。招标人与中标人应当在规定的时间期限内，正式签订书面合同。同时，双方要按照招标文件的约定相互提交履约担保或者履约保函。合同订立后，招标人应及时通知其他未中标的投标人，按要求退回招标文件、设计图和有关技术资料，同时退还投标保证金。

6.2.2 建设工程施工招标文件的编制

建设工程施工招标文件是建设工程施工招投标活动中最重要的法律文件，它不仅规定了完整的招标程序，而且还提出了各项技术标准和交易条件，拟列了合同的主要条款。招标文件是评标委员会对投标文件评审的依据，也是业主与中标人签订合同的基础，同时也是投标人编制投标文件的重要依据。

1. 施工招标文件的编制程序

1）熟悉工程情况和施工图设计图及说明。
2）计算工程量编制工程量清单及计算招标控制价。
3）确定施工工期和开、竣工日期。
4）确定工程的技术要求、质量标准及各项有关费用。
5）确定投标、开标、定标的日期及其他事项。

6）填写招标文件申请表。

2. 施工招标文件应包括的内容

招标文件是投标单位编制标书的主要依据，通常包括下列主要内容：

（1）招标公告（或投标邀请书）。

（2）投标人须知　投标人须知是投标人的投标指南，投标须知一般包括两部分：一部分为投标须知前附表，另一部分为投标须知正文。

1）投标须知前附表。投标须知前附表是指把投标活动中的重要内容以列表的方式表示出来，主要说明招标人、招标代理机构、项目名称、建设地点、计划工期和质量要求等情况和有关时间要求。

2）投标须知正文。投标须知正文内容很多，主要包括以下几部分：①总则。总则主要包括项目概况、资金来源和落实情况、招标范围、计划工期和质量要求、投标人资格要求、费用承担、保密、语言文字、计量单位等内容的约定，对踏勘现场、投标预备会的要求，以及对分包和偏离问题的处理。②招标文件。招标文件主要包括招标文件的构成以及澄清和修改的规定。③投标文件。投标文件主要包括投标文件的组成，投标报价编制的要求，投标有效期和投标保证金的规定，需要提交的资格审查资料，是否允许提交备选投标方案，以及投标文件标识所应遵循的标准格式要求。④投标。投标主要规定投标文件的密封和标识、递交、修改及撤回的各项要求。在此部分中应当确定投标人编制投标文件所需要的合理时间，即投标准备时间，是指自招标文件开始发出之日起至投标人提交投标文件截止之日止，最短不得少于20天。⑤开标。规定开标的时间、地点和程序。⑥评标。评标说明评标委员会的组建方法，评标原则和采取的评标办法。⑦合同授予。说明拟采用的定标方式，中标通知书的发出时间，要求承包人提交的履约担保和合同的签订时限。⑧重新招标和不再招标。规定重新招标和不再招标的条件。⑨纪律和监督。纪律和监督主要包括对招标过程各参与方的纪律要求。⑩需要补充的其他内容。

（3）评标办法　评标办法包括详细的评定标的办法、评审标准、评审程序等内容。

（4）合同条款及格式　合同条款及格式包括本工程拟采用的通用合同条款、专用合同条款以及各种合同附件的格式等。

（5）工程量清单　工程量清单包括工程量清单及有关格式，具体有工程量清单说明、投标报价说明、其他说明、工程量清单等内容。工程量清单内容中含工程量清单表、计日工表、暂估价表、投标报价汇总表、工程量清单单价分析表等。如按照规定应编制招标控制价的项目，其招标控制价也应在招标时一并公布。

（6）设计图　设计图是指应由招标人提供的用于计算招标控制价和投标人计算投标报价所必需的各种详细程度的设计图。

（7）技术标准和要求　招标文件规定的各项技术标准应符合国家强制性规

定。招标文件中规定的各项技术标准均不得要求或标明某一特定的专利、商标、名称、设计、原产地或生产供应者，不得含有倾向或者排斥潜在投标人的其他内容。如果必须引用某一生产供应商的技术标准才能准确或清楚地说明拟招标项目的技术标准时，则应当在参照后面加上"或相当于"的字样。

（8）投标文件格式　投标文件格式提供各种投标文件编制所应依据的参考格式。

（9）投标人须知前附表规定的其他材料　如需要其他材料，应在投标人须知前附表中予以规定。

3. 施工招标文件的发售与修改

招标文件一般发售给通过资格预审、获得投标资格的投标人。投标人购买招标文件的费用不论中标与否，都不退还。招标人提供给投标人编制投标书的设计文件可以酌收押金，开标后投标人将设计文件退还的，招标人应当退还押金。

招标人对已发出的招标文件进行必要的澄清或者修改的，应当在招标文件要求提交投标文件截止时间至少15日前，以书面形式通知所有招标文件收受人。该澄清或者修改的内容为招标文件的组成部分。

6.2.3　建设工程施工招标控制价的编制

1. 编制及使用招标控制价的原则

《建设工程工程量清单计价规范》（GB 50500—2008）中规定了国有资金投资的工程建设项目，编制和使用招标控制价的原则。

1）国有资金投资的工程在进行招标时，根据《中华人民共和国招标投标法》第二十二条二款的规定，"招标人设有标底的，标底必须保密"。但实行工程量清单招标后，由于招标方式的改变，标底保密这一法律规定已不能起到有效遏止哄抬标价的作用，我国有的地区和部门已经发生了在招标项目上所有投标人的报价均高于标底的现象，致使中标人的中标价高于招标人的预算，给招标工程的项目业主带来了困扰。因此，为有利于客观、合理的评审投标报价和避免哄抬标价，造成国有资产流失，招标人应编制招标控制价，作为招标人能够接受的最高交易价格。

2）在工程招标发包时，当编制的招标控制价超过批准的概算，招标人应当将其报原概算审批部门重新审核。

3）在国有资金投资工程的招投标活动中，投标人的投标报价不能超过招标控制价，否则，其投标将被拒绝。

4）招标控制价应由招标人负责编制，但当招标人不具备编制招标控制价的能力时，则应委托具有相应工程造价咨询资质的工程造价咨询人编制。

2. 招标控制价编制依据

1）《建设工程工程量清单计价规范》（GB 50500—2008）。

2) 国家或省级、行业建设主管部门颁发的计价定额和计价办法。
3) 建设工程设计文件及相关资料。
4) 招标文件中的工程量清单及有关要求。
5) 与建设项目相关的标准、规范、技术资料。
6) 工程造价管理机构发布的工程造价信息；工程造价信息没有发布的参照市场价。
7) 其他的相关资料。

3. 招标控制价的编制

采用工程量清单计价时的招标控制价应包括分部分项工程费、措施项目费、其他项目费、规费和税金五部分。

分部分项工程费应根据招标文件中提供的分部分项工程量清单、项目的特征描述及有关要求，按招标控制价的编制依据计算综合单价。综合单价应当包括招标文件中招标人要求投标人所承担的风险内容及其范围（幅度）产生的风险费用。招标文件提供了暂估单价的材料，按暂估的单价计入综合单价。

措施项目费应按招标文件中提供的措施项目清单确定，措施项目采用分部分项工程综合单价形式进行计价的工程量，应按措施项目清单中的工程量，并按招标控制价的编制依据计算综合单价；以"项"为单位的方式计价的，按招标控制价的编制依据计价，包括除规费、税金以外的全部费用。措施项目费中的安全文明施工费应当按照国家或省级、行业建设主管部门的规定标准计价。

其他项目费中的暂列金额。为保证工程施工建设的顺利实施，应对施工过程中可能出现的各种不确定因素对工程造价的影响，在招标控制价中需估算一笔暂列金额。暂列金额可根据工程的复杂程度、设计深度、工程环境条件（包括地质、水文、气候条件等）进行估算，一般可按分部分项工程费的 10%～15% 作为参考。

其他项目费中的暂估价。暂估价包括材料暂估价和专业工程暂估价。编制招标控制价时材料暂估单价应按工程造价管理机构发布的工程造价信息中的材料单价计算，工程造价信息未发布的材料单价，其单价参考市场价格估算。专业工程暂估价应分不同的专业，按有关计价规定进行估算。

其他项目费中的计日工。计日工包括计日工人工、材料和施工机械。在编制招标控制价时，对计日工中的人工单价和施工机械台班单价应按省级、行业建设主管部门或其授权的工程造价管理机构公布的单价计算；材料应按工程造价管理机构发布的工程造价信息中的材料单价计算，工程造价信息未发布材料单价的材料，其价格应按市场调查确定的单价计算。

其他项目费中的总承包服务费。编制招标控制价时，总承包服务费应按照省级或行业建设主管部门的规定计算，如无规定可参考下列标准计算：①招标人仅要求对分包的专业工程进行总承包管理和协调时，按分包的专业工程估算造价的

1.5%计算；②招标人要求对分包的专业工程进行总承包管理和协调，并同时要求提供配合服务时，根据招标文件列出的配合服务内容和提出的要求，按分包的专业工程估算造价的3%~5%计算；③招标人自行供应材料的，按招标人供应材料价值的1%计算。

规费和税金应按国家或省级、行业建设主管部门规定的标准计算。

招标控制价的编制特点和作用决定了招标控制价不同于标底，无需保密。为体现招标的公开、公平、公正性，防止招标人有意抬高或压低工程造价，给投标人以错误信息，因此规定招标人应在招标文件中如实公布招标控制价，不得对所编制的招标控制价进行上浮或下调。招标人在招标文件中公布招标控制价时，应公布招标控制价各组成部分的详细内容，不得只公布招标控制价总价。并应将招标控制价报工程所在地工程造价管理机构备查。投标人经复核认为招标人公布的招标控制价未按照规范的规定进行编制的，应在开标前5天向招投标监督机构或（和）工程造价管理机构投诉。招投标监督机构应会同工程造价管理机构对投诉进行处理，发现确有错误的，应责成招标人修改。

4. 招标控制价的有关表格格式

1）封面格式如图6-2所示。

招标控制价

招标控制价（小写）：_____

（大写）：_____

招 标 人：_____　　工程造价咨 询 人：_____
（单位盖章）　　　　　　　　　（单位资质专用章）

法定代表人或其授权人：_____　　法定代表人或其授权人：_____
（签字或盖章）　　　　　　　　　（签字或盖章）

编 制 人：_____　　复 核 人：_____
（造价人员签字盖专用章）　　　　　　　（造价工程师签字盖专用章）

编制时间： 年 月 日　　　复核时间： 年 月 日

图6-2 招标控制价封面

2）其他表格格式。招标控制价汇总表、分部分项工程量清单与计价表、措施项目清单与计价表、其他项目清单与计价表、暂列金额明细表、材料暂估单价表、专业工程暂估单价表、计日工表、总承包服务费计价表、规费税金项目清单与计价表、工程量清单综合单价分析表等同投标报价部分的格式。

6.3 建设工程施工投标

6.3.1 建设工程施工投标程序

建设工程投标是建设工程招标投标活动中，投标人的一项重要活动，也是建筑企业取得承包合同的主要途径，建设工程的投标工作程序如图6-3所示。

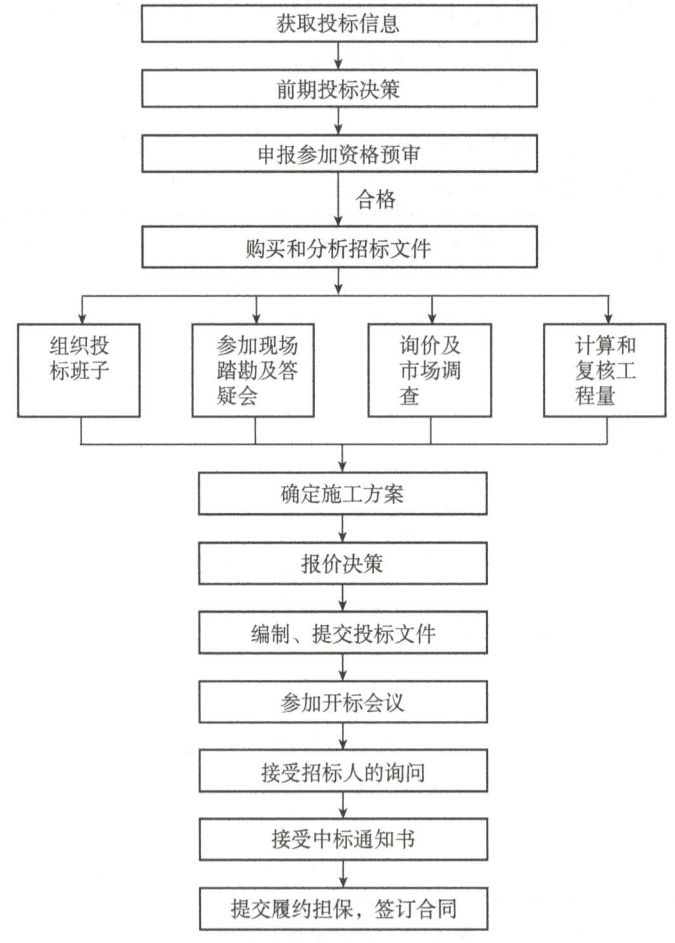

图6-3 建设工程投标程序图

1. 投标的前期工作

投标的前期工作包括获取招标信息和前期投标决策两项内容。

1）获取招标信息。目前投标人获得招标信息的渠道很多，最普遍的是通过大众媒体所发布的招标公告获取招标信息。投标人必须认真分析验证所获信息的真实可靠性，并证实其招标项目确实已立项批准和资金是否落实等。

2）前期投标决策。投标人在证实招标信息真实可靠后，同时还要对招标人的信誉、实力等方面进行了解，根据了解到的情况，正确做出投标决策，以减少工程实施过程中承包方的风险。

2. 参加资格预审

资格预审是承包商投标过程中首先要通过的第一关，资格预审一般按招标人所编制的资格预审文件内容进行审查。一般要求被审查的投标申请人提供如下资料：①投标企业概况；②财务状况；③拟投入的主要管理人员情况；④目前剩余劳动力和施工机械设备情况；⑤近3年承建工程的情况；⑥目前正在承建的工程情况；⑦3年来涉及的诉讼案件情况；⑧其他资料（如各种奖励和处罚等）。招标人根据投标申请人所提供的资料，对投标申请人进行资格审查，在这个过程中，投标申请人应根据资格预审文件，积极准备和提供有关资料，并随时注意信息跟踪工作，发现不足部分，应及时补送，争取通过资格预审，经审查合格的投标申请人具备参加投标的资格。

3. 购买和分析招标文件

（1）购买招标文件　投标人在通过资格预审后，就可以在规定的时间内向招标人购买招标文件。购买招标文件时，投标人应按招标文件的要求提供投标担保、施工图押金等。

（2）分析招标文件　购买到招标文件之后，投标人应认真阅读招标文件中的所有条款。注意投标过程中的各项活动的时间安排，明确招标文件中对投标报价、工期、质量等的要求。同时对招标文件中的合同条款、无效标书的条件等主要内容应认真进行分析，理解招标文件隐含的含义。对可能发生疑义或不清楚的地方，应向招标人书面提出。

4. 收集资料、准备投标

招标文件购买后，投标人就应进行具体的投标准备工作，投标准备工作包括组建投标班子、进行现场踏勘、参加答疑会，计算和复核招标文件中提供的工程量，询价及市场调查，确定施工方案等内容。

（1）组建投标班子　为了确保在投标竞争中获得胜利，投标人在投标前应建立专门的投标班子，负责投标事宜。投标班子中的人员应包括施工管理、技术、经济、财务、法律法规等方面的人员。投标班子中的人员业务上应精干、富有经验、且受过良好培训，有娴熟的投标技巧；素质上应工作认真，对企业忠诚，对报价保密。投标报价是技术性很强的一项工作，投标人在投标时如果认为必要，也可以请某些具有资质的投标代理机构代理投标或策划，以提高中标概率。

（2）进行现场踏勘　投标人在领到投标文件后，除对招标文件进行认真研读分析之外，还应按照招标文件规定的时间，对拟施工的现场进行考查，尤其是当我国逐渐实行工程量清单报价模式后，投标人所投报的单价一般被认为是在经过现场踏勘的基础上编制而成的。报价单报出后，投标者就无权因为现场踏勘不周，情况了解不细或因素考虑不全而提出修改标价或提出索赔等要求。现场踏勘应由招标人组织，投标人自费自愿参加。现场踏勘时应从以下五个方面详细了解工程的有关情况，为投标工作提供第一手的资料：①工程的性质以及与其他工程之间的关系；②投标人投标的那一部分工程与其他承包商之间的关系；③工地地貌、地质、气候、交通、电力、水源、有无障碍物等情况；④工地附近有无住宿条件，料场开采条件，其他加工条件，设备维修条件等；⑤工地附近治安情况等。

（3）参加答疑会　答疑会又称投标预备会或标前会议，一般在现场踏勘之后的1～2天内举行。目的是解答投标人对招标文件及现场踏勘中所提出的问题，并对施工图进行交底和解释。投标人在对招标文件进行认真分析和对现场进行踏勘之后，应尽可能多地将投标过程中可能遇到的问题向招标人提出疑问，争取得到招标人的解答，为下一步投标工作的顺利进行打下基础。

（4）计算或复核工程量　现阶段我国进行工程施工投标时，工程量有两种情况：一种是招标文件编制时，招标人给出具体的工程量清单，供投标人报价时使用。这种情况下，投标人在进行投标时，应根据施工图等资料对给定工程量的准确性进行复核，为投标报价提供依据。投标人投标时应注意调整单价以减少实际实施过程中的由于工程量调整带来的风险。另一种情况是，招标人不给出具体的工程量清单，只给相应工程的施工图。这时，投标报价应根据给定的施工图，结合工程量计算规则自行计算工程量。自行计算工程量时，应严格按照工程量计算规则的规定进行，不能漏项，不能少算或多算。

（5）询价及市场调查　投标文件编制时，投标报价是一个很重要的环节，为了能够准确确定投标报价，投标时应认真调查了解工程所在地的人工工资标准、材料来源、价格、运输方式、机械设备租赁价格等和报价有关的市场信息，为准确报价提供依据。

（6）确定施工方案　施工方案也是招标内容中很重要的内容，使招标人了解投标人的施工技术、管理水平、机械装备的途径。编制施工方案的主要内容有：①选择和确定施工方法；②对大型复杂工程则要考虑几种方案，进行综合对比；③选择施工设备和施工设施；④编制施工进度计划等。

5. 编制和提交投标文件

经过前期的准备工作之后,投标人开始进行投标文件的编制工作。投标人编制投标文件时,应按照招标文件的内容、格式和顺序要求进行。投标文件编写完成后,应按招标文件中规定的时间地点提交投标文件。

6. 出席开标会议,接受评标期间的澄清询问

投标人在编制和提交完投标文件后,应按时参加开标会议。开标会议由投标人的法定代表人或其授权代理人参加。如果是法定代表人参加,一般应持有法定代表人资格证明书;如果是委托代理人参加一般应持有授权委托书。许多地方规定,不参加开标会议的投标人,其投标文件将不予启封,视为投标人自动放弃本次投标。

在评标过程中,评标组织根据情况可以要求投标人对投标文件中含义不明确的内容作必要的澄清或者说明,这时投标人应积极地予以澄清说明,但投标人的澄清说明,不得超出投标文件的范围或者改变投标文件中的工期、报价、质量、优惠条件等实质性内容。

7. 接受中标通知书、签订合同、提供履约担保

经过评标,投标人被确定为中标人后,应接受招标人发出的中标通知书,中标人在收到中标通知书后,应在规定的时间和地点与招标人签订合同。我国规定招标人和中标人应当自中标通知书发出之日起 30 日内订立书面合同,合同内容应依据招标文件、投标文件的要求和中标的条件签订。招标文件要求中标人提交履约担保的,中标人应按招标人的要求提供。合同正式签订之后,应按要求将合同副本分送有关主管部门备案。

6.3.2 建设工程施工投标报价的编制

建设工程投标报价是建设工程投标内容中的重要部分,是整个建设工程投标活动的核心环节,报价的高低直接影响着能否中标和中标后是否能够获利。

6.3.2.1 建设工程投标报价的组成和编制方法

1. 投标报价的组成

建设工程投标报价主要由工程成本(直接费、间接费)、利润、税金组成。直接费是指工程施工中直接用于工程实体的人工、材料、设备和施工机械使用费等费用的总和;间接费是指组织和管理施工所需的各项费用。直接费和间接费共同构成工程成本。利润是指建筑施工企业承担施工任务时应计取的合理报酬。税金是指施工企业从事生产经营应向国家税务部门交纳的营业税、城市建设维护费及教育费附加。

2. 投标报价的编制方法

建设工程投标报价应该按照招标文件的要求及报价费用的构成,结合施工现

场和企业自身情况自主报价。现阶段,我国规定的编制投标报价的方法有两种:一种是定额计价法,另一种是工程量清单计价法。定额计价法是我国长期以来采用的一种报价方法,是以政府定额或企业定额为依据进行编制的工程量清单计价法是一种国际惯例计算报价模式,每一项单价中已综合了各种费用。国有资金投资或国有资金投资为主的建设项目实行工程量清单计价的报价方法。

在工程量清单计价模式下,投标人对工程量清单工程量审核后,依据企业自己的定额确定人材机消耗量和价格、间接费率、利润率,结合市场因素自主报价。投标人的企业定额根据企业本身的技术专长、材料采购渠道和管理水平制定。因此,各投标报价体现自身的优势与经验,反映市场竞争状况。采用工程量清单投标报价时,投标人填入工程量清单中的单价是综合单价,应包括人工费、材料费、机械费、措施费、间接费、利润、税金及风险金等全部费用,将工程量与该相应单价相乘得出合价,将全部合价汇总后即得出投标总报价。分部分项工程费、措施项目费和其他项目费用均采用综合单价计价。工程量清单的投标报价由分部分项工程费、措施项目费和其他项目费用构成。具体如图6-4所示。

6.3.2.2 投标报价的编制程序

投标报价的编制过程,应首先根据招标人提供的工程量清单编制分部分项工程量清单与计价表、措施项目清单与计价表、其他项目清单与计价表、规费、税金项目清单与计价表,计算完毕之后,汇总而得到单位工程投标报价汇总表,再层层汇总,分别得出单项工程投标报价汇总表和工程项目投标总价汇总表,全部过程如图6-3所示。在编制过程中,投标人应按招标人提供的工程量清单填报价格。填写的项目编码、项目名称、项目特征、计量单位、工程量必须与招标人提供的一致。

1. 分部分项工程量清单与计价表的编制

承包人投标价中的分部分项工程费应按招标文件中分部分项工程量清单项目的特征描述确定综合单价计算。因此,确定综合单价是分部分项工程工程量清单与计价表编制过程中最主要的内容。分部分项工程量清单综合单价,包括完成单位分部分项工程所需的人工费、材料费、施工机械使用费、企业管理费、利润,并考虑一定范围内的风险费用。

(1) 确定分部分项工程综合单价时的注意事项 具体如下:

1) 以项目特征描述为依据。确定分部分项工程量清单项目综合单价的最重要依据之一是该清单项目的特征描述,投标人投标报价时应依据招标文件中分部分项工程量清单项目的特征描述确定清单项目的综合单价。在招投标过程中,当出现招标文件中分部分项工程量清单特征描述与设计图不符时,投标人应以分部分项工程量清单的项目特征描述为准,确定投标报价的综合单价。当施工中施工图或设计变更与工程量清单项目特征描述不一致时,发、承包双方应按实际施工

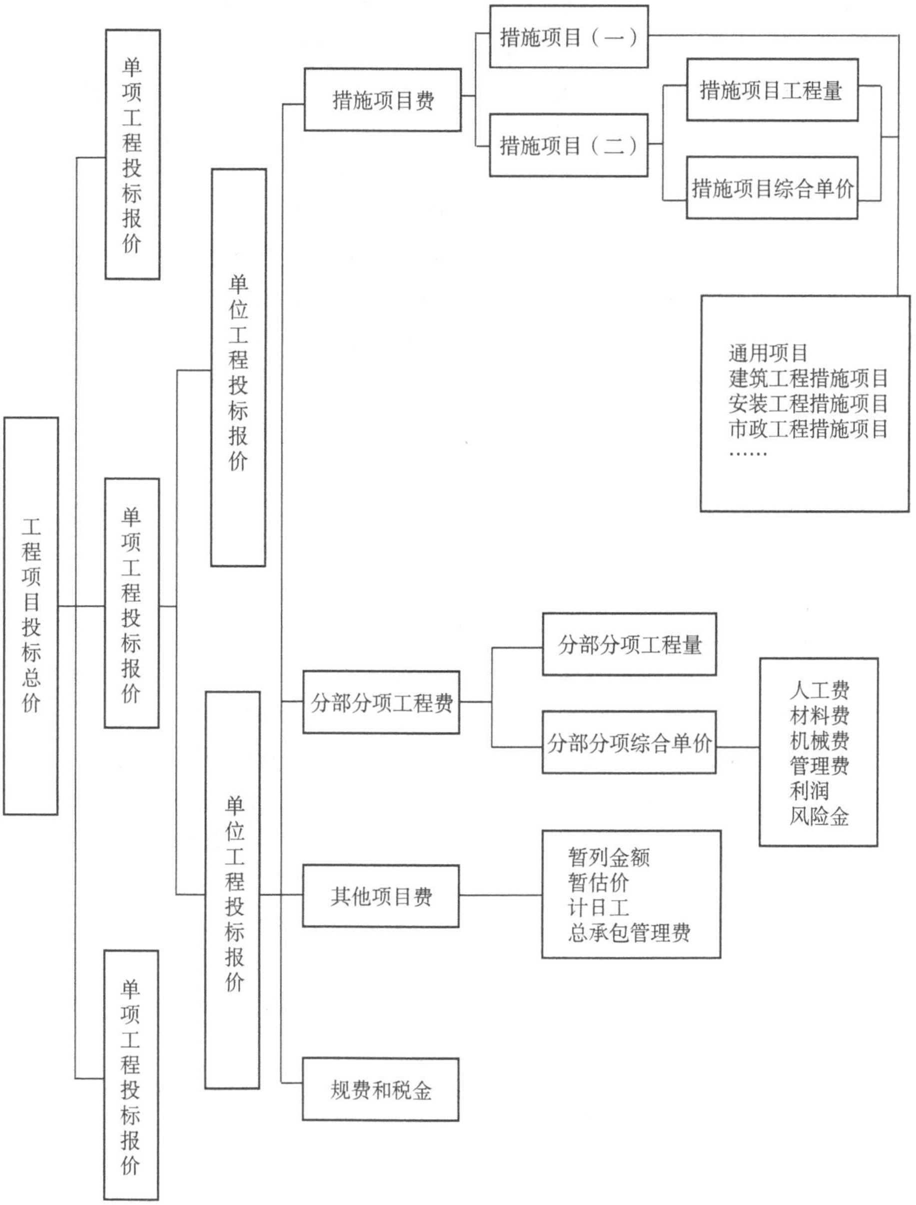

图6-4 我国投标报价的内容构成

的项目特征,依据合同约定重新确定综合单价。

2)材料暂估价的处理。招标文件中在其他项目清单中提供了暂估单价的材料,应按其暂估的单价计入分部分项工程量清单项目的综合单价中。

3)应包括承包人承担的合理风险。招标文件中要求投标人承担的风险费用,投标人应考虑进入综合单价。在施工过程中,当出现的风险内容及其范围(幅度)在招标文件规定的范围(幅度)内时,综合单价不得变动,工程价款不做调整。根据国际惯例并结合我国社会主义市场经济条件下工程建设的特点,承发包双方对工程施工阶段的风险宜采用如下分摊原则:对于主要由市场价格波动导致的价格风险,如工程造价中的建筑材料、燃料等价格风险,承发包双方应当在招标文件中或在合同中对此类风险的范围和幅度予以明确约定,进行合理分摊。根据工程特点和工期要求,建议可一般采取的方式是承包人承担5%以内的材料价格风险,10%以内的施工机械使用费风险;对于法律、法规、规章或有关政策出台导致工程税金、规费、人工发生变化,并由省级、行业建设行政主管部门或其授权的工程造价管理机构根据上述变化发布的政策性调整,承包人不应承担此类风险,应按照有关调整规定执行;对于承包人根据自身技术水平、管理、经营状况能够自主控制的风险,如承包人的管理费、利润的风险,承包人应结合市场情况,根据企业自身的实际合理确定、自主报价,该部分风险由承包人全部承担。

(2)分部分项工程综合单价确定的步骤和方法 具体如下:

1)确定计算基础。计算基础主要包括消耗量的指标和生产要素的单价。应根据本企业的企业实际消耗量水平,并结合拟定的施工方案确定完成清单项目需要消耗的各种人工、材料、机械台班的数量。计算时应采用企业定额,在没有企业定额或企业定额缺项时,可参照与本企业实际水平相近的国家、地区、行业定额,并通过调整来确定清单项目的人工、材料、机械台班单位用量。各种人工、材料、机械台班的单价,则应根据询价的结果和市场行情综合确定。

2)分析每一清单项目的工程内容。在招标文件提供的工程量清单中,招标人已对项目特征进行了准确、详细的描述,投标人根据这一描述,再结合施工现场情况和拟定的施工方案确定完成各清单项目实际应发生的工程内容。必要时可参照《建设工程工程量清单计价规范》中提供的工程内容,有些特殊的工程也可能发生规范列表之外的工程内容。

3)计算工程内容的工程数量与清单单位的含量。每一项工程内容都应根据所选定额的工程量计算规则计算其工程数量,当定额的工程量计算规则与清单的工程量计算规则相一致时,可直接以工程量清单中的工程量作为工程内容的工程数量。当定额的工程量计算规则与清单的工程量计算规则不一致时,需要计算每一计量单位的清单项目所分摊的工程内容的工程数量,即清单单位含量。清单单位含量为定额工程量与清单工程量的比值。

4)分部分项工程人工、材料、机械费用的计算。以完成每一计量单位的清单项目所需的人工、材料、机械用量为基础计算,再根据预先确定的各种生产要素的单位价格,可计算出每一计量单位清单项目的分部分项工程人工费、材料费、施工机械使用费。当招标人提供的其他项目清单中列示的材料暂估价,应根据招标人提供的价格计算材料费,并在分部分项工程量清单与计价表的相应栏目中表现出来。

5)计算综合单价。企业管理费和利润的计算可按照人工费、材料费、施工机械使用费之和的一定比例计算。将上述五项费用计算出,并考虑一定风险费用后,即可得到分部分项工程量清单综合单价,并按标准格式填写形成分部分项工程量清单与计价表。

(3)工程量清单综合单价分析表的编制 由于我国目前主要采用经评审的合理低标价法进行评标,为表明分部分项工程量综合单价的合理性,投标人应对其进行单价分析,以作为评标时判断综合单价合理性的主要依据。

综合单价分析表的编制应反映出上述综合单价的编制过程,并按照规定的格式进行。表6-1是某住宅楼工程的一项工程量清单综合单价分析表示例。

表6-1 工程量清单综合单价分析表

工程名称:××住宅楼工程　　　　　标段:　　　　　　　第　页　共　页

项目编码	010416001001	项目名称	现浇构件钢筋	计量单位	t

清单综合单价组成明细

定额编号	定额名称	定额单位	数量	单价				合价			
				人工费	材料费	机械费	管理费和利润	人工费	材料费	机械费	管理费和利润
4-170	现浇构件钢筋制安Ⅱ级	t	1.000	291.110	3329.170	50.090	279.010	291.110	3329.170	50.090	279.010
人工单价		小　　计						291.11	3329.17	50.09	279.01
43元/工日		未计价材料费									
清单项目综合单价								3949.38			

材料费明细	主要材料名称、规格、型号	单位	数量	单价/元	合价/元	暂估单价/元	暂估合价/元
	螺纹钢筋 HRB335,ϕ20	t	1.030			3200.000	3296.000
	焊　条	kg	4.00	4.00	16.00		
	其他材料费			—	17.17	—	
	材料费小计			—	47.70	—	3296.00

2. 措施项目清单与计价表的编制

编制内容主要是计算各项措施项目费,措施项目费应根据招标文件中的措施项目清单及投标时拟定的施工组织设计或施工方案按不同报价方式自主报价。计算时应遵循以下原则:

(1) 投标人可根据工程实际情况结合施工组织设计,自主确定措施项目费 对招标人所列的措施项目可以进行增补。这是由于各投标人拥有的施工装备、技术水平和采用的施工方法有所差异,招标人提出的措施项目清单是根据一般情况确定的,没有考虑不同投标人的"个性",投标人投标时应根据自身编制的投标施工组织设计或施工方案确定措施项目,对招标人提供的措施项目进行调整。投标人根据投标施工组织设计或施工方案调整和确定的措施项目应通过评标委员会的评审。

(2) 措施项目清单计价应根据拟建工程的施工组织设计分两种情况计算 可以计算工程量的措施项目,适宜采用分部分项工程量清单的方式编制,即应采用综合单价计算措施费;其余的措施项目可以"项"为单位的方式计价,应包括除规费、税金外的全部费用。其示例见表6-2、6-3。

表6-2 措施项目清单与计价表(一)

工程名称:××住宅楼工程　　　　　标段:　　　　　　　第　页 共　页

序号	项目名称	计算基础	费率(%)	金额/元
1	安全文明施工费	人工费	17.76	132437.39
2	夜间施工费	人工费	1.36	10141.60
3	二次搬运费	人工费	1.02	7606.20
4	冬雨季施工	人工费	0.68	5070.80
5	大型机械设备进出场及安拆费			15000.00
6	施工排水			20000.00
7	施工降水			16000.00
8	地上、地下设施、建筑物的临时保护设施			0
9	已完工程及设备保护			0
10	各专业工程的措施项目			200000.00
	合　　计			406255.99

注:该工程人工费为745706.00元。

表6-3 措施项目清单与计价表(二)

工程名称:××住宅楼工程　　　　　标段:　　　　　　　第　页 共　页

序号	项目编码	项目名称	项目特征描述	计量单位	工程量	金额/元	
						综合单价	合价
1	AB001	现浇钢筋混凝土柱模板及支架	矩形柱,支模高度3.3m	m³	37.34	241.18	9005.65

工程名称：××住宅楼工程　　　　　　标段：　　　　　　　第　页　共　页（续）

序号	项目编码	项目名称	项目特征描述	计量单位	工程量	金额/元	
						综合单价	合价
2	AB002	现浇钢筋混凝土梁模板及支架	矩形梁，断面300×600mm，梁底支模高度2.7m	m³	75.29	218.71	16466.53
3	…		（其他略）				
			本页小计				668730.73
			合　计				668730.73

（3）措施项目清单中的安全文明施工费，应按照国家或省级、行业建设主管部门的规定计算，不得作为竞争性费用　这是因为，根据《中华人民共和国安全生产法》、《中华人民共和国建筑法》、《建设工程安全生产管理条例》、《安全生产许可证条例》等法律、法规的规定，原建设部办公厅印发了《建筑工程安全防护、文明施工措施费及使用管理规定》（建办【2005】89号），将安全文明施工费纳入国家强制性标准管理范围，其费用标准不予竞争。清单计价规范规定，措施项目清单中的安全文明施工费应按国家或省级、行业建设主管部门的规定费用标准计价，招标人不得要求投标人对该项费用进行优惠，投标人也不得将该项费用参与市场竞争。

3. 其他项目与清单计价表的编制

其他项目费主要包括暂列金额、暂估价、计日工以及总承包服务费等。投标人对其他项目费投标报价时应遵循以下原则：

1）暂列金额应按照招标人在其他项目清单中列出的金额填写，不得变动。

2）暂估价不得变动和更改。暂估价中的材料暂估价必须按照招标人提供的暂估单价计入分部分项工程费用中的综合单价；专业工程暂估价必须按照招标人提供的其他项目清单中列出的金额填写。材料暂估单价和专业工程暂估价均由招标人提供，为暂估价格，在工程实施过程中，对于不同类型的材料与专业工程采用不同的计价方法。

3）计日工应按照招标人在其他项目清单中列出的项目和估算的数量，自主确定各项综合单价并计算费用。

4）总承包服务费应根据招标人在招标文件中列出的分包专业工程内容和供应材料、设备情况，按照招标人提出的协调、配合与服务要求和施工现场管理需要自主确定。

4. 规费、税金项目清单与计价表的编制

规费和税金应按国家或省级、行业建设主管部门的规定计算，不得作为竞争性费用。这是由于规费和税金的计取标准是依据有关法律、法规和政策规定制定的，具有强制性。因此，投标人在投标报价时必须按照国家或省级、行业建设主管部门的有关规定计算规费和税金。规费、税金项目清单与计价表的编制。

5. 投标价的汇总

投标人的投标总价应当与组成工程量清单的分部分项工程费、措施项目费、其他项目费和规费、税金的合计金额相一致，即投标人在进行工程量清单招标的投标报价时，不能进行投标总价优惠（或降价、让利），投标人对投标报价的任何优惠（或降价、让利）均应反映在相应清单项目的综合单价中。

6.3.2.3 投标报价策略与技巧

投标策略与技巧是指投标人在投标竞争中的系统工作部署及其参与投标竞争的方式和手段。投标策略与技巧作为投标取胜的方式、手段和艺术，贯穿于投标竞争的始终，内容十分丰富。常用的投标策略及技巧主要有：

1. 根据招标项目的不同特点采用不同报价

投标报价时，既要考虑自身的优势和劣势，也要分析招标项目的特点。按照工程项目的不同特点、类别、施工条件等来选择报价策略。

1）遇到如下情况报价可高一些：施工条件差的工程，专业要求高的技术密集型工程，而投标人在这方面又有专长，声望也较高；总价低的小工程，以及自己不愿做又不方便不投标的工程；特殊的工程，如港口码头、地下开挖工程等；工期要求急的工程；投标对手少的工程；支付条件不理想的工程。

2）遇到如下情况报价可低一些：施工条件好的工程；工作简单、工程量大而其他投标人都可以做的工程；投标人目前急于打入某一市场、某一地区，或在该地区面临工程结束，机械设备等无工地转移时；投标人在附近有工程，而本项目又可利用该工程的设备、劳务，或有条件短期内突击完成的工程；投标对手多，竞争激烈的工程；非急需工程；支付条件好的工程。

2. 不平衡报价法

这一方法是指一个工程项目总报价基本确定后，通过调整内部各个项目的报价，以期既不提高总报价、不影响中标，又能在结算时得到更理想的经济效益。一般可以考虑在以下几个方面采用不平衡报价：

1）能够早日结算的项目（如前期措施费、基础工程、土石方工程等）可以适当提高报价，以利资金周转，提高资金时间价值。后期工程项目如设备安装、装饰工程等的报价可适当降低。

2）经过工程量复核，预计今后工程量会增加的项目，单价适当提高，这样在最终结算时可多盈利，而将来工程量有可能减少的项目单价降低，工程结算时损失不大。

但是，上述两种情况要统筹考虑，具体分析后再定。

3）设计图不明确、估计修改后工程量要增加的，可以提高单价，而工程内容说明不清楚的，则可以降低一些单价，在工程实施阶段通过索赔再寻求提高单价的机会。

4）暂定项目又称任意项目或选择项目，对这类项目要作具体分析。因这一类项目要开工后由发包人研究决定是否实施，以及由哪一家投标人实施。如果工程不分标，不会另由一家投标人施工，则其中肯定要施工的单价可高些，不一定要施工的则应该低些。如果工程分标，该暂定项目也可能由其他投标人施工时，则不宜报高价，以免抬高总报价。

5）单价与包干混合制合同中，招标人要求有些项目采用包干报价时，宜报高价。一则这类项目多半有风险；二则这类项目在完成后可全部按报价结算，即可以全部结算回来。其余单价项目则可适当降低。

6）有时招标文件要求投标人对工程量大的项目报"综合单价分析表"，投标时可将单价分析表中的人工费及机械设备费报得较高，而材料费报得较低。这主要是为了在今后补充项目报价时，可以参考选用"综合单价分析表"中较高的人工费和机械费，而材料则往往采用市场价，因而可获得较高的收益。

3. 计日工单价的报价

如果是单纯报计日工单价，而且不计入总价中，可以报高些，以便在招标人额外用工或使用施工机械时可多盈利。但如果计日工单价要计入总报价时，则需具体分析是否报高价，以免抬高总报价。总之，要分析招标人在开工后可能使用的计日工数量，再来确定报价方针。

4. 可供选择的项目的报价

有些工程项目的分项工程，招标人可能要求按某一方案报价，而后再提供几种可供选择方案的比较报价。投标时，应对不同规格情况下的价格都进行调查，对于将来有可能被选择使用的规格应适当提高其报价；对于技术难度大或其他原因导致的难以实现的规格，可将价格有意抬得更高一些，以阻挠招标人选用。但是，所谓"可供选择项目"并非由投标人任意选择，而是只有招标人才有权进行选择。因此，虽然适当提高了可供选择项目的报价，并不意味着肯定可以取得较好的利润，只是提供了一种可能性，一旦招标人今后选用，投标人即可得到额外加价的利益。

5. 暂定金额的报价

暂定金额有三种：

1）招标人规定了暂定金额的分项内容和暂定总价款，并规定所有投标人都必须在总报价中加入这笔固定金额，但由于分项工程量不很准确，允许将来按投标人所报单价和实际完成的工程量付款。这种情况下，由于暂定总价款是固定的，对各投标人的总报价水平竞争力没有任何影响，因此，投标时应当对暂定金额的单价适当提高。

2）招标人列出了暂定金额的项目的数量，但并没有限制这些工程量的估价总价款，要求投标人既列出单价，也应按暂定项目的数量计算总价，当将来结算付款时可按实际完成的工程量和所报单价支付。这种情况下，投标人必须慎重考虑。如果单价定得高了，同其他工程量计价一样，将会增大总报价，影响投标报价的竞争力；如果单价定得低了，将来这类工程量增大，将会影响收益。一般来说，这类工程量可以采用正常价格。如果投标人估计今后实际工程量肯定会增大，则可适当提高单价，使将来可增加额外收益。

3）当暂定金额是一笔固定总金额时，将来这笔金额做什么用，由招标人确定。这种情况对投标竞争没有实际意义，按招标文件要求将规定的暂定金额列入总报价即可。

6. 多方案报价法

对于一些招标文件，如果发现工程范围不很明确，条款不清楚或很不公正，或技术规范要求过于苛刻时，则要在充分估计投标风险的基础上，按多方案报价法处理，即是按原招标文件报一个价，然后再提出如某某条款做某些变动，报价可降低多少，由此可报出一个较低的价。这样可以降低总价，吸引招标人。

7. 增加建议方案

有时招标文件中规定，可以提一个建议方案，即可以修改原设计方案，提出投标者的方案。投标人这时应抓住机会，组织一批有经验的设计和施工工程师，对原招标文件的设计和施工方案仔细研究，提出更为合理的方案以吸引招标人，促成自己的方案中标。这种新建议方案可以降低总造价或是缩短工期，或使工程运用更为合理。但要注意，对原招标方案一定也要报价。建议方案不要写得太具体，要保留方案的技术关键，防止招标人将此方案交给其他投标人。同时要强调的是，建议方案一定要比较成熟，有很好的可操作性。

8. 分包商报价的采用

总承包商通常应在投标前先取得分包商的报价，并增加总承包商摊入的一定的管理费，而后作为自己投标总价的一个组成部分一并列入报价单中。应当注意，分包商在投标前可能同意接受总承包商压低其报价的要求，但等到总承包商得标后，他们常以种种理由要求提高分包价格，这将使总承包商处于十分被动的地位。解决的办法是，总承包商在投标前找两三家分包商分别报价，而后选择其中一家信誉较好、实力较强和报价合理的分包商签订协议，同意该分包商作为本分包工程的唯一合作者，并将分包商的姓名列到投标文件中，但要求该分包商相应地提交投标保函。如果该分包商认为总承包商确实有可能得标，也许愿意接受这一条件。这种把分包商的利益同投标人捆在一起的做法，不但可以防止分包商事后反悔和涨价，还可能迫使分包时报出较合理的价格，以便共同争取得标。

9. 许诺优惠条件

投标报价附带优惠条件是一种行之有效的手段。招标人评标时，除了主要考虑报价和技术方案外，还要分析别的条件，如工期、支付条件等。所以在投标时主动提出提前竣工、低息贷款、赠给施工设备、免费转让新技术或某种技术专利、免费技术协作、代为培训人员等，均是吸引招标人、利于中标的辅助手段。

10. 无利润报价

缺乏竞争优势的承包商，在不得已的情况下，只好在报价时根本不考虑利润而去夺标。这种办法一般是处于以下条件时采用：

1）有可能在得标后，将大部分工程分包给索价较低的一些分包商。

2）对于分期建设的项目，先以低价获得首期工程，而后赢得机会创造第二期工程中的竞争优势，并在以后的实施中盈利。

3）较长时期内，投标人没有在建的工程项目，如果再不得标，就难以维持生存。因此，虽然本工程无利可图，但只要能有一定的管理费维持公司的日常运转，就可设法渡过暂时的困难。

6.4 工程承包合同价的确定

6.4.1 工程合同价的确定

工程合同价款是发包人、承包人在协议书中约定，发包人用以支付承包人按照合同约定完成承包范围内全部工程并承担质量保修责任的价款。合同价款是双方当事人关心的核心条款。按照工程的合同价款由发包人、承包人依据中标通知书中的中标价格在协议书内约定。合同价款约定后，任何一方不得擅自改变。

《建筑工程施工发包与承包计价管理办法》规定，工程合同价可以采用三种方式：固定合同价格、可调合同价格和成本加酬金合同价格。

1. 固定合同价格

这是指在约定的风险范围内价款不再调整的合同。双方须在专用条款内约定合同价款包含的风险范围、风险费用的计算方法和承包风险范围以外对合同价款影响的调整方法，在约定的风险范围内合同价款不再调整。固定合同价可分为固定合同总价和固定合同单价两种方式。

（1）固定合同总价　固定总价合同的价格计算是以设计图、工程量及规范等为依据，承发包双方就承包工程协商一个固定的总价，即承包方按投标时发包方接受的合同价格实施工程，并一笔包死，无特定情况不作变化。

采用这种合同，合同总价只有在设计和工程范围发生变更的情况下才能随之作相应的变更，除此之外，合同总价一般不能变动。因此，采用固定总价合同，承包方要承担合同履行过程中的主要风险,要承担实物工程量、工程单价等变化而可能造成损失的风险。在合同执行过程中,承发包双方均不能以工程量、设备和材料价格、工资等变动为理由,提出对合同总价调值的要求。所以,作为合同总价计算依据的设计图、说明、规定及规范需对工程做出详尽的描述,承包方要在投标时对一切费用上升的因素做出估计并将其包含在投标报价之中。承包方因为可能要为许多不可预见的因素付出代价,所以往往会加大不可预见费用,致使这种合同的投标价格较高,并不能真正降低工程造价。

固定总价合同一般适用于:

1)招标时的设计深度已达到施工图设计要求,工程设计图完整齐全,项目、范围及工程量计算依据确切,合同履行过程中不会出现较大的设计变更,承包方依据的报价工程量与实际完成的工程量不会有较大的差异。

2)规模较小,技术不太复杂的中小型工程。承包方一般在报价时可以合理地预见到实施过程中可能遇到的各种风险。

3)合同工期较短,一般为一年之内的工程。

(2) 固定合同单价 固定单价合同分为:估算工程量单价与纯单价合同。

1)估算工程量单价。估算工程量单价是以工程量清单和工程单价表为基础和依据来计算合同价格的,也可称为计量估价合同。估算工程量单价合同通常是由发包方提出工程量清单,列出分部分项工程量,由承包方以此为基础填报相应单价,累计计算后得出合同价格。但最后的工程结算价应按照实际完成的工程量来计算,即按合同中的分部分项工程单价和实际工程量,计算得出工程结算和支付的工程总价格。

采用这种合同时,要求实际完成的工程量与原估计的工程量不能有实质性的变更。因为承包方给出的单价是以相应的工程量为基础的,如果工程量大幅度增减可能影响工程成本。不过在实践中往往很难确定工程量究竟有多大范围的变更才算实质性变更,这是采用这种合同计价方式需要考虑的一个问题。有些固定单价合同规定,如果实际工程量与报价表中的工程量相差超过±10%时,允许承包方调整合同价。此外,也有些固定单价合同在材料价格变动较大时允许承包方调整单价。

采用估算工程量单价合同时,工程量是统一计算出来的,承包方只要经过复核后填上适当的单价,承担风险较小;发包方也只需审核单价是否合理即可,对双方都较为方便。由于具有这些特点,估算工程量单价合同是比较常见的一种合同计价方式。估算工程量单价合同大多用于工期长、技术复杂、实施过程中可能会发生各种不可预见因素较多的建设工程。在施工图不完整或当准备招标的工程项目内容、技术经济指标一时尚不能明确时,往往要采用这种合同计价方式。这样在不能精确地计算出工程量的条件下,可以避免使发包或承包的任何一方承担过大的风险。

2）纯单价。采用这种计价方式的合同时，发包方只向承包方给出发包工程的有关分部分项工程以及工程范围，不对工程量作任何规定，即在招标文件中仅给出工程内各个分部分项工程一览表、工程范围和必要的说明，而不必提供实物工程量。承包方在投标时只需要对这类给定范围的分部分项工程做出报价即可，合同实施过程中按实际完成的工程量进行结算。

这种合同计价方式主要适用于没有施工图，或工程量不明、却急需开工的紧迫工程，如设计单位来不及提供正式施工图，或虽有施工图但由于某些原因不能比较准确地计算工程量时。当然，对于纯单价合同来说，发包方必须对工程范围的划分做出明确的规定，以使承包方能够合理地确定工程单价。

2. 可调合同价格

可调价是指合同总价或者单价，在合同实施期内根据合同约定的办法调整，即在合同的实施过程中可以按照约定，随资源价格等因素的变化而调整的价格。

（1）可调总价 可调总价合同的总价一般也是以设计图及规定、规范为基础，在报价及签约时，按招标文件的要求和当时的物价来计算合同总价。但合同总价是一个相对固定的价格，在合同执行过程中，由于通货膨胀而使所用的工料成本增加，可对合同总价进行相应的调整。可调总价合同的合同总价不变，只是在合同条款中增加调价条款，如果出现通货膨胀这一不可预见的费用因素，合同总价就可按约定的调价条款作相应调整。

可调总价合同列出的有关调价的特定条款，往往是在合同专用条款中列明，调价必须按照这些特定的调价条款进行。这种合同与固定总价合同的不同之处在于，它对合同实施中出现的风险做了分摊，发包方承担了通货膨胀的风险，而承包方承担合同实施中实物工程量、成本和工期因素等其他风险。

可调总价适用于工程内容和技术经济指标规定很明确的项目，由于合同中列有调值条款，所以工期在一年以上的工程项目较适于采用这种合同计价方式。

（2）可调单价 合同单价的可调，一般是在工程招标文件中规定、在合同中签订的单价，根据合同约定的条款，如在工程实施过程中物价发生变化等，可作调值。有的工程在招标或签约时，因某些不确定因素而在合同中暂定某些分部分项工程的单价，在工程结算时，再根据实际情况和合同约定对合同单价进行调整，确定实际结算单价。

3. 成本加酬金合同价格

成本加酬金合同是将工程项目的实际投资划分成直接成本费和承包方完成工作后应得酬金两部分。工程实施过程中发生的直接成本费由发包方实报实销，再按合同约定的方式另外支付给承包方相应报酬。

这种合同计价方式主要适用于工程内容及技术经济指标尚未全面确定，投标报价的依据尚不充分的情况下，发包方因工期要求紧迫，必须发包的工程；或者发包方与承包方之间有着高度的信任，承包方在某些方面具有独特的技术、特长或经验。由于在签订合同时，发包方提供不出可供承包方准确报价所必需的资料，报价缺乏依据，因此，在合同内只能商定酬金的计算方法。成本加酬金合同广泛地适用于工作范围很难确定的工程和在设计完成之前就开始施工的工程。

以这种计价方式签订的工程承包合同，有两个明显缺点：一是发包方对工程总价不能实施有效的控制；二是承包方对降低成本也不太感兴趣。因此，采用这种合同计价方式，其条款必须非常严格。

按照酬金的计算方式不同，成本加酬金合同又分为以下几种形式。

(1) 成本加固定酬金 这种承包方式工程成本实报实销，但酬金是事先商量好的一个固定数目。其计算式为：

$$C = C_d + F$$

式中 C——工程总造价；

　　　C_d——实际发生的工程成本；

　　　F——固定酬金（通常是按估算的工程成本的一定百分比确定）。

从上式中可以看出，这种承包方式，酬金不会因成本的变化而改变，它不能鼓励承包商降低成本，但可以鼓励承包商为尽快取得酬金而缩短工期。有时，为鼓励承包人更好地完成任务，也可在固定酬金之外，再根据工程质量、工期和降低成本情况另加奖金，且奖金所占比例的上限可以大于固定酬金。

(2) 成本加固定百分数酬金 这种承包方式工程成本实报实销，但酬金是事先商量好的以工程成本为计算基础的一个百分数。其计算式为：

$$C = C_d (1 + P)$$

式中 C——工程总造价；

　　　C_d——实际发生的工程成本；

　　　P——固定的百分数。

这种承包方式，对发包人不利，因为工程总造价 C 随工程成本 C_d 增大而相应增大，不能有效地鼓励承包商降低成本、缩短工期。现在这种承包方式已很少被采用。

(3) 成本加浮动酬金 这种承包方式的做法，通常是由双方事先商定工程成本和酬金的预期水平，然后将实际发生的工程成本与预期水平相比较，如果实际成本恰好等于预期成本，工程造价就是成本加固定酬金；如果实际成本低于预期成本，则增加酬金；如果实际成本高于预期成本，则减少酬金。上述三种情形的计算式分别为：

如 $C_d = C_0$，则 $C = C_d + F$

如 $C_d < C_0$，则 $C = C_d + F + \Delta F$

如 $C_d > C_0$，则 $C = C_d + F - \Delta F$

式中 C——工程总造价；
C_d——实际发生的工程成本；
C_0——预期工程成本；
F——固定酬金；
ΔF——酬金增减部分（可以是一个百分数，也可以是一个固定数值）。

采用这种承包方式，优点是对发包人、承包人双方都没有太大风险，同时也能促使承包商降低成本和缩短工期；缺点是在实践中估算预期成本比较困难，要求承发包双方具有丰富的经验。

（4）目标成本加奖罚 这种承包方式是在初步设计结束后，工程迫切开工的情况下，根据粗略估算的工程量和适当的概算单价表编制概算，作为目标成本，随着设计逐步具体化，目标成本可以调整。另外，以目标成本为基础规定一个百分数作为酬金，最后结算时，如果实际成本高于目标成本并超过事先商定的界限（例如5%），则减少酬金，如果实际成本低于目标成本（也有一个幅度界限），则增加酬金。其计算式为：

$$C = C_d + P_1 C_e + P_2 (C_e - C_d)$$

式中 C——工程总造价；
C_d——实际发生的工程成本；
C_e——目标成本；
P_1——基本酬金百分数；
P_2——奖罚酬金百分数。

此外，还可另加工期奖罚。这种承发包方式的优点是可促使承包商关心降低成本和缩短工期，而且，由于目标成本是随设计的进展而加以调整才确定下来的，所以，发包人、承包人双方都不会承担多大风险。缺点是目标成本的确定，也要求发包人、承包人都须具有比较丰富的经验。

6.4.2 施工合同的签订

1. 施工合同格式的选择

合同是双方对招标成果的认可，是招标之后、开工之前双方签订的工程施工、付款和结算的凭证。合同的形式应在招标文件中确定，投标人应在投标文件中作出响应。目前的建筑工程施工合同格式一般采用以下几种方式。

（1）参考 FIDIC 合同格式订立的合同 FIDIC 合同是国际通用的规范合同文本。它一般用于大型的国家投资项目和世界银行贷款项目。采用这种合同格式，可以避免工程竣工结算时的经济纠纷；但因其使用条件比较严格，因而在一般中小型项目中较少采用。

（2）《建设工程施工合同示范文本》（简称示范文本合同） 按照国家工商

总局和建设部推荐的《建设工程施工合同示范文本》格式订立的合同是比较规范，也是公开招标的中小型工程项目采用最多的一种合同格式。该合同由4部分组成：协议书、通用条款、专用条款、附件。《协议书》明确了双方最主要的权利和义务，经当事人签字盖章，具有最高的法律效力；《通用条款》具有通用性，基本适用于各类建筑施工和设备安装；《专用条款》是对《通用条款》必要的修改与补充，其与《通用条款》相对应，多为空格形式，需双方协商完成，更好地针对工程实际情况，体现了双方的统一意志；附件对双方的某项义务以确定格式予以明确，便于实际工作中的执行与管理。整个示范文本合同是招标文件的延续，故一些项目在招标文件中就拟定了补充条款内容以表明招标人的意向；投标人若对此有异议时，可在招标答疑会上提出，并在投标函中提出施工单位能接受的补充条款；双方对补充条款再有异议时可在询标时得到最终统一。但是，也有项目虽然在招标中采用了示范合同文本，并没有在协议书中写明工程造价，或者协议书中写明的造价与中标通知书上的中标价不一致，或者在补充条款中未对招标文件内容有实质性响应，甚至在补充条款中提出与招标文件内容相矛盾的款项，那么一方面不能体现招标对所有潜在中标人的公平和公正，另一方面使最终的工程审计工作难以开展，导致双方利益的损失。

（3）自由格式合同　自由格式合同是由建设单位和施工单位协商订立的合同，它一般适用于通过邀请招标发包而定的工程项目。这种合同是一种非正规的合同形式，往往由于一方（主要是建设单位）对建设工程的复杂性、特殊性等方面考虑不周，从而使其在工程实施阶段陷于被动。

2. 施工合同签订过程中的注意事项

（1）关于合同文件部分　招投标过程中形成的补遗、修改、书面答疑、各种协议等均应作为合同文件的组成部分，特别应注意作为付款和结算依据的工程量和价格清单，应根据评标阶段作出的修正稿重新整理、审定，并且应标明按完成的工程量测算付款和按总价付款的内容。

（2）关于合同条款的约定　在编制合同条款时，应注重有关风险和责任的约定，将项目管理的理念融入合同条款中，尽量将风险量化，责任明确，公正地维护双方的利益。其中主要重视以下几类条款。

1）程序性条款。目的在于规范工程价款结算依据的形成，预防不必要的纠纷。程序性条款贯穿于合同行为的始终，包括信息往来程序、计量程序、工程变更程序、索赔处理程序、价款支付程序、争议处理程序等。编写时注意明确具体步骤，约定时间期限。

2）有关工程计量条款。注重计算方法的约定，应严格确定计算内容（一般按净值计量），加强隐蔽工程计量的约定。计量方法一般按工程部位和工程特性确定，以便于核定工程量及便于计算工程价款为原则。

3）有关估价的条款。应特别注意价格调整条款，如对未标明价格或无单独标价的工程，是采用重新报价方法，还是采用定额及取费方法，在合同中应约定相应的计价方法。对于工程量变化的价格调整，应约定费用调整公式；对于工程延期的价格调整、材料价格上涨等因素造成的价格调整，是采用补偿方式，还是变更合同价，应在合同中约定。

4）有关双方职责的条款。为进一步划清双方责任，量化风险，应对双方的职责进行恰当的描述。对那些未来很可能发生并影响工作、增加合同价格及延误工期的事件和情况加以明确，防止索赔、争议的发生。

5）工程变更的条款。适当规定工程变更和增减总量的限额及时间期限。如在 FIDIC 合同条款中规定，单位工程的增减量超过原工程量的 15% 应相应调整该项的综合单价。

6）索赔条款。索赔条款应明确索赔程序、索赔的支付、争端解决方式等。

6.4.3 不同计价模式对合同价形成的影响

采用不同的计价模式会直接影响到合同价的形成方式，从而最终影响合同的签订和实施。目前国内使用的定额计价方法在以上方面存在诸多弊端，相比之下，工程量清单的计价方法能确定更为合理的合同价，并且便于合同的实施。

首先，工程量清单计价的合同价的形成方式使工程造价更接近于工程实际价值。因为确定合同价的两个重要因素——投标报价和标底价都以实物法编制，采用的消耗量、价格、费率都是市场波动值，因此使合同价能更好地反映工程的性质和特点，更接近于市场价值。其次，易于对工程造价进行动态控制，在定额计价模式下，无论合同采用固定价还是可调价格，无论工程量的变化多大，无论施工工期多长，双方只要约定采用国家定额、国家造价管理部门调整的材料指导价和颁布的价格调整系数，便适用于合同内、外项目的结算。在新的计价模式下，工程量由招标人提供，报价人的竞争性报价是基于工程量清单上所列量值，招标人为避免由于对施工图理解不同而引起的问题，一般不要求报价人对工程量提出意见或作出判断。但是工程量变化会改变施工组织、改变施工现场情况，从而引起施工成本、利润率、管理费率的变化，因此带来项目单价的变化。新的计价模式能实现真正意义上的工程造价动态控制。

在合同条款的约定上，双方的风险和责任意识加强。在定额计价模式下，由于计价方法单一，承发包双方对有关风险和责任意识不强；工程量清单计价模式下，招投标双方对合同价的确定共同承担责任。招标人提供工程量，承担工程量变更或计算错误的责任，投标单位只对自己所报的成本、单价负责。工程量结算时，根据实际完成的工程量，按约定的办法调整。双方对工程情况的理解以不同的方式体现在合同价中，招标方以工程量清单表现，投标方体现在报价中。另外,一般工程项目造价已通过清单报价明确下来,在日后的施工过程中,施工企业为获取最大的利益,会利用工程变更和索赔手段追求额外费用。因此,双方对合同管理的意识会大大加强,合同条款的约定会更加周密。

工程量清单计价模式赋予造价控制工作新的内容和新的侧重点。工程量清单成为报价的统一基础使获得竞争性投标报价得到有力保证,无标底合理低价中标评标方式使评选的中标价更为合理,合同条款更注重风险的合理分摊,对造价的动态控制,对价格调整及工程变更、索赔等方面的约定。

思 考 题

1. 简述建设工程招标投标的范围。
2. 什么是公开招标?
3. 什么是邀请招标?
4. 招投标阶段工程造价控制的内容有哪些?
5. 什么是招标控制价?其作用是什么?
6. 招标控制价的编制原则有哪些?
7. 简述投标报价的编制过程。
8. 结合工程实际,谈谈如何利用投标技巧有效控制工程造价。

第 7 章

建设工程施工阶段
工程造价控制

7.1 概述

施工阶段是实现建设工程价值的主要阶段，也是资金投入量最大的阶段，在工程实践中往往把施工阶段作为工程造价控制的重要阶段。施工阶段工程造价控制主要通过工程进度款控制、工程变更费用控制、预防并处理好费用索赔、挖掘节约工程造价潜力来实现。

7.1.1 施工阶段影响工程造价的主要因素

1. 工程计量

当工程采用单价合同形式时，在工程进行价款支付时，需对已完工程进行计量，用于支付工程款。正确的计量是发包人向承包人支付工程进度款的前提和依据，如计量有偏差，直接影响工程造价的高低。

2. 价款支付

工程价款的支付包括工程预付款的支付和工程进度款的支付。工程预付款的支付额度及支付时间，进度款的付款周期、付款程序及付款额度，均是工程施工过程中造价控制的主要内容。

3. 工程变更

因施工条件改变、业主要求、监理人指令或设计原因使工程的质量、数量、性质、功能、施工次序、进度计划和实施方案发生变化，称之为工程变更。工程变更包括设计变更、施工方案变更、进度计划变更和新增工程等。由于工程变更所引起的工程量的变化，可能使项目的实际造价超出原来的合同价，所以在工程实施过程中应严格控制工程变更，使实际造价控制在合同价以内。

4. 工程索赔

工程索赔是指在工程承包合同的履行过程中，当事人一方因对方不履行或不完全履行既定的义务，或对方的行为使权利人受到损失时，要求对方补偿的权利。由于施工现场条件的变化、气候条件的变化、施工进度的变化，规范、标准文件和施工图的变更，业主及监理人指令的错误，承包商的失误等导致的工期的延误及费用的增加，使得工程承包中不可避免地出现索赔，进而导致工程项目造价发生变化。因此，索赔的控制是工程施工阶段造价控制的重要手段。

5. 工程价款调整

在履行工程承包合同的过程中，因当国家的法律、法规、规章及政策发生变化；因施工中施工图（含设计变更）与工程量清单项目特征描述不一致时；因分部分项工程量清单漏项或非承包人原因的工程变更，造成增加新的工程量清单项目；因分部分项工程量清单漏项或非承包人原因的工程变更，引起措施项目发生变化；因不可抗力事件导致的费用等。造成合同价发生变化，需经发、承包双方确定调整的工程价款，作为追加（减）合同价款。

6. 工程结算

工程价款结算是指承包商在工程实施过程中，依据承包合同中关于付款条款的规定和已经完成的工程量，并按照规定的程序向业主（建设单位）收取工程价款的一项经济活动。工程结算可以根据不同情况采用多种形式，如按月结算、竣工后一次结算、分段结算等。按月结算一般同上面所讲的工程款的支付，竣工结算内容在第 8 章讲述。

建设工程施工阶段涉及的内容多、人员多，影响造价的因素也多，与工程造价控制有关的工作也多，所以，在施工阶段进行工程造价控制要积极主动，密切关注各方面，使工程造价控制在合理范围内。

7.1.2 施工阶段造价控制的主要工作内容及程序

根据以上施工阶段工程造价的影响因素可知，工程施工阶段工程造价控制的主要工作就是做好工程计量、进行已完工程量的价款结算、根据工程变更调整工程价款、进行工程索赔价款的计算等。其工作程序如图 7-1 所示。

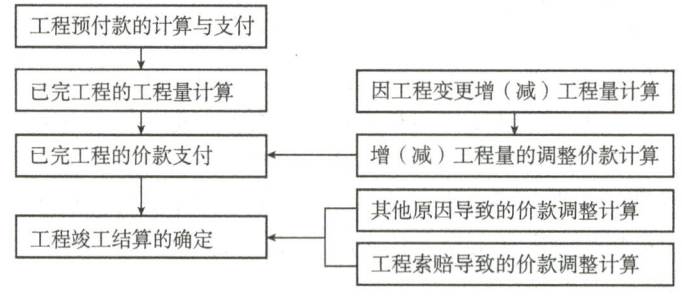

图 7-1 施工阶段造价控制的主要工作内容及程序

7.2 工程变更

7.2.1 工程变更的概念与产生原因

1. 工程变更的概念

工程变更是指施工过程中出现了与签订合同时的预计条件不一致的情况，而需要改变原定施工承包范围内的某些工作内容，包括设计变更、进度计划变更、施工条件变更以及原招标文件和工程量清单中未包括的"新增工程"。

2. 工程变更产生的原因

引起工程变更的原因是多方面的，可能来自业主方、设计方、承包方，还可能来自监理人的建议。

（1）业主方提出的工程变更　有时业主方面临内外环境发生较大变化，比如，国家的宏观经济政策、社会环境、当地的总体规划、或市场供求关系发生变化会对项目的社会效益和经济效益产生较大影响时，业主方就可能提出增减部分工程，提高或降低建筑标准等工程变更措施；业主方也可能提出提前竣工或工程缓建、停建等调整进度计划的要求。例如，一个房地产开发商可能会因为规划条件的变化而修改建设项目的规模、标准甚至于停建等。

（2）设计方提出的工程变更　如果设计文件、设计图出现差错，设计单位需要提出设计修改；如果设计出现漏项或者设计的预期与实际的现场条件出现很大差异，设计单位则需要补充或修改设计。

（3）承包商要求的工程变更　在履行合同过程中，承包人对发包人提供的施工图、技术要求以及其他方面可以以书面形式提出合理化建议。合理化建议书的内容应包括建议工作的详细说明、进度计划和效益以及与其他工作的协调等，并附必要的文件。对承包商的建议，监理人与业主协商是否采纳，如果建议被采纳并构成工程变更的，就应按工程变更的程序处理。

（4）监理人提出的工程变更　我国的涉外项目越来越多，按照国际惯例，大部分工程采用《FIDIC 施工合同条件》。根据《FIDIC 施工合同条件》，监理人的主要职责包括：对工程进行设计指导和技术指导；准备工程量报表和其他合同文件；对材料和工程质量进行检查；对工程进行测量和估价；确定额外工程价格等。其中第一条就说明，有时监理人可以根据本人或本单位的丰富经验，提出一些合理化建议，这也可能导致工程变更。

3. 工程变更的范围和内容

工程变更包括设计变更、进度计划变更、施工条件变更、工程量清单中未包括"新增工程"等。大部分的变更往往需经设计发出相应施工图和说明后方可变更，即最终表现为设计变更，因此，变更可分为设计变更和其他变更两大类。

（1）设计变更　构成设计变更的常常包括更改工程有关部分的标高、基线、位置、尺寸；增减合同中约定的工程量；改变有关工程的施工时间和顺序；其他有关工程变更需要的附加工作。在施工中如果发生设计变更，将对施工进度产生很大影响，容易造成工程造价失控，因此应尽量减少设计变更。对必须变更的，应先作工程量和造价的分析，严禁通过设计变更扩大建设规模，增加建设内容，提高建设标准。变更超过原设计标准建设规模时，发包人应经规划管理部门和其他有关部门重新审查批准，并有原设计单位提供变更的相应的施工图和说明后，方可发出变更通知。设计变更通知单的参考格式见表7－1。

表7－1　设计变更通知单　　　　　　　共　页　第　页

工程名称		专业名称	
设计单位		有关图号	
变更原因		变更日期	

变更内容及附图：

签字栏	建设单位	监理单位	设计单位	施工单位

（2）其他变更　合同履行中除设计变更外，其他能够导致合同内容变更的都属于其他变更。例如，发包人要求变更工程质量标准、双方对工期要求的变化、施工条件和环境的变化导致施工机械和材料的变化。

7.2.2　工程变更处理程序

1. 工程变更的提出

（1）有发生工程变更的意向时　在合同履行过程中，如有可能发生工程变更情形时，监理人可向承包人发出变更意向书。变更意向书应说明变更的具体内容和发包人对变更的时间要求，并附必要的图纸和相关资料。变更意向书应要求承包人提交包括拟实施变更工作的计划、措施和竣工时间等内容的实施方案。发包人同意承包人根据变更意向书要求提交的变更实施方案的，由监理人发出变更指示。若承包人收到监理人的变更意向书后认为难以实施此项变更，应立即通知监理人，说明原因并附详细依据。监理人与承包人和发包人协商后确定撤销、改变或不改变原变更意向书。

（2）发生工程变更的情形时　在合同履行过程中，发生合同约定的变更情

形的,监理人应向承包人发出变更指示。变更指示应说明变更的目的、范围、变更内容以及变更的工程量及其进度和技术要求,并附有关施工图和文件。承包人收到变更指示后,应按变更指示进行变更工作。

(3) 承包人提出的工程变更建议　承包人收到监理人按合同约定发出的施工图和文件,经检查认为其中存在变更情形的,可向监理人提出书面变更建议申请。变更建议申请应附工程变更建议书,建议书应阐明要求变更的理由和依据,并附必要的施工图和说明。监理人收到承包人的书面建议后,应与发包人共同研究,确认存在变更的,应在收到承包人书面建议后的14天内作出变更指示。经研究后不同意作为变更的,应由监理人书面答复承包人。承包人变更申请报告的参考格式见表7-2。

表7-2　变更申请报告

合同名称:　　　　　　　　　　　　　　　　　　　　　　合同编号:

致:(监理人)
　　由于＿＿＿＿＿＿＿＿＿＿＿＿＿＿＿＿＿＿＿＿＿＿＿＿＿原因,我方今提出工程变更。变更内容详见附件,请贵方审批。
　　附件:1. 工程变更建议书。
　　　　　2.……

	承包人:(全称及盖章) 项目经理:(签名) 日　期:　年　月　日
监理人初步意见	监理人:(全称及盖章) 总监理人:(签名) 日　期:　年　月　日
设计单位意见	设计单位:(全称及盖章) 负责人:(签名) 日　期:　年　月　日
发包人意见	发包人:(全称及盖章) 负责人:(签名) 日　期:　年　月　日
批复意见	监理人:(全称及盖章) 总监理人:(签名) 日　期:　年　月　日

2. 工程变更的确认

不论任何一方提出的工程变更,均应有监理人确认,并签发工程变更指示。承包人收到变更指示后,应按变更指示进行变更工作。没有监理人的变更指示,承包人不得擅自变更。变更指示应说明变更的目的、范围、变更内容以及变更的工程量及其进度和技术要求，并附有关施工图和文件。工程变更指示的参考格式见表 7-3。

表 7-3 变更指示

合同名称：		合同编号：
致：（承包人）		
此决定对本合同项目作如下变更或调整，你方应根据本指示于　年　月　日前提交相应的施工技术方案和进度计划。		
变更项目名称		
变更内容简述		
变更工程量		
变更技术要求		
其他内容		

附件：变更文件、施工图

　　　　　　　　　　　　　　　　　　　　　　监理人：（全称及盖章）
　　　　　　　　　　　　　　　　　　　　　　总监理人：（签名）
　　　　　　　　　　　　　　　　　　　　　　日期：　年　月　日

接受变更指示，并按要求提供施工方案和进度计划。

　　　　　　　　　　　　　　　　　　　　　　承包人：（全称及盖章）
　　　　　　　　　　　　　　　　　　　　　　项目经理：（签名）
　　　　　　　　　　　　　　　　　　　　　　日期：　年　月　日

7.2.3　FIDIC 合同条件下的工程变更

1. 变更权

根据 FIDIC 施工合同条件（1999 年第一版）的约定，在颁发工程接收证书前的任何时间，工程师可通过发布通知或要求承包方提交建议书的方式，提出变更。承包方应遵守并执行每项变更，除非承包方立即向工程师发出通知，说明（附详细根据）承包方难以取得变更所需的材料。工程师接到此类通知后，应取消、确认或改变原通知。变更的内容可包括：

1）合同中包括的任何工作内容或数量的改变（但此类改变不一定构成变更）。

2）任何工作内容的质量或其他特性的改变。

3）任何部分工程的标高、基线、位置、尺寸的改变。

4）任何工作的删减，但要交他人实施的工作除外。

5）永久工程所需的任何附加工作、生产设备、材料或服务，包括任何有关的竣工试验、钻孔和其他试验和勘探工作。

6）实施工程的顺序和时间安排的改变。

除非得到工程师同意，否则，承包方不得对永久工程作任何改变和（或）修改。

2. 变更程序

如果工程师在发出变更通知前要求承包方提出一份建议书，承包方应尽快做出书面回应，或提出他不能照办的理由，或提交以下建议：

1）对建议要完成的工作的说明，以及实施的进度计划。

2）根据进度计划和竣工时间的要求，承包方对进度计划做出必要修改的建议。

3）承包方对工程变更价款的建议。

工程师收到此类建议书后，应尽快给予同意或不同意的明示。在等待答复期间，承包方不应延误任何工作，应由监理人向承包方发出执行每项变更，并明示做好各项费用记录的要求，承包方应确认收到该指示。

7.3 工程计量

7.3.1 工程计量的重要性

1. 计量是控制价款支付的关键环节

工程计量是指根据设计文件及承包合同中关于工程量计算的规定，监理人对承包人申报的已完成工程的工程量的核对确定。当采用固定单价合同形式时，合同条件中明确规定工程量清单表中的工程量是该工程的估算工程量，不能作为结算工程量。结算工程量是承包人实际完成的，并按合同约定的计量方法进行计量的工程量。经过监理人核对后所确定的数量是向承包人支付款项的依据。

2. 计量是约束承包人履行合同义务的手段

计量不仅是控制价款支出的关键环节，同时也是约束承包人履行合同义务、强化承包商合同意识的手段。FIDIC 施工合同条件规定，业主对承包人的付款，是以工程师批准的付款证书为凭据的，工程师对计量支付有充分的批准权和否决权。对于不合格的工作和工程，工程师可以拒绝计量。同时，工程师通过按时计量，可以及时掌握承包人工作的进展情况和工程进度。当工程师发现工程进度严重偏离计划目标时，可要求承包人及时分析原因、采取措施、加快进度。因此，在施工过程中，工程师可以通过计量支付手段，控制工程按合同进行。

7.3.2 工程计量的程序

1. 采用固定单价合同时的计量程序

1）承包人对已完成的工程进行计量，向监理人提交进度付款申请单、已完成工程量报表和有关计量资料。

2）监理人对承包人提交的工程量报表进行复核，以确定实际完成的工程量。对数量有异议的，可要求承包人进行共同复核和抽样复测。承包人应协助监理人进行复核并按监理人要求提供补充计量资料。承包人未按监理人要求参加复核，监理人复核或修正的工程量视为承包人实际完成的工程量。

3）监理人认为有必要时，可通知承包人共同进行联合测量、计量，承包人应遵照执行。

4）承包人完成工程量清单中每个子目的工程量后，监理人应要求承包人派员共同对每个子目的历次计量报表进行汇总，以核实最终结算工程量。监理人可要求承包人提供补充计量资料，以确定最后一次进度付款的准确工程量。承包人未按监理人要求派员参加的，监理人最终核实的工程量视为承包人完成该子目的准确工程量。

5）监理人应在收到承包人提交的工程量报表后的7天内进行复核，监理人未在约定时间内复核的，承包人提交的工程量报表中的工程量视为承包人实际完成的工程量，据此计算工程价款。

对承包人超出设计图范围和因承包人原因造成返工的工程量，监理人不予计量。

2. 采用总价合同形式时的计量程序

当合同形式是固定总价合同时，在合同约定内的工程进行计量的作用包括：①承包人提交进度付款申请的依据；②合同总价支付分解表所表示的阶段性或分项计量的支持性资料；③所达到工程形象目标或分阶段需完成的工程量资料。

计量程序包括：①承包人在合同约定的每个计量周期内，对已完成的工程进行计量，并向监理人提交进度付款申请单。②监理人对承包人提交的上述资料进行复核，以确定分阶段实际完成的工程量和工程形象目标。对其有异议的，可要求承包人进行共同复核和抽样复测。③合同总价中的工程量是承包人用于结算的最终工程量。

因监理人的变更指示引起的工程量的变化另计，并按合同约定调整工程总价。

7.3.3 工程计量的范围及依据

1. 工程计量的范围

在工程计量时，应按承包人在履行合同义务过程中实际完成的工程量计量。

若发现工程量清单中出现漏项、工程量计算偏差,以及工程变更引起工程量的增减变化应按实调整,正确计量。计量范围具体包括:①工程量清单中的全部项目;②合同文件中规定的项目;③工程变更项目。

2. 工程计量的依据

工程计量的前提是已完的合格工程,不合格工程不能计量。工程进行计量的依据一般包括工程量清单、关于计量的有关规范及规定、施工图及说明、工程变更单等。

(1) 合格工程 对于承包商已完的工程,并不是全部进行计量,而只是质量达到合同标准的已完工程才予以计量。所以工程计量必须与质量紧密结合,经过专业工程师检验,工程质量达到合同规定的标准后,由专业工程师签署报验申请表(质量合格证书),只有质量合格的工程才予以计量。

(2) 工程量清单 工程量清单是根据施工图、计量规定计算的全部工程项目的估算工程量,在对已完工程进行计量时,应以工程量清单为基础,对已有清单项目工程量的计算偏差、工程量清单中的漏项据实进行修正调整;对工程变更引起的原有项目工程量的增减变化及新增项目按变更通知单的内容计量。

(3) 工程量计算的有关规范、规定 我国现阶段如采用工程量清单计价,其工程量计算应按照现行的《建设工程工程量清单计价规范》中工程量计算规则进行计量。如果采用定额计价,其工程量计算应按照所采用的建设工程定额中工程量计算规则进行计量。相关规范及定额中的工程量计算规则规定了每一分项工程的计量方法,同时还规定了按规定的计量方法确定的单价所包括的工作内容和范围。

(4) 设计图及设计变更通知单 固定单价合同以实际完成的工程量进行结算,但被计量的工程数量,并不一定是承包人实际施工的数量。计量的几何尺寸要以设计图及设计变更通知单为依据,对承包人超出设计图及设计变更通知单要求增加的工程量和自身原因造成返工的工程量,不予计量。例如,在某高速公路施工中,灌注桩的计量支付条款中规定按照设计图以延长米计量,其单价包括所有材料及施工的各项费用,根据这个规定,如果承包人做了35m,而桩的设计长度30m,则只计量30m,业主按30m付款。承包商多做的5m灌注桩所消耗的钢筋及混凝土材料,业主不予计量。

7.3.4 FIDIC 施工合同条件下的工程计量

由于 FIDIC 合同是固定单价合同,所以投标报价中工程量清单上的工程量是在图纸和规范的基础上对该工程的估算工程量,它们不能作为承包人履行合同过程中应予完成的实际和确切的工程量。承包人在实施合同中完成的实际工程量要通过测量来核实,以此作为结算工程价款的依据。承包人报出的单价是不能随意变动的，因此工程价款的支付额是单价与实际工程量的乘积之和。

为了付款，工程师应根据合同通过计量来核实和确定工程的价值。工程师计量时应通知承包人一方派人参加，并提供工程师所需的一些详细资料。如果承包人一方未参加计量，他应承认工程师的计量结果。

在对永久工程进行计量需要记录时，工程师应准备此类记录。承包人应按照要求对记录进行审查，并就此类记录和工程师达成一致时双方共同签名。如果承包人不出席此类记录的审查和承认时，则应认为这些记录是正确无误的。

如果承包人在审查后认为记录是不正确的，则必须在审查后 14 天内向工程师发出通知，说明上述记录中不正确的部分。工程师则应在接到这一通知后复查这些记录，或予以确认或予以修改。

工程计量方法应事先在合同中作出约定。如果合同中没有约定，应测量永久工程各项内容的实际净数量，测量的方法应按照工程量表或资料表中的规定。

7.4 工程价款支付

工程价款支付包括工程预付款支付和工程进度款支付。工程进度款中包括同期支付的因工程变更增减的工程款。

7.4.1 工程预付款

工程预付款是根据工程承包合同约定，在正式开工前由业主预先支付给承包方的工程款。它是施工准备和购买所需要材料、结构件等流动资金的主要来源。国内习惯上又称为预付备料款。预付工程款的具体事宜由承发包双方根据建设行政主管部门的规定，结合工程款、建设工期和包工包料情况在合同中约定。

按照《建设工程价款结算暂行办法》⊖的规定，在具备施工条件的前提下，发包人应在双方签订合同后的一个月内或不迟于约定的开工日期前的 7 天内预付工程款，发包方不按约定预付的，承包人应在约定预付时间到期后 10 天内向发包人发出要求预付的通知，发包方收到通知后仍不能按要求预付的，承包人可在发出通知后 14 天后停止施工，发包人应从约定应付之日起向承包人支付应付款的利息（利率按同期银行贷款利率计），并承担违约责任。

凡是没有签订合同或不具备施工条件的工程，发包人不得预付工程款，不得以预付款为名转移资金。

⊖ 财政部、原建设部在 2004 年制定的《建设工程价款结算暂行办法》财建【2004】369 号文。

1. 工程预付款的数额

按照《建设工程价款结算暂行办法》的规定，包工包料工程的预付款按合同约定拨付，原则上预付比例不低于合同金额的10%，不高于合同金额的30%，对于重大工程项目，按年度工程计划逐年预付。计价执行《建设工程工程量清单计价规范》（以下简称《清单计价规范》）的工程，实体性消耗和非实体性消耗部分应在合同中分别约定预付款比例。

工程预付款额度，各地区、各部门的规定不完全相同，主要是保证施工所需材料和构件的正常储备。一般是根据施工工期、建安工作量、主要材料和构件费用占建安工作量的比例以及材料储备周期等因素经测算来确定。通常采用以下两种方式确定：

（1）在合同条件中约定　发包方根据工程的特点、工期长短、市场行情、供求规律等因素，招标时在合同条件中约定工程预付款的百分比。

（2）公式计算法　公式计算法是根据主要材料（含结构件等）造价占年度承包工程总价的比重，材料储备定额天数和年度施工天数等因素，通过公式计算预付备料款额度的一种方法。其计算公式为：

$$工程预付款数额 = \frac{工程总价 \times 材料比重（\%）}{年度施工天数} \times 材料储备定额天数$$

$$工程预付款比率 = \frac{工程预付款数额}{工程总价} \times 100\%$$

式中，年度施工天数按365天计算；材料储备定额天数由当地材料供应的在途天数、加工天数、整理天数、供应间隔天数、保险天数等因素确定。

2. 工程预付款的扣回

工程预付款的性质是预支。随着工程进度的推进，拨付的工程进度款数额不断增加，工程所需主要材料、构件用量逐渐减少，原已支付的预付款应以抵扣的方式陆续扣回。扣款的方法有：

1）由发包人和承包人通过洽商、采用等比率或等额扣款的方式，用合同的形式予以确定。也可针对工程实际情况具体处理，如有些工程工期较短、造价较低，就无需分期扣还；有些工期较长，如跨年度工程，其备料款占用时间很长，根据需要可以少扣或不扣。

2）从未施工工程尚需主要材料及构件的价值相当于工程预付款数额时扣起，从每次中间结算工程价款中，按材料及构件比重抵扣工程价款，至竣工之前全部扣清。因此，确定起扣点是工程预付款起扣的关键。确定工程预付款起扣点的依据是未施工工程所需主要材料和构件的费用等于工程预付款的数额。

工程预付款起扣点可按下式计算：

$$T = P - \frac{M}{N}$$

式中　T——起扣点，即工程预付款开始扣回时的累计完成工作量金额；

　　　P——承包工程合同总额；

　　　M——工程预付款数额；

　　　N——主要材料、构件所占比重。

【例 7-1】　某工程合同价总额 200 万元，工程预付款为 24 万元，主要材料、构件所占比重为 60%，问：起扣点为多少万元？

解：根据起扣点计算公式：$T = P - \dfrac{M}{N}$

得：$T = 200\ 万元 - \dfrac{24\ 万元}{60\%} = 160\ 万元$

即当工程完成 160 万元时，本工程预付款开始起扣。

7.4.2　工程进度款

承包人在工程施工过程中，按一定的支付周期完成的工程数量计算各项费用，向发包人办理工程进度款的支付（即中间结算）。工程进度款的计算，主要涉及两个方面：一是工程量的计量；二是单价的计算。

1. 进度款支付方式

1）按月结算与支付。按月结算与支付即实行按月支付进度款，竣工后结算的办法。合同工期在两个年度以上的工程，在年终进行工程盘点，办理年度结算。

2）分段结算与支付。分段结算与支付即当年开工、当年不能竣工的工程按照工程形象进度，划分不同阶段，支付工程进度款。

当采用分段结算与支付时，应在合同中约定具体的工程分段划分。具体的支付时间也应在合同中约定。

2. 进度款的支付程序

1）承包人应按照合同约定，向发包人递交已完工程量报告。发包人应在接到报告后按合同约定进行核对。

2）承包人应在每个付款周期末，向发包人递交进度款支付申请，并附相应的证明文件。除合同另有约定外，进度款支付申请应包括下列内容：①本周期已完成工程的价款；②累计已完成的工程价款；③累计已支付的工程价款；④本周期已完成计日工金额；⑤应增加和扣减的变更金额；⑥应增加和扣减的索赔金额；⑦应抵扣的工程预付款；⑧应扣减的质量保证金；⑨根据合同应增加和扣减的其他金额；⑩本付款周期实际应支付的工程价款。

3）发包人应在收到承包人的工程进度款支付申请后 14 天内核对完毕。否则，从第 15 天起承包人递交的工程进度款支付申请视为被批准。

4）发包人应在批准工程进度款支付申请的 14 天内，向承包人按不低于计量工程价款的 60%，不高于计量工程价款的 90% 向承包人支付工程进度款。

5）发包人未在合同约定时间内支付工程进度款，承包人应及时向发包人发出要求付款的通知；发包人收到承包人通知后仍不按要求付款，可与承包人协商签订延期付款协议，经承包人同意后延期支付；协议应明确延期支付的时间，和从付款申请生效后按同期银行贷款利率计算应付工程进度款的利息。

6）当发包人不按合同约定支付工程进度款，且与承包人又不能达成延期付款协议，导致施工无法进行时，承包人的权利和发包人应承担的责任即承包人可停止施工，由发包人承担违约责任。

发包人在支付工程进度款时，应按合同约定的时间、比例（或金额）扣回工程预付款。

3. 工程进度款单价的计算

（1）合同范围内项目单价的确定　合同范围内项目单价的确定主要根据发包方和承包方事先约定的计价方法或单价确定。

1）如果采用固定单价合同，计算进度款时的单价就是合同中约定的综合单价。约定风险以外的综合单价调整方法，应当按合同约定的方法进行。

2）如果是可调价格合同，计算进度款时的单价可随价格变化而调整。调整因素包括：①法律、行政法规和国家有关政策变化影响合同价款；②工程造价管理机构的价格调整；③经批准的设计变更；④发包人更改经审定批准的施工组织设计（修正错误除外）造成费用增加；⑤双方约定的其他因素。

（2）工程变更项目的单价的确定　具体如下：

1）合同中已有适用于变更工程的项目单价，按合同已有的单价计算变更价款。

2）合同中只有类似于变更工程的项目单价，可以参照类似单价计算变更价款。

3）合同中没有适用或类似于变更工程的项目单价，由承包人或发包人提出适当的变更项目单价，经对方确认后执行。如双方不能达成一致的，双方可提请工程所在地工程造价管理机构进行咨询或按合同约定的争议或纠纷解决程序办理。

7.5　工程索赔

7.5.1　工程索赔的概念和分类

1. 工程索赔的概念

工程索赔是在工程承包合同履行中，当事人一方由于另一方未履行合同所规定的义务或者出现了应当由对方承担的风险而遭受损失时,向另一方提出赔偿要求的行为。在实际工作中,"索赔"是双向的,我国《标准施工招标文件》中通用合同条款中的索赔就是双向的,既包括承包人向发包人的索赔,也包括发包人向承包人的索赔。但在工程实践中,发包人索赔数量较小,而且处理方便。可以通过冲账、扣拨工程款、扣保证金等实现对承包人的索赔;而承包人对发包人的索赔则比较困难一些。所以通常情况下,索赔是指承包人(施工单位)在合同实施过程中,对非自身原因造成的工程延期、费用增加而要求发包人给予补偿损失的一种权利要求。

索赔有较广泛的含义,可以概括为以下三个方面:

1) 一方违约使另一方蒙受损失,受损方向对方提出赔偿损失的要求。

2) 发生应由发包人承担责任的特殊风险或遇到不利自然条件等情况,使承包人蒙受较大损失而向发包人提出补偿损失要求。

3) 承包人本应当获得的正当利益,由于没能及时得到监理人的确认和发包人应给予的支付,而以正式函件向发包人索赔。

2. 工程索赔产生的原因

(1) 当事人违约　当事人违约常常表现为没有按照合同约定履行自己的义务;发包人违约常常表现为没有为承包人提供合同约定的施工条件、未按照合同约定的期限和数额付款等。监理人未能按照合同约定完成工作,如未能及时发出设计施工图、指令等也视为发包人违约。承包人违约的情况主要是没有按照合同约定的质量、期限完成施工,或者由于不当行为给发包人造成其他损害。

(2) 不可抗力或不利的物质条件　不可抗力又可以分为自然事件和社会事件。自然事件主要是工程施工过程中不可避免发生并不能克服的自然灾害,包括地震、海啸、瘟疫、水灾等;社会事件则包括国家政策、法律、法令的变更、战争、罢工等。不利的物质条件通常是指承包人在施工现场遇到的不可预见的自然物质条件、非自然的物质障碍和污染物,包括地下和水文条件。

(3) 合同缺陷　合同缺陷表现为合同文件规定不严谨甚至矛盾、合同中的遗漏或错误。在这种情况下,监理人应当给予解释,如果这种解释将导致成本增加或工期延长,发包人应当给予补偿。

(4) 合同变更　合同变更表现为设计变更、施工方法变更、追加或者取消某些工作、合同规定的其他变更等。

(5) 监理人指令　监理人指令有时也会产生索赔,如监理人指令承包人加速施工、进行某项工作、更换某些材料、采取某些措施等,并且这些指令不是由于承包人的原因造成的。

㊀ 国家发改委等9部委联合制定的《中华人民共和国标准施工招标文件》(2007版)。

(6) 其他第三方原因　其他第三方原因常常表现为与工程有关的第三方的问题而引起的对本工程的不利影响。

3. 工程索赔的分类

工程索赔依据不同的标准可以进行不同的分类。

(1) 按索赔的合同依据分类　按索赔的合同依据可以将工程索赔分为合同中明示的索赔和合同中默示的索赔。

1) 合同中明示的索赔。合同中明示的索赔是指承包人所提出的索赔要求，在该工程项目的合同文件中有文字依据，承包人可以据此提出索赔要求，并取得经济补偿。这些在合同文件中有文字规定的合同条款，称为明示条款。

2) 合同中默示的索赔。合同中默示的索赔，即承包人的该项索赔要求，虽然在工程项目的合同条款中没有专门的文字叙述，但可以根据该合同的某些条款的含义，推论出承包人有索赔权。这种索赔要求，同样有法律效力，有权得到相应的经济补偿。这种有经济补偿含义的条款，在合同管理工作中被称为"默示条款"或称为"隐含条款"。默示条款是一个广泛的合同概念，它包含合同明示条款中没有写入但符合双方签订合同时设想的愿望和当时环境条件的一切条款。这些默示条款，或者从明示条款所表述的设想愿望中引申出来，或者从合同双方在法律上的合同关系引申出来，经合同双方协商一致，或被法律和法规所指明，都成为合同文件的有效条款，要求合同双方遵照执行。

(2) 按索赔目的分类　按索赔目的可以将工程索赔分为工期索赔和费用索赔。

1) 工期索赔。由于非承包人责任的原因而导致施工进程延误，要求批准顺延合同工期的索赔，称之为工期索赔。工期索赔形式上是对权利的要求，以避免在原定合同竣工日不能完工时，被发包人追究拖期违约责任。一旦获得批准合同工期顺延后，承包人不仅免除了承担拖期违约赔偿费的严重风险，而且可能提前工期得到奖励，最终仍反映在经济收益上。

2) 费用索赔。费用索赔的目的是要求经济补偿。当施工的客观条件改变导致承包人增加开支，要求对超出计划成本的附加开支给予补偿，以挽回不应由他承担的经济损失。

(3) 按索赔事件的性质分类　按索赔事件的性质可以将工程索赔分为工程延误索赔、工程变更索赔、合同被迫终止索赔、工程加速索赔、意外风险和不可预见因素索赔和其他索赔。

1) 工程延误索赔。因发包人未按合同要求提供施工条件，如未及时交付设计图、施工现场、道路等，或因发包人指令工程暂停或不可抗力事件等原因造成工期拖延的，承包人对此提出索赔。这是工程中常见的一类索赔。

2) 工程变更索赔。由于发包人或监理人指令增加或减少工程量或增加附加工程、修改设计、变更工程顺序等，造成工期延长和费用增加，承包人对此提出索赔。

3）合同被迫终止的索赔。由于发包人或承包人违约以及不可抗力事件等原因造成合同非正常终止，无责任的受害方因其蒙受经济损失而向对方提出索赔。

4）工程加速索赔。由于发包人或监理人指令承包人加快施工速度，缩短工期，引起承包人的人、财、物的额外开支而提出的索赔。

5）意外风险和不可预见因素索赔。在工程实施过程中，因人力不可抗拒的自然灾害、特殊风险以及一个有经验的承包人通常不能合理预见的不利施工条件或外界障碍，如地下水、地质断层、溶洞、地下障碍物等引起的索赔。

6）其他索赔。如因货币贬值、汇率变化、物价上涨、政策法令变化等原因引起的索赔。

7.5.2 工程索赔的处理程序

7.5.2.1 索赔程序

1.《标准施工招标文件》及《清单计价规范》中规定的索赔程序

（1）承包人索赔的提出　承包人向发包人的索赔应在索赔事件发生后，持证明索赔事件发生的有效证据和依据正当的索赔理由，按合同约定的时间向发包人递交索赔通知。发包人应按合同约定的时间对承包人提出的索赔进行答复和确认。当发包、承包双方在合同中对此通知未作具体约定时，可按以下规定办理：

1）承包人应在知道或应当知道索赔事件发生后 28 天内，向监理人递交索赔意向通知书，并说明发生索赔事件的事由。否则，承包人无权获得追加付款，竣工时间不得延长。承包人应在现场或发包人认可的其他地点，保持证明索赔可能需要的记录。发包人收到承包人的索赔通知后，未承认发包人责任前，可检查记录保持情况，并可指示承包人保持进一步的同期记录。

2）承包人应在发出索赔意向通知书后 28 天内，向监理人正式递交索赔通知书。索赔通知书应详细说明索赔理由以及要求追加的付款金额和（或）延长的工期，并附必要的记录和证明材料。

3）索赔事件具有连续影响的，承包人应按合理时间间隔继续递交延续索赔通知，说明连续影响的实际情况和记录，列出累计的追加付款金额和（或）工期延长天数。

4）在索赔事件影响结束后的 28 天内，承包人应向监理人递交最终索赔通知书，说明最终要求索赔的追加付款金额和延长的工期，并附必要的记录和证明材料。

（2）承包人索赔的处理程序　发包人在收到索赔报告后 28 天内，应作出回应，表示批准或不批准并附具体意见，还可以要求承包人提供进一步的资料，但仍要在上述期限内对索赔作出回应。发包人在收到最终索赔报告后的28天内，未向承包人作出答复，视为该项索赔报告已经认可。

（3）承包人提出索赔的期限　承包人接受了竣工付款证书后，应被认为已无权再提出在合同工程接收证书颁发前所发生的任何索赔。承包人提交的最终结清申请单中，只限于提出工程接收证书颁发后发生的索赔。提出索赔的期限自接受最终结清证书时终止。

2. FIDIC合同条件规定的工程索赔程序

FIDIC合同条件只对承包商的索赔作出了规定。

1）承包商发出索赔通知。如果承包商认为有权得到竣工时间的任何延长期和（或）任何追加付款，承包商应当向工程师发出通知，说明索赔的事件或情况。该通知应当尽快在承包商察觉或者应当察觉该事件或情况后28天内发出。

2）承包商未及时发出索赔通知的后果。如果承包商未能在上述28天期限内发出索赔通知，则竣工时间不得延长，承包商无权获得追加付款，而业主应免除有关该索赔的全部责任。

3）承包商递交详细的索赔报告。在承包商察觉或者应当察觉该事件或情况后42天内，或在承包商可能建议并经工程师认可的其他期限内，承包商应当向工程师递交一份充分详细的索赔报告，包括索赔的依据、要求延长的时间和（或）追加付款的全部详细资料。

4）如果引起索赔的事件或者情况具有连续影响，则：①上述充分详细索赔报告应被视为中间的；②承包商应当按月递交进一步的中间索赔报告，说明累计索赔延误时间和（或）金额，以及能说明其合理要求的进一步详细资料；③承包商应当在索赔的事件或者情况产生影响结束后28天内，或在承包商可能建议并经工程师认可的其他期限内，递交一份最终索赔报告。

5）工程师的答复。工程师在收到索赔报告或对过去索赔的任何进一步证明资料后42天内，或在工程师可能建议并经承包商认可的其他期限内，作出回应，表示"批准"或"不批准"，或"不批准并附具体意见"等处理意见。工程师应当商定或者确定应给予竣工时间的延长期及承包商有权得到的追加付款。

7.5.2.2 索赔报告的内容

索赔报告的具体内容，随该索赔事件的性质和特点而有所不同。一般来说，完整的索赔报告应包括以下四个部分。

1. 总论部分

总论部分一般包括以下内容：序言、索赔事项概述、具体索赔要求、索赔报告编写及审核人员名单等。

文中首先应概要地论述索赔事件的发生日期与过程；承包人为该索赔事件所付出的努力和附加开支；承包人的具体索赔要求。在总论部分最后，附上索赔报告编写组主要人员及审核人员的名单,注明有关人员的职称、职务及施工经验,以表示该索赔报告的严肃性和权威性。总论部分的阐述要简明扼要,说明问题。

2. 根据部分

本部分主要是说明自己具有的索赔权利,这是索赔能否成立的关键。根据部分的内容主要来自该工程项目的合同文件,并参照有关法律规定。该部分中承包人应引用合同中的具体条款,说明自己理应获得经济补偿或工期延长。

根据部分的篇幅可能很大,其具体内容随各个索赔事件的情况而不同。一般地说,根据部分应包括以下内容:索赔事件的发生情况、已递交索赔意向书的情况、索赔事件的处理过程、索赔要求的合同根据、所附的证据资料等。

在写法结构上,按照索赔事件发生、发展、处理和最终解决的过程编写,并明确全文引用有关的合同条款,使建设单位和监理人能历史地、逻辑地了解索赔事件的始末,并充分认识该项索赔的合理性和合法性。

3. 计算部分

该部分是以具体的计算方法和计算过程,说明自己应得经济补偿的款额或延长时间。如果说根据部分的任务是解决索赔能否成立,则计算部分的任务就是决定应得到多少索赔款额和工期。前者是定性的;后者是定量的。

在款额计算部分,承包人必须阐明下列问题:索赔款的要求总额;各项索赔款的计算,如额外开支的人工费、材料费、管理费和损失利润;指明各项开支的计算依据及证据资料,施工单位应注意采用合适的计价方法。至于采用哪一种计价法,应根据索赔事件的特点及自己所掌握的证据资料等因素来确定。其次,应注意每项开支款的合理性,并指出相应的证据资料的名称及编号。切忌采用笼统的计价方法和不实的开支款额。

4. 证据部分

证据部分包括该索赔事件所涉及的一切证据资料,以及对这些证据的说明,证据是索赔报告的重要组成部分,没有翔实可靠的证据,索赔是不能成功的。在引用证据时,要注意该证据的效力或可信程度。为此,对重要的证据资料最好附以文字证明或确认件。例如,对一个重要的电话内容,仅附上自己的记录本是不够的,最好附上经过双方签字确认的电话记录;或附上发给对方要求确认该电话记录的函件,即使对方未给复函,也可说明责任在对方,因为对方未复函确认或修改,按惯例应理解为已默认。

(1)索赔证据的要求 具体如下:

1)真实性。索赔证据必须是在实施合同过程中确定存在和发生的,必须完全反映实际情况,能经得住推敲。

2)全面性。索赔证据应能说明事件的全过程。索赔报告中涉及的索赔理由、事件过程、影响、索赔数额等都应有相应依据,不能零乱和支离破碎。

3）关联性。索赔的证据应当与索赔事件有必然的联系，并能够相互说明，符合逻辑，不能互相矛盾。

4）及时性。索赔证据的取得及提出应当及时，符合合同约定。

5）有效性。索赔证据必须有法律证明效力。索赔证据必须是书面文件，有关记录、协议、纪要必须是双方签署的；工程中重大事件、特殊情况记录必须由合同约定的监理人签证认可。

(2) 索赔证据的种类　具体如下：

1）招标文件、工程合同、发包人认可的施工组织设计、工程图、技术规范等。

2）工程各项有关的设计交底记录、变更图纸、变更施工指令等。

3）工程各项经发包人或监理人签认的签证。

4）工程各项往来信件、指令、信函、通知、答复等。

5）工程各项会议纪要。

6）施工计划及现场实施情况记录。

7）施工日报及工长工作日志、备忘录。

8）工程送电、送水、道路开通、封闭的日期及数量记录。

9）工程停电、停水和干扰事件影响的日期及恢复施工的日期记录。

10）工程预付款、进度款拨付的数额及日期记录。

11）工程图、图纸变更、交底记录的送达份数及日期记录。

12）工程有关施工部位的照片及录像等。

13）工程现场气候记录，如有关天气的温度、风力、雨雪等。

14）工程验收报告及各项技术鉴定报告等。

15）工程材料采购、订货、运输、进场、验收、使用等方面的凭据。

16）国家和省级或行业建设主管部门有关影响工程造价、工期的文件、规定等。

7.5.3　工程索赔的处理原则和计算

7.5.3.1　工程索赔的处理原则

(1) 索赔必须以合同为依据　不论是风险事件的发生，还是当事人不完成合同工作，都必须在合同中找到相应的依据，当然，有些依据可能是合同中隐含的。工程师依据合同和事实对索赔进行处理是其公平性的重要体现。在不同的合同条件下，这些依据很可能是不同的。如因为不可抗力导致的索赔，在国内《标准施工招标文件》的合同条款中，承包人机械设备损坏的损失，是由承包人承担的，不能向发包人索赔；但在 FIDIC 合同条件下，不可抗力事件一般都列为业主承担的风险，损失都应当由业主承担。如果到了具体的合同中，各个合同的协议条款不同，其依据的差别就更大了。

（2）及时、合理地处理索赔　索赔事件发生后，索赔的提出应当及时，索赔的处理也应当及时。索赔处理不及时，对双方都会产生不利的影响，如承包人的索赔长期得不到合理解决，索赔积累的结果会导致其资金困难，同时会影响工程进度，给双方都带来不利影响。处理索赔还必须坚持合理性原则，既考虑到国家的有关规定，也应当考虑到工程的实际情况。例如，承包人提出索赔要求，机械停工按照机械台班单价计算损失显然是不合理的，因为机械停工不发生运行费用。

（3）加强主动控制，减少工程索赔　对于工程索赔应当加强主动控制，尽量减少索赔。这就要求在工程管理过程中，应当尽量将工作做在前面，减少索赔事件的发生。这样能够使工程更顺利地进行，降低工程投资、减少施工工期。

7.5.3.2 索赔的计算

1. 可索赔的费用

费用内容一般可以包括以下几个方面：

（1）工期拖延的费用索赔　对由于业主责任造成的工期拖延，承包商在提出工期索赔的同时，还可以提出与工期有关的费用索赔。工期拖延的费用索赔包括人工费的损失（如现场工人的停工、窝工、低生产效率的损失）、材料费（如承包商订购的材料推迟交货，材料价格上涨）、机械费（台班费和租金）、工地管理费、由于物价上涨引起的费用调整索赔、总部管理费的索赔以及非关键线路活动拖延的费用索赔。

（2）工程变更的费用索赔　工程变更的费用索赔包括工程量变更、附加工程、工程质量的变化、工程变更超过限额的处理。在索赔事件中，工程变更的比例很大，而且变更的形式较多。工程变更的费用索赔常常不仅仅涉及变更本身，而且还要考虑由于变更产生的影响，例如所涉及的工期的顺延，由于变更所引起的停工、窝工、返工、低效率损失等。

（3）加速施工的费用索赔　加速施工的费用索赔包括人工费、材料费、机械费、管理费等。

（4）其他情况的费用索赔　其他情况的费用索赔如工程中断、合同终止、特殊服务、材料和劳务价格上涨的索赔、拖欠工程款、分包商索赔、由于设计变更以及设计错误造成返工、工程未经验收、业主提前使用或擅自动用未经验收的工程等。

表7-4是《标准施工招标文件》中合同条款规定的可以合理补偿承包人索赔的条款中可索赔的内容。

表 7-4　《标准施工招标文件》中合同条款规定的可以合理补偿承包人索赔的条款

序号	条款号	主要内容	可补偿内容		
			工期	费用	利润
1	1.10.1	施工过程发现文物、古迹以及其他遗迹、化石、钱币或物品	√	√	
2	4.11.2	承包人遇到不利物质条件	√	√	
3	5.2.4	发包人要求向承包人提前交付材料和工程设备		√	
4	5.2.6	发包人提供的材料和工程设备不符合合同要求	√	√	√
5	8.3	发包人提供基准资料错误导致承包人的返工或造成工程损失		√	√
6	11.3	发包人的原因造成工期延误	√	√	√
7	11.4	异常恶劣的气候条件	√		
8	11.6	发包人要求承包人提前竣工		√	
9	12.2	发包人原因引起的暂停施工	√	√	√
10	12.4.2	发包人原因造成暂停施工后无法按时复工	√	√	√
11	13.1.3	发包人原因造成工程质量达不到合同约定验收标准的	√	√	√
12	13.5.3	监理人对隐蔽工程重新检查，经检验证明工程质量符合合同要求的	√	√	
13	16.2	法律变化引起的价格调整		√	
14	18.4.2	发包人在全部工程竣工前，使用已接收的单位工程导致承包人费用增加		√	
15	18.6.2	发包人的原因导致试运行失败的		√	√
16	19.2	发包人原因导致的工程缺陷和损失		√	√
17	21.3.1	不可抗力	√		

2. 费用索赔的计算

计算方法有实际费用法、修正总费用法等。

（1）实际费用法　该方法是按照各索赔事件所引起损失的费用项目分别分析计算索赔值，然后将各费用项目的索赔值汇总，即可得到总索赔费用值。这种方法以承包商为某项索赔工作所支付的实际开支为依据，但仅限于由于索赔事项引起的、超过原计划的费用，故也称额外成本法。在这种计算方法中，需要注意的是不要遗漏费用项目。

（2）修正的总费用法　这种方法是对总费用法的改进，即在总费用计算的原则上，去除一些不确定的可能因素，对总费用法进行相应的修改和调整，使其更加合理。

【例 7-2】　某施工合同约定，施工现场主导施工机械一台，由承包人租得，台班单价为 300 元/台班，租赁费为 100 元/台班，人工工资为 40 元/工日，窝工补贴为 10 元/工日，以人工费为基数的综合费率为 35%。在施工过程中，发生了如下事件：①出现异常恶劣天气导致工程停工 2 天，人员窝工 30 个工日；②因恶劣天气导致场外道路中断，抢修道路用工 20 工日；③场外大面积停电，停工 2 天，人员窝工 10 工日。为此，承包人可向业主索赔费用为多少？

解：各事件处理结果如下：

1）异常恶劣天气导致的停工通常不能进行费用索赔。

2）抢修道路用工的索赔额 ＝ [20×40×（1+35%）] 元 ＝1080 元

3）停电导致的索赔额 ＝（2×100+10×10）元 ＝300 元

总索赔费用 ＝（1080+300）元 ＝1380 元

3. FIDIC 合同条件中的有关索赔条款

表 7-5 中列示了 FIDIC 合同条件下部分可以合理补偿承包商索赔的条款。

表 7-5　FIDIC 合同条件下部分可以合理补偿承包商索赔的条款

序号	条款号	主要内容	可补偿内容		
			工期	费用	利润
1	1.9	延误发放施工图	√	√	√
2	2.1	延误移交施工现场	√	√	√
3	4.7	承包商依据工程师提供的错误数据导致放线错误	√	√	√
4	4.12	不可预见的外界条件	√	√	
5	4.24	施工中遇到文物和古迹	√	√	
6	7.4	非承包商原因检验导致施工的延误	√	√	√
7	8.4 (a)	变更导致竣工时间的延长	√		
8	(c)	异常不利的气候条件	√		
9	(d)	由于传染病或其他政府行为导致工期的延误	√		
10	(e)	业主或其他承包商的干扰	√		
11	8.5	公共当局引起的延误	√		
12	10.2	业主提前占用工程		√	√
13	10.3	对竣工检验的干扰	√	√	√
14	13.7	后续法规引起的调整	√	√	
15	18.1	业主办理的保险未能从保险公司获得补偿的部分		√	
16	19.4	不可抗力事件造成的损害	√	√	

4. 工期索赔中应当注意的问题

在工期索赔中特别应当注意以下问题：

1）划清施工进度拖延的责任。因承包人的原因造成施工进度滞后，属于不可原谅的延期；只有承包人不应承担任何责任的延误，才是可原谅的延期。有时工程延期的原因中可能包含有双方责任，此时监理人应进行详细分析，分清责任比例，只有可原谅延期部分才能批准顺延合同工期。可原谅延期，又可细分为可原谅并给予补偿费用的延期和可原谅但不给予补偿费用的延期；后者是指非承包人责任的影响并未导致施工成本的额外支出，大多属于发包人应承担风险责任事件的影响，如异常恶劣的气候条件影响的停工等。

2）被延误的工作应是处于施工进度计划关键线路上的施工内容。只有位于关键线路上工作内容的滞后，才会影响到竣工日期。但有时也应注意，既要看被延误的工作是否在批准进度计划的关键路线上，又要详细分析这一延误对后续工作的可能影响。因为若对非关键路线工作的影响时间较长，超过了该工作可用于自由支配的时间，也会导致进度计划中非关键路线转化为关键路线，其滞后将影响总工期的拖延。此时，应充分考虑该工作的自由时间，给予相应的工期顺延，并要求承包人修改施工进度计划。

5. 工期索赔的计算

工期索赔的计算主要有网络图分析和比例计算法两种。

1）网络图分析法是利用进度计划的网络图，分析其关键线路。如果延误的工作为关键工作，则总延误的时间为批准顺延的工期；如果延误的工作为非关键工作，当该工作由于延误超过时差限制而成为关键工作时，可以批准延误时间与时差的差值；若该工作延误后仍为非关键工作，则不存在工期索赔问题。

2）比例计算法主要应用于工程量有增加时工期索赔的计算，公式为：

$$工期索赔值 = \frac{额外增加的工程量的价格}{原合同总价} \times 原合同总工期$$

【例7-3】 某工程原合同规定分两阶段进行施工，土建工程21个月，安装工程12个月。假定以一定量的劳动力需要量为相对单位，则合同规定的土建工程量可折算为310个相对单位，安装工程量折算为70个相对单位。合同规定，在工程量增减10%的范围内，作为承包商的工期风险，不能要求工期补偿。在工程施工过程中，土建和安装的工程量都有较大幅度的增加。实际土建工程量增加到430个相对单位，实际安装工程量增加到117个相对单位。求承包商可以提出的工期索赔额。

解：（1）承包商提出的工期索赔的计算。

不索赔的土建工程量的上限为：310个相对单位×1.1 = 341个相对单位
不索赔的安装工程量的上限为：70个相对单位×1.1 = 77个相对单位

（2）由于工程量增加而造成的工期延长的计算。

土建工程工期延长 = 21个月 × [（430÷341）- 1] = 5.5个月
安装工程工期延长 = 12个月 × [（117÷77）- 1] = 6.2个月

总工期索赔为：(5.5 + 6.2) 个月 = 11.7个月

7.5.3.3 共同延误的处理

在实际施工过程中，工期拖期很少是只由一方造成的，往往是两三种原因同时发生（或相互作用）而导致的，故称为"共同延误"。在这种情况下，要具体分析哪一种情况延误是有效的，分析应依据以下原则：

1）首先判断造成拖期的哪一种原因是最先发生的，即确定"初始延误"者，它应对工程拖期负责。在初始延误发生作用期间，其他并发的延误者不承担拖期责任。

2）如果初始延误者是发包人原因，则在发包人原因造成的延误期内，承包人既可得到工期延长，又可得到经济补偿。

3）如果初始延误者是客观原因，则在客观因素发生影响的延误期内，承包人可以得到工期延长，但很难得到费用补偿。

4）如果初始延误者是承包人原因，则在承包人原因造成的延误期内，承包人既不能得到工期补偿，也不能得到费用补偿。

7.6 工程价款调整

在经济发展过程中，物价水平是动态的、经常不断变化的，有时上涨快、有时上涨慢，有时甚至表现为下降。工程建设项目中合同周期较长的项目，随着时间的推移，经常要受到物价浮动等多种因素的影响，其中主要是人工费、材料费、施工机械费、运费等动态影响。这样就有必要在工程价款结算中充分考虑动态因素，也就是要把多种动态因素纳入到结算过程中认真加以计算，使工程价款结算能够基本上反映工程项目的实际消耗费用。这对避免承包方（或发包方）遭受不必要的损失，获取必要的调价补偿，从而维护合同双方的正当权益是十分必要的。

1. 工程合同价款中综合单价的调整

对实行工程量清单计价的工程，应采用单价合同方式。即合同约定的工程价款中所包含的工程量清单项目综合单价在约定条件内是固定的，不予调整，工程量允许调整。工程量清单项目综合单价在约定的条件外，允许调整。调整方式、方法应在合同中约定。若合同未作约定，可参照以下原则办理：

1）当工程量清单项目工程量的变化幅度在10%以内时，其综合单价不作调整，执行原有综合单价。

2）当工程量清单项目工程量的变化幅度在10%以外，且其影响分部分项工程费超过0.1%时，其综合单价以及对应的措施费（如有）均应作调整。调整的方法是由承包人对增加的工程量或减少后剩余的工程量提出新的综合单价和措施项目费，经发包人确认后调整。

2. 调值公式法

根据国际惯例，对建设项目工程价款的动态结算，一般是采用此法。事实上，在绝大多数国际工程项目中，甲乙双方在签订合同时就明确列出这一调值公式，并以此作为价差的计算依据。

建筑安装工程费用价格调值公式一般分为固定部分、材料部分和人工部分。但当建筑安装工程的规模和复杂性增大时，公式也变得更为复杂。调值公式一般为：

$$P = P_0 \left(a_0 + a_1 \frac{A}{A_0} + a_2 \frac{B}{B_0} + a_3 \frac{C}{C_0} + a_4 \frac{D}{D_0} + \cdots \right)$$

式中　　　P——调值后合同价款或工程实际结算款；

P_0——合同价款中工程预算进度款；

a_0——固定要素，代表合同支付中不能调整的部分占合同总价中的比重；

a_0，a_1，a_2，a_3，$a_4\cdots$——代表有关各项费用（如人工费、钢材费用、水泥费用、运输费等）在总价中所占比重。$a_0 + a_1 + a_2 + a_3 + a_4 + \cdots = 1$；

A_0，B_0，C_0，D_0，$\cdots$——即投标截止日期前28天与a_1，a_2，a_3，$a_4\cdots$对应的各项费用的基期价格指数或价格；

A，B，C，D，$\cdots$——在工程结算月份与a_1，a_2，a_3，$a_4\cdots$对应的各项费用的现行价格指数或价格。

在运用这一调值公式进行工程价款价差调整中要注意如下几点：

1) 固定要素通常的取值范围在0.15~0.35之间。固定要素对调价的结果影响很大，它与调价余额成反比关系。固定要素相当微小的变化，隐含着在实际调价时很大的费用变动，所以，承包商在调值公式中采用的固定要素取值要尽可能偏小。

2) 调值公式中有关的各项费用，按一般国际惯例，只选择用量大、价格高且具有代表性的一些典型人工费和材料费，通常是大宗的水泥、沙石料、钢材、木材、沥青等，并用他们的价格指数变化综合代表材料费的价格变化，以便尽量与实际情况接近。

3) 各部分成本的比重系数，在许多招标文件中要求承包方在投标中提出，并在价格分析中予以论证。但也有的是由发包方（业主）在招标文件中规定一个允许范围，由投标方在此范围内选定。例如，鲁布革水电站工程的标书对外币支付项目各费用比重系数范围作了如下规定：外籍人员工资0.10~0.20；水泥0.10~0.16；钢材0.09~0.13；设备0.35~0.48；海上运输0.04~0.08，固定系数 0.17，并规定允许投标人根据其施工方法在上述范围内选用具体系数。

4）调整有关各项费用要与合同条款相一致。例如，签订合同时，甲乙双方一般应商定调整的有关费用和因素，以及物价波动到何种程度才进行调整。在国际工程中，一般超过 ±5% 以上才进行调整，如有的合同规定，在应调整金额不超过合同原始价 5% 时，由承包方自己承担；在 5%～20% 之间时，承包方负担 10%，发包方（业主）负担 90%；超过 20% 时，则必须另行签订附加条款。

5）调整有关各项费用应注意地点与时点。地点一般指工程所在地或指定的某地市场价格；时点指的是某月某日的市场价格。这里要确定两个时点价格，即签订合同时间某个时点的市场价格（基础价格）和每次支付前的一定时间的时点价格。这两个时点就是计算调值的依据。

6）确定每个品种的系数和固定要素系数，品种的系数要根据该品种价格对总造价的影响程度而定。各品种系数之和加上固定要素系数应该等于 1。

【例 7-4】 某工程项目，合同规定结算价款为 1000 万元，合同原始报价日期为 2006 年 5 月，工程于 2007 年 4 月建成交付使用。根据表 7-6 中所列工程人工费、材料费构成比例以及有关造价指数，计算工程实际结算款。

表 7-6 工程人工费、材料费构成比例及相关造价指数

项目	人工费	钢材	水泥	集料	红砖	砂	木材	不调值费用
比例	45%	11%	11%	5%	65%	3%	4%	15%
2006 年 5 月指数	100	100.8	102.0	93.6	100.2	95.4	93.4	—
2007 年 4 月指数	110.1	98.0	112.9	95.9	98.9	91.1	117.9	—

解：实际结算价款 $= 1000 \text{ 万元} \times (0.15 + 0.45 \times \frac{110.1}{100} + 0.11 \times \frac{98.0}{100.08}$

$+ 0.11 \times \frac{112.9}{102.0} + 0.05 \times \frac{95.9}{93.6} + 0.06 \times \frac{98.9}{100.2}$

$+ 0.03 \times \frac{91.1}{95.4} + 0.04 \times \frac{117.9}{93.4})$

$= 1000 \text{ 万元} \times 1.064 = 1064 \text{ 万元}$

总之，通过调整，2007 年 4 月实际结算的工程价款为 1064 万元，比原始合同价多了 64 万元。

3. 采用造价信息调整价格差额

此方式适用于使用的材料品种较多，相对而言每种材料使用量较小的房屋建筑与装饰工程。施工期内，因人工、材料、设备和机械台班价格波动影响合同价格时，人工、机械使用费按照国家或省、自治区、直辖市建设行政管理部门、行业建设管理部门或其授权的工程造价管理机构发布的人工成本信息、机械台班单价或机

械使用费系数进行调整；需要进行价格调整的材料，其单价和采购数应由监理人复核，监理人确认需调整的材料单价及数量，作为调整工程合同价格差额的依据。

1）人工单价发生变化时，发、承包双方应按省级或行业建设主管部门或其授权的工程造价管理机构发布的人工成本文件调整工程价款。

2）材料价格变化超过省级或行业建设主管部门或其授权的工程造价管理机构规定的幅度时应当调整，承包人应在采购材料前就采购数量和新的材料单价报发包人核对，确认用于本合同工程时，发包人应确认采购材料的数量和单价。发包人在收到承包人报送的确认资料后3个工作日内不予答复的视为已经认可，作为调整工程价款的依据。如果承包人未报经发包人核对即自行采购材料，再报发包人确认调整工程价款的，如发包人不同意，则不作调整。

3）施工机械台班单价或施工机械使用费发生变化超过省级或行业建设主管部门或其授权的工程造价管理机构规定的范围时，按其规定进行调整。

4. 法律、政策变化引起的价格调整

在基准日后，因法律、政策变化导致承包人在合同履行中所需要的工程费用发生增减时，监理人应根据法律、国家或省、自治区、直辖市有关部门的规定，商定或确定需调整的合同价款。

5. 工程价款调整的程序

工程价款调整报告应由受益方在合同约定时间内向合同的另一方提出，经对方确认后调整合同价款。受益方未在合同约定时间内提出工程价款调整报告的，视为不涉及合同价款的调整。当合同未作约定时，可按下列规定办理：

1）调整因素确定后14天内，由受益方向对方递交调整工程价款报告。受益方在14天内未递交调整工程价款报告的，视为不调整工程价款。

2）收到调整工程价款报告的一方应在收到之日起14天内予以确认或提出协商意见，如在14天内未作确认也未提出协商意见时，视为调整工程价款报告已被确认。

经发、承包双方确定调整的工程价款，作为追加（减）合同价款，与工程进度款同期支付。

7.7 工程结算

7.7.1 工程价款结算主要方式

1. 工程价款结算的概念

根据财政部、原建设部《建设工程价款结算暂行办法》的规定，所谓工程价款结算，是指对建设工程的发包承包合同价款进行约定和依据合同约定进行工程预付款、工程进度款、工程竣工价款结算的活动。工程价款结算应按合同约定办理，合同未作约定或约定不明的，发、承包双方应依照下列规定与文件协商处理：

1）国家有关法律、法规和规章制度。

2）国务院建设行政主管部门，省、自治区、直辖市或有关部门发布的工程造价计价标准、计价办法等有关规定。

3）建设项目的补充协议、变更签证和现场签证，以及经发、承包人认可的其他有效文件。

4）其他可依据的材料。

2. 工程价款的结算方式

工程价款的结算方式主要有以下两种。

1）按月结算与支付。按月结算与支付即实行按月支付进度款，竣工后清算的办法。合同工期在两个年度以上的工程，在年终进行工程盘点，办理年度结算。

2）分段结算与支付。分段结算与支付即当年开工、当年不能竣工的工程按照工程形象进度，划分不同阶段支付工程进度款。具体划分在合同中明确。

除上述两种主要方式，双方还可以约定其他结算方式。

7.7.2 工程价款结算的主要内容

根据《建设项目工程结算编审规程》的有关规定，工程价款结算主要包括竣工结算、分阶段结算、专业分包结算和合同中止结算。

1. 竣工结算

建设项目完工并经验收合格后，对所完成的建设项目进行的全面的工程结算。详见本书第8章相应内容。

2. 分阶段结算

在签订的施工承发包合同中，按工程特征划分为不同阶段实施和结算。该阶段合同工作内容已完成，经发包人或有关机构中间验收合格后，由承包人在原合同分阶段价格的基础上编制调整价格并提交发包人审核签认的工程价格，它是表达该工程不同阶段造价和工程价款结算依据的工程中间结算文件。

3. 专业分包结算

在签订的施工承发包合同或由发包人直接签订的分包工程合同中，按工程专业特征分类实施分包和结算。分包合同工作内容已完成，经总包人、发包人或有关机构对专业内容验收合格后，按合同的约定，由分包人在原合同价格基础上编制调整价格并提交总包人、发包人审核签认的工程价格，它是表达该专业分包工程造价和工程价款结算依据的工程分包结算文件。

4. 合同中止结算

工程实施过程中合同中止，对施工承发包合同中已完成且经验收合格的工程内容，经发包人、总包人或有关机构点交后，由承包人按原合同价格或合同约定的定价条款，参照有关计价规定编制合同中止价格，提交发包人或总包人审核签认的工程价格，它是表达该工程合同中止后已完成工程内容的造价和工作价款结算依据的工程经济文件。

7.7.3 质量保证金

建设工程质量保证金（以下简称保证金）是指发包人和承包人在建设工程承包合同中约定，从应付的工程款中预留，用于保证承包人在缺陷责任期内对建设工程出现的缺陷进行维修的资金。质量保证金的计算额度不包括预付款的支付、扣回以及价格调整的金额。

1. 保证金的预留和返还

（1）发承包双方的约定　发包人应当在招标文件中明确保证金预留、返还等内容，并与承包人在合同条款中对涉及保证金的下列事项进行约定：

1）保证金预留、返还方式。
2）保证金预留比例、期限。
3）保证金是否计付利息，如计付利息，利息的计算方式。
4）缺陷责任期的期限和计算方式。
5）保证金预留、返还及工程维修质量、费用等争议的处理程序。
6）缺陷责任期内出现缺陷的索赔方式。

（2）保证金的预留　保证金的预留可以有两种方式，第一种是在工程进度款支付时，按合同约定每月扣留一定比例的工程结算款；第二种方式为在竣工结算时，按照合同约定的预留数额一次性扣留。也就是说，建设工程竣工结算后，发包人按照合同约定及时向承包人支付工程结算价款并预留保证金。全部或部分使用政府投资的建设项目，按工程价款计算金额5%左右的比例预留保证金。社会投资项目采用预留保证金方式的，预留保证金的比例可参照执行。

（3）保证金的返还　缺陷责任期内，承包人应认真履行合同约定的责任，到期后，承包人向发包人申请返还保证金。发包人在接到承包人返还保证金申请后，应于14日内会同承包人按照合同约定的内容进行核实。如无异议，发包人应当在核实后14日内将保证金返还给承包人，逾期支付的，从逾期之日起，按照同期银行贷款利率计付利息，并承担违约责任。发包人在接到承包人返还保证金申请后14日内不予答复，经催告后14日内仍不予答复，视同认可承包人的返还保证金申请。

2. 保证金的管理及缺陷修复

（1）保证金的管理　　缺陷责任期内，实行国库集中支付的政府投资项目，保证金的管理应按国库集中支付的有关规定执行。其他的政府投资项目，保证金可以预留在财政部门或发包方。缺陷责任期内，如发包人被撤销，保证金随交付使用资产一并移交使用单位管理，由使用单位代行发包人职责。社会投资项目采用预留保证金方式的，发、承保双方可以约定将保证金由金融机构托管；采用工程质量担保、工程质量保险等其他保证方式的，发包人不得再预留保证金，并按照有关规定执行。

（2）缺陷责任期内缺陷责任的承担　　缺陷责任期内，由承包人原因造成的缺陷，承包人应负责维修，并承担鉴定和维修费用。如果承包人不维修也不承担费用，发包人可以委托其他人进行维修，并可按合同约定扣除保证金，用于支付鉴定和维修费用。承包人维修并承担相应费用后，不免除对工程的一般损失赔偿责任。由他人原因造成缺陷，发包人组织维修，承包人不承担费用，且发包人不得从保证金中扣除费用。

7.8　投资控制

要做好施工阶段的投资控制，必须在施工前先明确施工阶段的投资控制目标，对施工组织设计或施工方案进行审查，做好技术经济分析工作；在施工过程中，严格按程序进行计量、结算和办理支付，控制工程变更，合理计算索赔费用，进行投资偏差分析，及时采取纠偏措施，保证施工阶段投资控制目标的实现。

7.8.1　投资使用计划作用与编制方法

1. 投资使用计划的作用

施工阶段投资使用计划的编制与控制在整个工程造价管理中处于重要而独特的地位，它对工程造价的重要影响表现在以下几个方面：

1）通过编制投资使用计划，合理确定工程造价施工阶段目标值，使工程造价的控制有所依据，并为资金的筹集与协调打下基础；如果没有明确的造价控制目标，就无法把工程项目的实际支出额与之进行比较，也就不能找出偏差，从而使控制措施缺乏针对性。

2）通过投资使用计划的科学编制，可以对未来工程项目的资金使用和进度控制有所预测，消除不必要的资金浪费和进度失控，也能够避免在今后工程项目中由于缺乏依据而进行轻率判断造成的损失，减少了盲目性，使现有资金充分发挥作用。

3）在建设项目的进行过程中，通过投资使用计划的严格执行，可以有效地控制工程造价上升，最大限度地节约投资，提高投资效益。

对脱离实际的工程目标值和投资使用计划，应在科学评估的前提下，允许修订和修改，使工程造价更趋于合理水平，从而保障发包人和承包人各自的合法利益。

2. 施工阶段投资使用计划的编制方法

（1）按项目投资构成编制投资使用计划　工程项目的投资一般可以分解为建筑工程投资、安装工程投资、设备工器具购置投资以及工程建设其他投资。各种投资构成还可以进一步分解。另外，在按项目投资构成分解时，可以根据以往的经验和建立的数据库来确定适当的比例，必要时也可以做一些适当的调整。按投资的构成来分解的方法比较适合于有大量经验数据的工程项目。

（2）按不同子项目编制投资使用计划　大中型的工程项目通常是由若干个单项工程构成的，而每个单项工程包括了多个单位工程，每个单位工程又是由若干个分部分项工程所组成。因此，首先要把项目总投资分解到单项工程和单位工程；然后，对各单位工程的建筑安装工程费用还需要进一步分解，在施工阶段一般可分解到分部分项工程。在完成投资项目分解工作之后，要具体分配投资，编制工程分项的投资支出预算。

例如：某学校建设项目的分解过程，就是该项目施工阶段资金使用计划的编制依据。

为了满足建设项目分解管理的需要，建设项目可分解为单项工程、单位工程、分部工程和分项工程，以一个学校建设项目为例，其分解可参照图7－2所示。

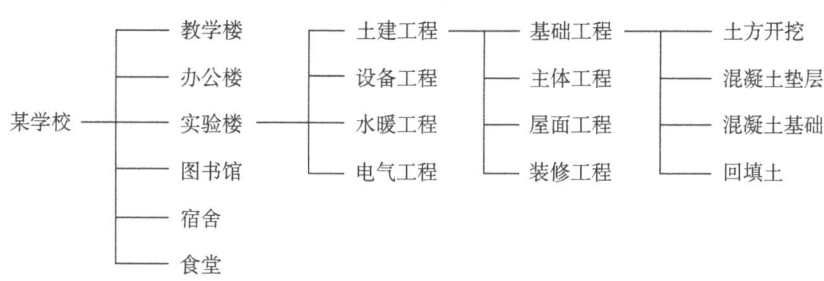

图7－2　工程项目分解图

（3）按时间进度编制的投资使用计划　工程项目的投资总是分阶段、分期支出的，资金应用是否合理与资金的时间安排有密切关系。为了编制项目投资使用计划，并据此筹措资金，尽可能减少资金占用和利息支出，有必要将项目总投资按其使用时间进行分解，编制按时间进度的资金使用计划，确定分目标值。

按时间进度编制的投资使用计划，通常可利用控制项目进度网络图进一步扩充而得到。利用网络图控制时间的投资，即要求在建立网络图时，一方面确定完成某项施工活动所花的时间，另一方面也要确定完成这一工作的合适的支出预算。

投资使用计划通常可以采用 S 形曲线（见图 7-3）与香蕉图（见图 7-4）的形式，或者也可以用横道图和时标网络图（见图 7-5）表示。其对应数据的产生依据是施工计划网络图中的参数（工序最早开工时间，工序最早完成时间，工序最迟开工时间，工序最迟完成时间，关键工序，关键线路，计划总工期）的计算结果与对应阶段资金使用要求。

以上三种编制投资使用计划的方法并不是相互独立的。在实践中，往往是将这几种方法结合起来使用，从而达到扬长避短的效果。例如：将按不同子项目编制总投资使用计划与按投资构成编制项目总投资使用计划两种方法相结合，横向按子项目分解，纵向按投资构成分解。

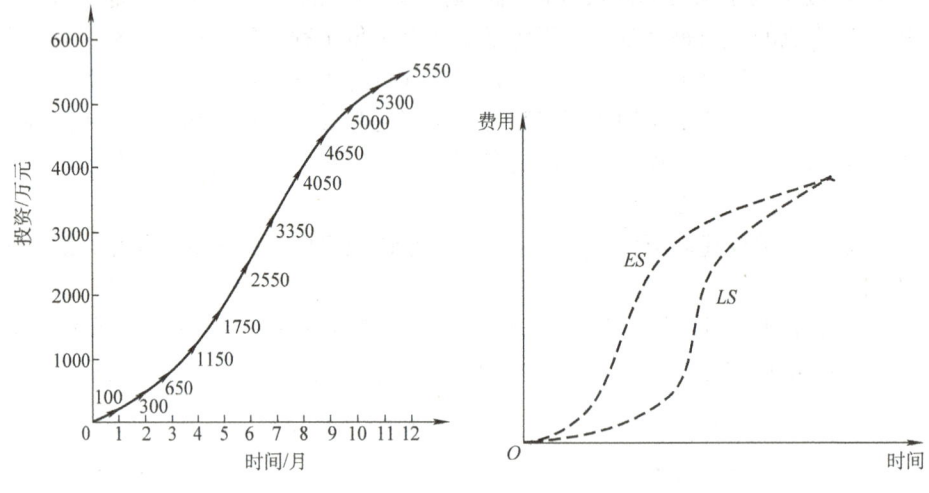

图 7-3　时间投资累计曲线（S 形曲线）　　图 7-4　"香蕉"曲线图

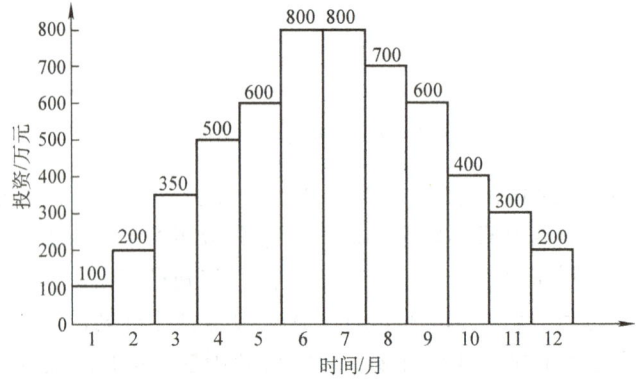

图 7-5　时标网络图上按月编制的资金使用计划

7.8.2 投资偏差分析与纠正

1. 施工阶段投资偏差形成过程

由于施工程中随机因素与风险因素的影响形成了实际投资与计划投资,实际工程进度与计划工程进度的差异,这些差异分别称为投资偏差与进度偏差。这些偏差即是施工阶段工程造价计算与控制的对象。

由于时间—投资累计曲线中既包含了投资计划,又包含了进度计划,因此有关实际投资与计划投资的变量包括了拟完工程计划投资、已完工程实际投资和已完工程计划投资。

(1) 拟完工程计划投资 所谓拟完工程计划投资是指根据进度计划安排在某一确定时间内所应完成的工程内容的计划投资。可以表示为在某一确定时间内计划完成的工程量与单位工程量计划单价的乘积,其公式为:

$$拟完工程计划投资 = 拟完工程量 \times 计划单价$$

(2) 已完工程实际投资 所谓已完工程实际投资是根据实际进度完成情况在某一确定时间内已经完成的工程内容的实际投资。可以表示为在某一确定时间内实际完成的工程量与单位工程量实际单价的乘积,其公式为:

$$已完工程实际投资 = 实际工程量 \times 实际单价$$

在进行有关偏差分析时,为简化起见,通常进行如下假设:拟完工程计划投资中的拟完工程量与已完工程实际投资中的实际工程量在总额上是相等的,两者之间的差异只在于完成的时间进度不同。

(3) 已完工程计划投资 从上面的公式可以看出,由于拟完工程计划投资和已完工程实际投资之间既存在投资偏差,也存在进度偏差。已完工程计划投资正是为了更好地辨析这两种偏差而引入的变量,是指根据实际进度完成状况在某一确定时间内已经完成的工程所对应的计划投资额。可以表示为在某一确定时间内实际完成的工程量与单位工程量计划单价的乘积,其公式为:

$$已完工程计划投资 = 实际工程量 \times 计划单价$$

2. 投资偏差和进度偏差

(1) 投资偏差 投资偏差指投资计划值与投资实际值之间存在的差异,当计算投资偏差时,应剔除进度原因对投资额产生的影响,因此其公式为:

$$投资偏差 = 已完工程实际投资 - 已完工程计划投资$$
$$= 实际工程量 \times (实际单价 - 计划单价)$$

上式中结果为正表示投资增加,结果为负表示投资节约。

(2) 进度偏差 与投资偏差密切相关的是进度偏差,如果不加考虑就不能正确反映投资偏差的实际情况。所以,有必要引入进度偏差的概念,即:

$$进度偏差 = 已完工程实际时间 - 已完工程计划时间$$

为了与投资偏差联系起来,进度偏差也可表示为:

$$进度偏差 = 拟完工程计划投资 - 已完工程计划投资$$
$$= (拟完工程量 - 实际工程量) \times 计划单价$$

进度偏差为正值时,表示工期拖延;结果为负值时,表示工期提前。

(3) 有关投资偏差的其他概念 在投资偏差分析时,具体又分为以下情况:

1) 局部偏差和累计偏差。局部偏差有两层含义:一是相对于总项目的投资而言,指各单项工程、单位工程和分部分项工程的偏差;二是相对于项目实施的时间而言,指每一控制周期所发生的投资偏差。累计偏差,则是在项目已经实施的时间内累计发生的偏差。偏差的工程内容及其原因一般都比较明确,分析结果也就比较可靠,而累计偏差所涉及的工程内容较多、范围较大,且原因也较复杂,因而累计偏差分析必须对局部偏差分析的结果进行综合分析,其结果更能显示规律性,对投资控制工作在较大范围内具有指导作用。

2) 绝对偏差和相对偏差。绝对偏差是指投资计划值与实际值比较所得的差额;相对偏差是指投资偏差的相对数或比例数,通常是用绝对偏差与投资计划值的比值来表示,即:

$$相对偏差 = \frac{绝对偏差}{投资计划值} = \frac{投资实际值 - 投资计划值}{投资计划值}$$

绝对偏差和相对偏差的数值均可正可负,且两者符号相同,正值表示投资增加,负值表示投资节约。在进行投资偏差分析时,对绝对偏差和相对偏差都要进行计算。绝对偏差的结果比较直观,其作用主要是了解项目投资偏差的绝对数额,指导调整资金支出计划和资金筹措计划。由于项目规模、性质、内容不同,其投资总额会有很大差异,因此,绝对偏差就显得有一定的局限性。而相对偏差就能较客观地反映投资偏差的严重程度或合理程度,从对投资控制工作的要求来看,相对偏差比绝对偏差更有意义,应当给予更高的重视。

3. 常用的偏差分析方法

常用的偏差分析方法有横道图法、时标网络图法、表格法和曲线法。

(1) 横道图法 用横道图进行投资偏差分析,是用不同的横道标识拟完工程计划投资、已完工程计划投资和实际投资,在实际工作中往往需要根据拟完工程计划投资和已完工程实际投资确定已完工程计划投资后,再确定投资偏差和进度偏差。横道的长度与其数额成正比。投资偏差和进度偏差数额可以用数字或横道表示,而产生投资偏差的原因则应经过认真分析后填入。

根据拟完工程计划投资与已完工程实际投资确定已完工程计划投资的方法是:

1) 已完工程计划投资与已完工程实际投资的横道位置相同。

2) 已完工程计划投资与拟完工程计划投资的各子项工程的投资总值相同。

【例 7-5】 假设某项目的基础工程包括挖土方、基础处理和混凝土基础等部分，各自的拟完工程计划投资、已完工程实际投资和已完工程计划投资见表 7-7。

表 7-7 投资偏差分析表（横道图法）

项目编码	项目名称	投资参数数额/万元	投资偏差/万元	进度偏差/万元	原因
011	挖土方	70 / 50 / 60	10	-10	
012	基础处理	80 / 66 / 100	-20	-34	
013	混凝土基础	80 / 80 / 60	20	20	
	合计	230 / 196 / 220	10	-24	

图例：■ 已完工程实际投资　　□ 拟完工程计划投资　　▨ 已完工程计划投资

根据表 7-7 中的数据，可以求得相应的投资偏差和进度偏差，如：

挖土方工程投资偏差 = 已完工程实际投资 - 已完工程计划投资

= （70 - 60）万元 = 10 万元

即投资增加 10 万元。

挖土方工程进度偏差 = 拟完工程计划投资 - 已完工程计划投资

= （50 - 60）万元 = -10 万元

即进度提前 10 万元。

同理可得，基础处理、混凝土基础的投资偏差分别为 -20 万元和 20 万元，进度偏差分别为 -34 万元和 20 万元。即基础处理工程投资节约 20 万元，进度提前 34 万元；混凝土基础工程投资增加 20 万元，进度拖延 20 万元。

横道图的优点是简单直观，便于了解项目的投资概貌，但这种方法的信息量较少，主要反映累计偏差和局部偏差，因而其应用有一定的局限性。

(2) 时标网络图法 时标网络图是在确定施工计划网络图的基础上,将施工的实施进度与日历工期相结合而形成的网络图。它可以分为早时标网络图与迟时标网络图。根据时标网络图可以得到每一时段的拟完工程计划投资,已完工程实际投资可以根据实际工程完成情况测得,在时标网络图上考虑实际进度前锋线就可以得到每一时段的已完工程计划投资。实际进度前锋线表示整个项目目前实际完成的工作情况,将某一确定时点下时标网络图中各个工序的实际进度点相连就可以得到实际进度前锋线。

【例 7-6】 假设某工程的部分时标网络图如图 7-6 所示。

图中第 5 月、10 月和 15 月末虚线表示对应施工检查日(用▲标示)施工的实际进度;图中箭线上方标的数字以表示箭线对应工序单位时间的计划投资值。

从图中我们可以看出:

5 月末的已完工程计划投资累计值 = (40-4-3)万元 = 33 万元

则可以计算出 5 月末的投资偏差和进度偏差

5 月末的投资偏差 = 已完工程实际投资 - 已完工程计划投资
                = (45-33)万元 = 12 万元

即投资增加 12 万元。

5 月末的进度偏差 = 拟完工程计划投资 - 已完工程计划投资
                = (40-33)万元 = 7 万元

即进度拖延 7 万元。

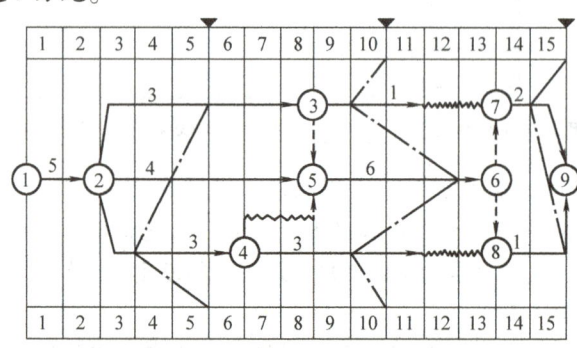

(单位:万元)

月份	1	2	3	4	5	6	7	8	9	10	11	12	13	14	15
(1)	5	10	20	30	40	50	60	70	80	90	100	106	112	115	118
(2)	5	15	25	35	45	53	61	69	77	85	94	103	112	116	120

图 7-6 某工程时标网络计划

注:1. 图中每根箭头线上方数值为该工作每月计划投资。
    2. 图下方表内(1)栏数据为拟完工程计划投资累计值;(2)栏数值为已完工程实际投资累计值。

时标网络图法具有简单、直观的特点,主要用来反映累计偏差和局部偏差,但实际进度前锋线的绘制有时会遇到一定的困难。

(3) 表格法　表格法是进行偏差分析最常用的一种方法。可以根据项目的具体情况、数据来源、投资控制工作的要求等条件来设计表格,因而适用性较强,表格法的信息量大,可以反映各种偏差变量和指标,对全面深入地了解项目投资的实际情况非常有益;另外,表格法还便于用计算机辅助管理,提高投资控制工作的效率。举例见表 7-8。

表 7-8　投资偏差分析表

项目编号	(1)	011	012	013
项目名称	(2)	挖土方	基础处理	混凝土基础
单　位	(3)			
计划单价	(4)			
拟完工程量	(5)			
拟完工程计划投资	(6) = (4) × (5)	50	66	80
已完工程量	(7)			
已完工程计划投资	(8) = (4) × (7)	60	100	60
实际单价	(9)			
其他款项	(10)			
已完工程实际投资	(11) = (7) × (9) + (10)	70	80	80
投资局部偏差	(12) = (11) - (6)	10	-20	20
投资局部偏差程度	(13) = (11) ÷ (6)	1.17	0.8	1.33
投资累计偏差	(14) = ∑ (12)			
投资累计偏差程度	(15) = ∑ (11) ÷ ∑ (8)			
进度局部偏差	(16) = (6) - (8)	-10	-34	20
进度局部偏差程度	(17) = (6) ÷ (8)	0.83	0.66	1.33
进度累计偏差	(18) = ∑ (16)			
进度累计偏差程度	(19) = ∑ (6) ÷ ∑ (8)			

(4) 曲线法　曲线法是用投资时间曲线进行偏差分析的一种方法。在用曲线法进行偏差分析时,通常有三条投资曲线,即已完成工程实际投资曲线 a,已完工程计划投资曲线 b 和拟完工程计划投资曲线 P。如图 7-7 所示,图中曲线 a 和 b 的竖向距离表示投资偏差,曲线 P 的水平距离表示进度偏差。图中所反映的是累计偏差,而且主要是绝对偏差。用曲线法进行偏差分析,具有形象、直观的优点,但不能直接用于定量分析,如果能与表格法结合起来,则会取得较好的效果。

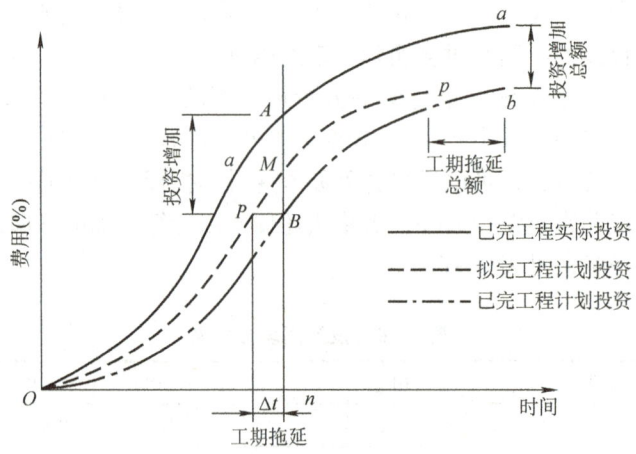

图 7-7 三种投资参数曲线

4. 偏差形成原因的分类及纠正

（1）偏差形成的原因　引起投资偏差的原因主要有四个方面：客观原因、业主原因、设计原因和施工原因，如图 7-8 所示。

为了对偏差进行综合分析，通常采用图表工具。在用表格法时，首先要将每期所完成的全部分项工程的投资情况汇总，确定引起分部分项工程投资偏差的具体原因；然后通过适当的数据处理，分析每种原因发生的频率（概率）及其影响程度（平均绝对偏差或相对偏差）；最后按偏差的原因分类重新排列，就可以得到投资偏差原因综合分析表。

（2）投资偏差的纠正与控制　施工阶段工程造价偏差的纠正与控制要注意采用动态控制、系统控制、信息反馈控制、弹性控制、循环控制和网络技术控制的原理，注意目标手段分析方法的应用。目标手段分析方法要结合施工现场实际情况，依靠有丰富实践经验的技术人员和工作人员通过各方面的共同努力实现纠偏。从管理学的角度，纠偏

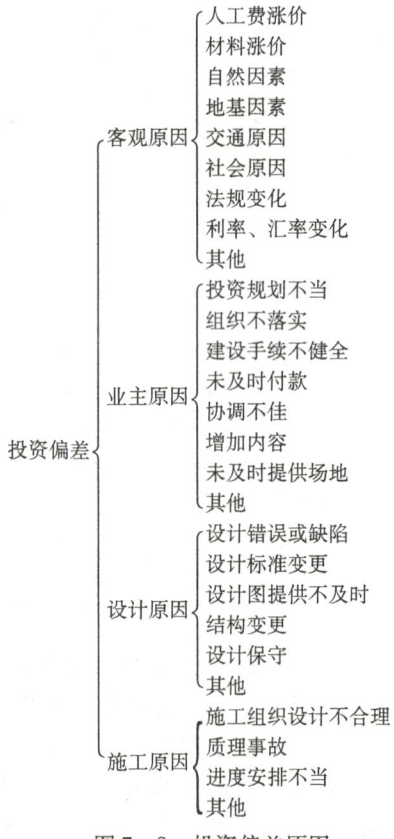

图 7-8 投资偏差原因

是一个制订计划、实施工作、检查进度与效果、纠正与处理偏差的滚动的 PDCA 循环过程。因此，纠偏就是对系统实际运行状态偏离标准状态的纠正，以便使运行状态恢复或保持住标准状态。

从施工管理的角度来说，合同管理、施工成本管理、施工进度管理、施工质量管理是几个重要环节。在纠正施工阶段资金使用偏差的过程中，要按照经济性原则、全面性与全过程原则、责权利相结合原则、政策性原则、开源节约相结合原则，在项目经理的负责下，在费用控制预测的基础上，各类人员共同配合，通过科学、合理、可行的措施，实现由分项工程、分部工程、单位工程、到项目整体资金使用偏差的纠正。实现工程造价有效控制。通常把纠偏措施分为组织措施、经济措施、技术措施、合同措施四个方面。

1）组织措施。组织措施是指从投资控制的组织管理方面采取的措施。例如，落实投资控制的组织机构和人员，明确各级投资控制人员的任务、职能分工、权利和责任，改善投资控制工作流程等。组织措施往往被人忽视，其实它是其他措施的前提和保障，而且一般无需增加什么费用，运用得当即可以收到良好的效果。

2）经济措施。经济措施最易为人们接受，但运用中要特别注意不可把经济措施简单理解为审核工程量及相应的支付价款。应从全局出发考虑问题，检查和分析投资目标分解的合理性，资金使用计划的保障性，施工进度计划的协调性。另外，通过偏差分析和未完工程预测还可以发现潜在的问题，及时采取预防措施，从而取得造价控制的主动权。

3）技术措施。从造价控制的要求来看，技术措施并不都是因为发生了技术问题才加以考虑的，也可以因为出现了较大的投资偏差而加以运用。不同的技术措施往往会有不同的经济效果，因此运用技术措施纠偏时，要对不同的技术方案进行技术经济分析综合评价后加以选择。

4）合同措施。合同措施在纠偏方面主要指索赔管理。在施工过程中，索赔事件的发生是难免的，造价工程师在发生索赔事件后，要认真审查有关索赔依据是否符合合同规定，索赔计算是否合理等，从主动控制的角度出发，加强日常的合同管理，落实合同规定的责任。

思 考 题

1. 工程价款现行结算办法和动态结算办法有哪些？
2. 简述工程变更价款的确定办法？
3. 什么是索赔、反索赔？索赔应如何进行？
4. 常用的偏差分析方法有哪些？应采取什么措施进行纠偏？
5. 背景：某业主与承包商签订了某建筑安装工程项目总包施工合同。承包范围包括土建工程和水、电、通风建筑设备安装工程，合同总价为 4800 万元。工期为 2 年，第 1 年已完成 2600 万元，第 2 年应完成 2200 万元。承包合同规定：

（1）业主应向承包商支付当年合同价 25% 的工程预付款。

（2）工程预付款应从未施工工程尚需的主要材料及构配件价值相当于工程预付款时起扣，每月以抵充工程款的方式陆续收回。主要材料及设备费比重按 62.5% 考虑。

（3）工程质量保修金为承包合同总价的 3%，经双方协商，业主从每月承包商的工程款中按 3% 的比例扣留。在保修期满后，保修金及保修金利息扣除已支出费用后的剩余部分退还给承包商。

（4）当承包商每月实际完成的建安工作量少于计划完成建安工作量的 10% 以上（含 10%）时，业主可按 5% 的比例扣留工程款，在工程竣工结算时将扣留工程款退还给承包商。

（5）除设计变更和其他不可抗力因素外，合同总价不作调整。

（6）由业主直接提供的材料和设备应在发生当月的工程款中扣回其费用。

经业主的工程师代表签认的承包商在第 2 年各月计划和实际完成的建安工作量以及业主直接提供的材料、设备价值见表 7－9。

表 7－9　工程结算数据表　　　　　　　　　　（单位：万元）

月　份	1～6	7	8	9	10	11	12
计划完成建安工作量	1100	200	200	200	190	190	120
实际完成建安工作量	1110	180	210	205	195	180	120
业主直接供材料设备的价值	90.56	35.5	24.4	10.5	21	10.5	5.5

问题：

1. 工程预付款是多少？

2. 工程预付款从几月份开始起扣？

3. 1～6 月以及其他各月工程师代表应签证的工程款是多少？应签发付款凭证的金额是多少？

第 8 章

建设项目竣工阶段工程造价控制

8.1 建设项目竣工阶段与工程造价有关的工作内容

8.1.1 竣工阶段的工作内容

建设项目竣工阶段的主要工作就是竣工验收。

建设项目竣工验收是指由建设单位、施工单位和项目验收委员会，以项目批准的设计任务书和设计文件、国家或部门颁发的施工验收规范和质量检验标准为依据，按照一定的程序和手续，在项目建成并试生产合格后（工业生产性项目），对工程项目的总体进行检验、认证、综合评价和鉴定的活动。

建设项目竣工验收是建设项目建设全过程的最后一个程序，是全面考核基本建设工作、检查设计与施工质量是否合乎要求、审查投资使用是否合理的重要环节，是投资成果转入生产或使用的标志。竣工验收对促进建设项目及时投产、发挥投资效益、总结经验教训具有重要意义。

为了保证建设项目竣工验收的顺利进行，验收必须遵循一定的程序，并按照建设项目总体计划的要求以及施工进展的实际情况分阶段进行。项目竣工验收方式按阶段不同可分为项目中间验收、单项工程验收（又称交工验收）、全部工程的竣工验收（又称动用验收）三个阶段，见表 8 – 1。

表 8 – 1 不同阶段的工程验收

类 型	验收条件	验收组织
中间验收	（1）按照施工承包合同的约定，施工完成到某一阶段后要进行中间验收 （2）主要的工程部位施工已完成了隐蔽前的准备工作，该工程部位将置于无法查看的状态	由监理单位组织，业主和承包商派人参加。该部位的验收资料将作为最终验收的依据

(续)

类型	验收条件	验收组织
单项工程验收（交工验收）	（1）建设项目中的某个合同工程已全部完成 （2）合同内约定有分部分项移交的工程已达到竣工标准，可移交给业主投入试运行	由业主组织，会同施工单位，监理单位、设计单位及使用单位等有关部门共同进行
全部工程的竣工验收（动用验收）	（1）建设项目按设计规定全部建成，达到竣工验收条件 （2）初验结果全部合格 （3）竣工验收所需资料已准备齐全	大中型和限额以上项目由原国家计委或由其委托项目主管部门或地方政府部门组织验收。小型和限额以下项目由项目主管部门组织验收。验收委员会由银行、物资、环保、劳动、统计、消防及其他有关部门组成。业主、监理单位、施工单位、设计单位和使用单位参加验收工作

通常所说的建设项目竣工验收，指的是"动用验收"，即建设单位在建设项目按批准的设计文件所规定的内容全部建成后，向使用单位（国有资金建设的工程向国家）交工的过程。

8.1.1.1　建设项目竣工验收的组织

建设项目竣工验收的组织按原国家计委关于《建设项目（工程）竣工验收办法》的规定执行。大中型和限额以上基本建设和技术改造项目（工程），由原国家计委或其委托的项目主管部门、地方政府部门组织验收。小型和限额以下基本建设和技术改造项目（工程），由项目（工程）主管部门或地方政府部门组织验收。竣工验收要根据工程规模大小、复杂程度组成验收委员会或验收组。验收委员会或验收组应由银行、物资、环保、劳动、消防及其他有关部门组成。建设单位、接管单位、施工单位、勘察设计单位参加验收工作。

验收委员会或验收组负责审查工程建设的各个环节，听取各有关单位的工作报告，审阅工程档案资料并实地察验建筑工程和设备安装情况，并对工程设计、施工和设备质量等方面作出全面的评价。不合格的工程不予验收，对遗留问题提出具体解决意见，限期落实完成。

8.1.1.2　建设项目竣工验收程序

根据建设项目（工程）的规模大小和复杂程度，整个建设项目（工程）的验收可分为初步验收和竣工验收两个阶段进行。规模较大、较复杂的建设项目（工程）应先进行初验，然后进行全部建设项目（工程）的竣工验收。规模较小、较简单的项目（工程），可以一次进行全部项目（工程）的竣工验收。建设项目竣工验收的一般程序具体如下。

1. 承包商申请交工验收

承包商在完成了合同约定的全部工程内容或按合同约定可分步移交的工程内容后，可申请交工验收。交工验收一般为单项工程，但在某些特殊情况下也可以是单位工程的施工内容，诸如特殊基础处理工程、发电站单机机组完成后的移交等。承包商施工的工程达到竣工条件后，应先进行预检验，对不符合要求的部位和项目，确定修补措施和标准，修补有缺陷的工程部位；对于设备安装工程，要与发包人和监理单位共同进行无负荷的单机和联动试车。承包商在完成了上述工作并准备好竣工资料后，即可向发包人提交竣工验收报告。

2. 监理工程师现场初验

实行监理的工程，承包商的工程竣工验收报告应由总监理工程师签署意见。总监理工程师审查工程竣工验收报告时，应对竣工的工程项目进行检验，在检验中发现的质量问题，要及时书面通知承包商，令其修理甚至返工。总监理工程师如认为可以验收，在承包商提交的工程竣工验收报告上签署意见。

3. 正式验收

业主单位收到工程竣工报告后，对符合竣工验收要求的工程，组织勘察、设计、施工、监理等单位和其他有关方面的专家组成验收组，制定验收方案。业主单位应当将验收的时间、地点及验收组名单书面通知负责监督该工程的工程质量监督机构。正式验收的程序为：

1）业主、勘察单位、设计单位、施工单位、监理单位分别汇报工程合同履约情况和在工程建设各个环节执行法律、法规和工程建设强制性标准的情况。

2）审阅业主、勘察、设计、施工、监理单位的工程档案资料。

3）实地查验工程质量。

4）对工程勘察、设计、施工、设备安装质量和各管理环节等方面作出全面评价，形成经验收组人员签署的工程竣工验收意见。

如果参与工程竣工验收的业主、勘察单位、设计单位、施工单位、监理单位等各方不能形成一致意见时，应当协商提出解决的方法，待意见一致后，重新组织工程竣工验收。

4. 验收合格

工程竣工验收合格后，业主单位应当及时提出工程竣工验收报告。工程竣工验收报告主要包括：工程概况，业主单位执行基本建设程序情况，对工程勘察、设计、施工、监理等方面的评价，工程竣工验收时间、程序、内容和组织形式，工程竣工验收意见等内容。

负责监督该工程的工程质量监督机构应当对工程竣工验收的组织形式、验收程序、执行验收标准等情况进行现场监督，发现有违反建设工程质量管理规定行为的，责令改正，并将对工程竣工验收的监督情况作为工程质量监督报告的重要内容。

建设项目竣工验收程序如图 8-1 所示。

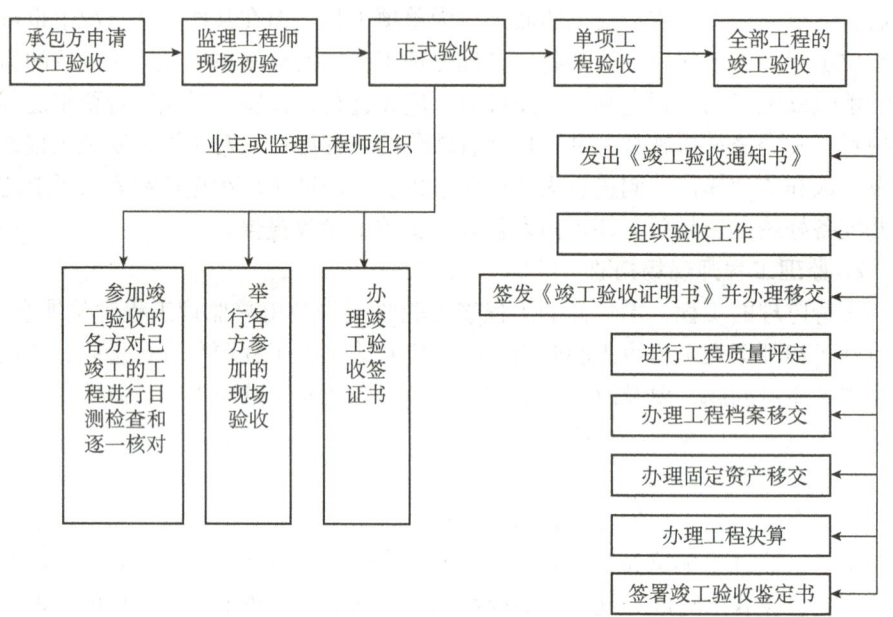

图 8-1 竣工验收程序

8.1.1.3 建设项目竣工验收的内容

不同的建设项目,其竣工验收的内容不完全相同,但一般均包括工程资料验收和工程内容验收两部分。

1. 工程资料验收

工程资料验收包括工程技术资料、综合资料和财务资料验收三个方面的内容。

(1) 工程技术资料验收的内容 主要包括:

1) 工程地质、水文、气象、地形、地貌、建筑物、构筑物及重要设备安装位置、勘察报告与记录。

2) 初步设计、技术设计或扩大初步设计、关键的技术试验、总体规划设计。

3) 土质试验报告、基础处理。

4) 建筑工程施工记录、单位工程质量检验记录、管线强度、密封性试验报告、设备及管线安装施工记录及质量检查、仪表安装施工记录。

5) 设备试车、验收运转、维修记录。

6) 产品的技术参数、性能、设计图、工艺说明、工艺规程、技术总结、产品检验与包装、工艺图。

7）设备安装图、说明书。

8）涉外合同、谈判协议、意向书。

9）各单项工程及全部管网竣工图等资料。

（2）工程综合资料验收的内容　主要包括：

1）项目建议书及批件、可行性研究报告及批件、项目评估报告、环境影响评估报告书。

2）设计任务书、土地征用申报及批准的文件。

3）招标投标文件、承包合同。

4）项目竣工验收报告、验收鉴定书。

（3）工程财务资料验收的内容　主要包括：

1）历年建设资金供应（拨、贷）情况和应用情况。

2）历年批准的年度财务决算。

3）历年年度投资计划、财务收支计划。

4）建设成本资料。

5）设计概算、预算资料。

6）施工决算资料。

2. 工程内容验收

工程内容验收包括建筑工程验收、安装工程验收两部分。

（1）建筑工程验收的内容　主要包括：

1）建筑物的位置、标高、轴线是否符合设计要求。

2）对基础工程中的土石方工程、垫层工程、砌筑工程等资料的审查。

3）结构工程中的砖木结构、砖混结构、内浇外砌结构、钢筋混凝土结构的审查验收。

4）对屋面工程的木基、望板、油毡、屋面瓦、保温层、防水层等的审查验收。

5）对门窗工程的审查验收。

6）对装修工程的审查验收（抹灰、油漆等工程）。

（2）安装工程验收的内容　主要包括：

1）建筑设备安装工程（指民用建筑物中的上下水管道、暖气、煤气、通风、电气照明等安装工程）。应检查这些设备的规格、型号、数量、质量是否符合设计要求，检查安装时的材料、材质、材种，检查试压、闭水试验、照明。

2）工艺设备安装工程包括：生产、起重、传动、实验等设备的安装，以及附属管线敷设和油漆、保温等。检查设备的规格、型号、数量、质量、设备安装的位置、标高、机座尺寸、质量、单机试车、无负荷联动试车、有负荷联动试车、管道的焊接质量、清洗、吹扫、试压、试漏及各种阀门等。

3）动力设备安装工程是指有自备电厂的项目或变配电室（所）、动力配电线路的验收。

8.1.1.4 建设项目竣工验收的条件与范围

1. 竣工验收的条件

国务院 2000 年 1 月发布的第 279 号令《建设工程质量管理条例》规定，建设工程竣工验收应当具备以下条件：

1）完成建设工程设计和合同约定的各项内容。
2）有完整的技术档案和施工管理资料。
3）有工程使用的主要建筑材料、建筑构配件和设备的进场试验报告。
4）有勘察、设计、施工、工程监理等单位分别签署的质量合格文件。
5）有施工单位签署的工程保修书。

2. 竣工验收的范围

国家颁布的建设法规规定，凡新建、扩建、改建的基本建设项目和技术改造项目（所有列入固定资产投资计划的建设项目或单项工程），已按国家批准的设计文件所规定的内容建成，符合验收标准的：工业投资项目经负荷试车考核，试生产期间能够正常生产出合格产品，形成生产能力的；非工业投资项目符合设计要求，能够正常使用的，不论是属于哪种建设性质，都应及时组织验收，办理固定资产移交手续。

工期较长、建设设备装置较多的大型工程，为了及时发挥其经济效益，对其能够独立生产的单项工程，也可以根据建成时间的先后顺序，分期分批地组织竣工验收；对能生产中间产品的一些单项工程，不能提前投料试车，可按生产要求与生产最终产品的工程同步建成竣工后，再进行全部验收。

对于某些特殊情况，工程施工虽未全部按设计要求完成，也应进行验收，这些特殊情况主要包括：

1）因少数非主要设备或某些特殊材料短期内不能解决，虽然工程内容尚未全部完成，但已可以投产或使用的工程项目。
2）规定要求的内容已完成，但因外部条件的制约，如流动资金不足、生产所需原材料不能满足等，而使已建工程不能投入使用的项目。
3）有些建设项目或单项工程，已形成部分生产能力，但近期内不能按原设计规模续建，应从实际情况出发，经主管部门批准后，可缩小规模对已完成的工程和设备组织竣工验收，移交固定资产。

8.1.1.5 建设项目验收的依据与标准

1. 竣工验收的依据

1）上级主管部门对该项目批准的各种文件。
2）可行性研究报告。

3) 施工图设计文件及设计变更洽商记录。
4) 国家颁布的各种标准和现行的施工验收规范。
5) 工程承包合同文件。
6) 技术设备说明书。
7) 建筑安装工程统一规定及主管部门关于工程竣工的规定。
8) 从国外引进的新技术和成套设备的项目以及中外合资建设项目,要按照签订的合同和进口国提供的设计文件等进行验收。
9) 利用世界银行等国际金融机构贷款的建设项目,应按世界银行规定,按时编制《项目完成报告》。

2. 竣工验收的标准

1) 生产性项目和辅助性公用设施,已按设计要求完成,能满足生产使用。
2) 主要工艺设备配套经联动负荷试车合格,形成生产能力,能够生产出设计文件所规定的产品。
3) 主要的生产设施已按设计要求建成。
4) 生产准备工作能适应投产的需要。
5) 环境保护设施、劳动安全卫生设施、消防设施已按设计与主体工程同时建成使用。
6) 生产性投资项目,如工业项目的土建、安装、人防、管道、通信等工程的施工和竣工验收,必须按照国家和行业施工及验收规范执行。

8.1.2 竣工阶段与工程造价有关的工作内容

竣工阶段工程造价控制是建设项目全过程工程造价控制的最后一个环节,是全面考核建设工作,审查投资使用合理性,检查工程造价控制情况,是投资成果转入生产或使用的标志性阶段。竣工阶段的主要工作内容有竣工结算和竣工决算。

竣工结算是承包人按照合同约定的内容全部完成所承包的工程,经验收质量合格,并符合合同要求之后,向业主单位进行的最终工程款结算。经审查的竣工结算是核定建设工程造价的依据,也是建设项目竣工验收后编制竣工决算和核定新增固定资产价值的依据。

竣工决算是所有建设项目竣工后,业主单位按照国家有关规定在新建、改建和扩建工程建设项目竣工验收阶段编制的竣工决算报告。竣工决算是反映竣工项目建设成果的文件,是考核其投资效果的依据,是办理交付、动用、验收的依据,是竣工验收报告的重要部分。

建设工程造价全过程控制是工程造价管理的主要表现形式和核心内容,也是提高项目投资效益的关键所在。它贯穿于决策阶段、设计阶段、工程招投标阶段、施工实施阶段和竣工阶段的项目全过程中,是围绕追求工程项目建设投资控制目标,以达到所建的工程项目以最少的投入获得最佳的经济效益和社会效益。竣工阶段的竣工验收、竣工结算和决算不仅直接关系到建设单位与施工单位之间的利益关系,也关系到项目工程造价的实际结果。

竣工结算是反映工程项目的实际价格,最终体现工程造价系统控制的效果。要有效控制工程项目竣工结算价,必须严把审核关。首先,要核对合同条款:一要审查竣工工程内容是否符合合同条件要求、竣工验收是否合格。二要查结算价款是否符合合同的结算方式。其次,要检查隐蔽验收记录;所有隐蔽工程是否经监理工程师的签证确认。第三要落实设计变更签证;按合同的规定,检查设计变更签证是否有效。第四要核实工程数量:依据竣工图、设计变更单及现场签证等进行核算。第五要防止各种计算误差。

竣工决算是基本建设成果和财务的综合反映,它包括项目从筹建到建成投产或使用的全部费用。除了采用货币形式表示基本建设的实际成本和有关指标外,同时包括建设工期、工程量和资产的实物量以及技术经济指标,并综合了工程的年度财务决算,全面反映基本建设的主要情况。根据国家基本建设投资的规定,在批准基本建设项目计划任务书时,可依据投资估算来估计基本建设计划投资额。在确定基本建设项目设计方案时,可依据设计概算决定建设项目计划总投资最高数额。在施工图设计时,可编制施工图预算,用以确定单项工程或单位工程的计划价格,同时规定其不得超过相应的设计概算。因此,竣工决算可反映出固定资产计划完成情况以及节约或超支原因,从而控制工程造价。

8.2 竣工结算

工程竣工结算是指施工企业按照合同规定的内容全部完成所承包的工程,经验收质量合格,并符合合同要求之后,对照原设计施工图,根据增减变化内容,编制调整预算,作为向发包单位进行的最终工程价款结算。承、发包人双方按照约定的合同价款及合同价款调整内容以及索赔事项进行最终的价款结清。

8.2.1 我国标准施工招标文件(2007 年版)中合同条款部分涉及竣工结算的内容

我国标准施工招标文件(2007 年版)中合同条款部分对竣工结算作了如下规定:

1. 竣工付款申请单

1)工程接收证书颁发后,承包人应按合同约定向监理人提供竣工付款申请单,并提交相关证明材料。除专用合同条款另有约定外,竣工付款申请单应包括下列内容:竣工结算合同总价、发包人已支付承包人的工程价款、应扣留的质量保证金、应支付的竣工付款金额。

2)监理人对竣工付款申请单有异议的,有权要求承包人进行修正和提供补充资料。经监理人和承包人协商后,由承包人向监理人提交修正后的竣工付款申请单。

2. 竣工付款证书及支付时间

1)监理人在收到承包人提交的竣工付款申请单后的14天内完成核查,提出发包人到期应支付给承包人的价款送发包人审核并抄送承包人。发包人应在收到后14天内审核完毕,由监理人向承包人出具经发包人签认的竣工付款证书。监理人未在约定时间内核查,又未提出具体意见的,视为承包人提交的竣工付款申请单已经监理人核查同意;发包人未在约定时间内审核又未提出具体意见的,监理人提出发包人到期应支付给承包人的价款视为已经发包人同意。

2)发包人应在监理人出具竣工付款证书后的14天内,将应支付款支付给承包人。发包人不按期支付的,按专用合同条款的约定,将逾期付款违约金支付给承包人。

3)承包人对发包人签认的竣工付款证书有异议的,发包人可出具竣工付款申请单中承包人已同意部分的临时付款证书。存在争议的部分,按合同中约定的争议解决办法办理。

4)竣工付款涉及政府投资资金的,按照国库集中支付等国家相关规定和专用合同条款的约定办理。

3. 最终结清

(1)最终结清申请单　具体如下:

1)缺陷责任期终止证书签发后,承包人可按专用合同条款约定的份数和期限向监理人提交最终结清申请单,并提供相关证明材料。

2)发包人对最终结清申请单内容有异议的,有权要求承包人进行修正和提供补充资料,由承包人向监理人提交修正后的最终结清申请单。

(2)最终结清证书和支付时间　具体如下:

1)监理人收到承包人提交的最终结清申请单后的14天内,提出发包人应支付给承包人的价款送发包人审核并抄送承包人。发包人应在收到后14天内审核完毕,由监理人向承包人出具经发包人签认的最终结清证书。监理人未在约定时间内核查,又未提出具体意见的,视为承包人提交的最终结清申请已经监理人核查同意;发包人未在约定时间内审核又未提出具体意见的,监理人提出应支付给承包人的价款视为已经发包人同意。

2)发包人应在监理人出具最终结清证书后的14天内,将应支付款支付给承包人。

8.2.2 竣工结算的方式

工程竣工结算分为单位工程竣工结算、单项工程竣工结算和建设项目竣工结算。

单位工程竣工结算是指单位工程施工已完工，经发包人或有关机构验收合格且点交后，按照施工发承包合同的约定，由承包人在原合同价格基础上编制调整价格并提交发包人审核确认后的过程价格。

单项工程竣工结算是指单位工程结算的汇总。

建设项目竣工结算是指建设项目完工并经验收合格后，对所完成的建设项目中各单项工程结算资料的汇总，形成整个建设项目的结算文件。

8.2.3 竣工结算的编制

单位工程竣工结算由承包人编制，实行总承包的工程，由具体承包人编制。单项工程竣工结算和建设项目竣工总结算由总（承）包人编制。总（承）包人可以委托具有相应资质工程造价咨询机构代为编制竣工结算。

1. 竣工结算的内容

竣工结算的内容与施工图预算基本相同，由直接工程费、间接费、利润和税金四部分组成。竣工结算编制文件的组成一般由工程项目竣工结算汇总表、单项工程竣工结算汇总表、单位工程竣工结算汇总表和分部分项（措施、其他、零星）工程竣工结算表及结算编制说明等组成。

工程项目竣工结算汇总表、单项工程竣工结算汇总表、单位工程竣工结算汇总表应当按规定的表格格式及内容进行编制。表 8-2~8-4 为《建设工程工程量清单计价规范》（GB50500-2008，以下简称《清单计价规范》）中的工程项目竣工结算汇总表、单项工程竣工结算汇总表、单位工程竣工结算汇总表的表格格式。

表 8-2 工程项目竣工结算汇总表格式

工程名称： 第 页 共 页

序号	单项工程名称	金额	其中	
			安全文明施工费/元	规费/元
	合 计			

表8-3 单项工程竣工结算汇总表

工程名称：　　　　　　　　　　　　　　　　　　　　　　第　页共　页

序号	单位工程名称	金额	其中	
			安全文明施工费/元	规费/元
	合　计			

表8-4 单位工程竣工结算汇总表

工程名称：　　　　　　　　标段：　　　　　　　　　　第　页共　页

序号	汇总内容	金额/元
1	分部分项工程	
1.1		
1.2		
1.3		
1.4		
2	措施项目	
2.1	安全文明施工费	
3	其他项目	
3.1	专业工程结算价	
3.2	计日工	
3.3	总承包服务费	
3.4	索赔与现场签证	
4	规费	
5	税金	
	竣工结算总价合计 = 1 + 2 + 3 + 4 + 5	

工程竣工结算编制说明可根据委托工程的实际情况，以单位工程、单项工程或建设项目为对象进行编写，并应说明以下内容：

1）工程概况。
2）编制范围。
3）编制依据。

4) 编制方法。
5) 有关材料、设备、参数和费用说明。
6) 其他有关问题的说明。

2. 竣工结算编制的原则及依据

（1）竣工结算的编制原则　具体如下：
1) 实事求是。
2) 严格执行国家和地区的各项有关规定。
3) 认真履行合同条款。
4) 编制依据充分。
5) 审核和审定手续完备。

（2）竣工结算的编制依据　具体如下：
1) 合同文件。
2) 工程竣工图和工程变更文件。
3) 有关技术核准资料和材料代用核准资料。
4) 工程计价文件、工程量清单、取费标准及有关调价规定。
5) 双方确认的索赔、现场签证及价款资料。
6) 其他有关文件及规定。

3. 竣工结算的编制内容及方法

（1）竣工结算的编制内容　竣工结算的编制内容包括工程量增减调整、价差调整、费用调整三部分。

1) 工程量增减调整。这是编制工程竣工结算的主要部分，即所谓量差，就是说所完成的实际工程量与施工图预算工程量之间的差额。量差主要表现为：①设计变更和漏项。因实际施工图修改和漏项等而产生的工程量增减，该部分可依据设计变更通知书进行调整。②现场工程更改。实际工程中施工方法出现不符、基础超深等均可根据双方签证的现场记录，按照合同或协议的规定进行调整。③施工图预算错误。在编制竣工结算前，应结合工程的验收时实际完成情况，对施工图预算中存在的错误予以纠正。

2) 价差调整。工程竣工结算可按照地方预算定额或基价表的单价编制，因当地造价部门文件调整发生的人工、计价材料和机械费用的价差均可以在竣工结算时加以调整。未计价材料则可根据合同或协议的规定，按实调整价差。

3) 费用调整。属于工程数量的增减变化，需要相应调整建安工程费的计算；属于价差的因素，通常不调整建安工程费，但要计入计费程序中。换言之，该费用应反映在总造价中；属于其他费用，如停窝工费用、大型机械进出场费用等，应根据各地区定额相关文件规定，一次结清，分摊到工程项目中去。

（2）竣工结算的编制方法　具体如下：

1）合同价格包干法。这种方法是事先由承发包双方商定好包干范围，按施工图预算加上一定的包干系数作为合同价格一次包死，在施工时未发生超出包干范围的事项，工程结算价就是合同价。如果发生包干范围以外的增加项目，如增加建筑面积，提高原设计标准或改变工程结构等，必须经承发包双方协商同意后方可变更，并随时填写工程变更结算单，经双方签证作为结算工程价款的依据。这就是竣工结算造价，即：

$$竣工结算价 = 经发包审定后的施工图预算 \times （1 + 包干系数）$$

2）合同数增减法。在签订合同时商定有合同价格，但没有包死，结算时以合同价为基础，按实际情况进行增减计算，即：

$$竣工结算价 = 合同价 + 变更 + 索赔 + 奖罚 + 签证$$

3）预算签证法。按双方审定的施工图预算签订合同，凡在施工过程中经双方签字同意的凭证都作为结算的论据，结算时以预算数为基础按所签凭证内容调整。

4）竣工图重算法。结算时根据竣工图、竣工技术资料、预算定额，按照施工图预算编制方法，全部重新计算得出工程结算价款。

5）平方米造价包干法。承发包双方根据一定的工程资料，事先协商好每平方米造价指标，结算时以每平方米造价指标乘以建筑面积确定应付的工程价款。合同中应明确注明每平方米造价，结算时一般不再调整，即：

$$结算工程造价 = 建筑面积 \times 每平方米造价$$

6）采用工程量清单计价时的结算方法。各种合同类型下清单计价时的结算方法见表8-5。

表8-5　不同合同类型下清单计价时的结算方法归纳

合同类型 清单内容	固定单价合同	固定总结合同	可调价格合同	成本价酬金合同
分项分部清单	Σ双方确认的工程量×合同约定的综合单价（或者双方确认的调整单价）	Σ合同约定的工程量×合同约定的单价	按合同约定的调整方法调整	Σ双方确认的工程量×（单位成本+单位利润）
措施项目清单	一般不调，除非合同约定可调	一般不调，除非合同约定可调	按合同约定调整方法调整	Σ双方确认的工程量×（单位成本+单位利润）
其他项目清单	按实结算	事前确定	按合同约定的调整方法调整	Σ双方确认的工程量×（单位成本+单位利润）
规费、税金	随以上基数变动而变动	一般固定	随以上基数变动而变动	一定比率

《清单计价规范》规定:"竣工结算的工程量按发承包双方在合同中约定应予计量且实际完成的工程量确定。""工程计量时,若发现工程量清单中出现漏项、工程量计算偏差,以及工程变更引起工程量的增减,应按承包人在履行合同义务过程中实际完成的工程量计算,在结算时应予以调整价款。"

"因分部分项工程量清单漏项或非承包人原因的工程变更,造成增加新的工程量清单项目,其结算时的综合单价按下列方法确定:

1)合同中已有适用的综合单价,按合同中已有的综合单价确定。

2)合同中有类似的综合单价,参照类似的综合单价确定。

3)合同中没有适用或类似的综合单价,由承包人提出综合单价,经发包人确认后执行。

因分部分项工程量清单漏项或非承包人原因的工程变更,引起措施项目发生变化,造成施工组织设计或施工方案变更,原措施费中已有的措施项目,按原有措施费的组价方法调整;原措施费中没有的措施项目,由承包人根据措施项目变更情况,提出适当的措施费变更,经发包人确认后调整。

因非承包人原因引起的工程量增减,该项工程量变化在合同约定幅度以内的,应执行合同中约定的综合单价;该项工程量变化在合同约定幅度以外的,其综合单价及措施费应予以调整。"

对于工程量清单的缺项问题,尽管《清单计价规范》规定的很清楚,但承包人提出的漏项单价应在投标书中有所体现,才易为招标人接受或有利于与招标人在价格上协商。如果承包人在核实工程量清单时没有及时发现漏项,事后力图通过索赔来获得相应的工程款,这通常是很困难的,特别要想获得一个有利的价格更是不可能的。

工程量清单报价中的任何算术性错误,招标人一般按下列原则予以调整:大写金额和小写金额不一致,以大写金额为准;合价金额与单价金额和工程量的乘积不一致的,以单价金额为准,但单价金额小数点有明显错误的除外;合价累计金额与小计(合计)金额不一致的,以合价累计金额为准,并修改小计(合计)金额及总报价;综合单价和综合单价分析表价格不一致,以综合单价为准;综合单价分析表和材料表价格不一致,以综合单价分析表为准。

办理工程价款竣工结算的一般公式为:

竣工结算工程价款 = 预算(或概算)或合同价款 +
　　　　　　　　　施工过程中预算或合同价款调整数额 –
　　　　　　　　　预付及已结算的工程价款 – 未扣的保修金

4. 竣工结算的编制程序

(1)承包方进行竣工结算的程序和方法　具体如下:

1)收集分析影响工程量差、价差和费用变化的原始凭证。

2）根据工程实际对施工图预算的主要内容进行检查、核对。

3）根据收集的资料和预算查对结算，进行分类汇总，计算量差、价差，进行费用调整。

4）根据查对结果和各种结算依据，分别归类汇总，填写竣工工程结算单，做出单位工程结算。

5）编写竣工结算说明书。

6）结算单项工程。目前工程竣工结算书国家没有统一规定的格式，各地区可结合当地情况和需要自行设计计算表格，供结算使用。

（2）业主进行竣工结算的管理程序　具体如下：

1）业主接到承包商提交的竣工结算书后，应以单位工程为基础，对承包合同内规定的施工内容进行检查与核对，包括工程项目、工程量、单价取费和计算结果等。

2）核查合同工程的，应包括以下几方面：①开工前准备工作的费用是否准确；②土石方工程与基础处理有无漏算或多算；③钢筋混凝土工程中的钢筋含量是否按规定进行了调整；④加工订货的项目、规格、数量、单价等与实际安装的规格、数量、单价是否相符；⑤特殊工程中使用的特殊材料的单价有无变化；⑥工程施工变更记录与合同价格的调整是否相符；⑦实际施工中有无与施工图要求不符的项目；⑧单项工程综合结算书与单位工程结算书是否相符。

3）对核查过程中发现的不符合合同规定情况，如多算、漏算或计算错误等，均应予以调整。

4）将批准的工程竣工结算书送交有关部门审查。

5）工程竣工结算书经过确认后，办理工程价款的最终结算拨款手续。

8.2.4　竣工结算的审查

单位工程竣工结算由发包人审查，实行总承包的工程，在总承包人审查的基础上发包人审查。单项工程竣工结算或建设项目总结算，发包人可以直接审查，也可以委托具有相应资质的工程造价咨询机构进行审查。政府投资项目，由同级财政部门审查。

竣工结算审查的主要内容包括：

1）核对合同条款。主要针对工程竣工是否验收合格，竣工内容是否符合合同要求；结算方式是否按合同规定进行；套用定额、计费标准、主要材料调差等是否按约定实施。

2）审查隐蔽资料和有关签证等是否符合规定要求。

3）审查设计变更通知是否符合手续程序，加盖公章否。

4）按图核实工程数量。

5）审核各项费用计算是否准确。主要从费率、计算基础、价差调整、系数计算、计费程序等方面着手进行审查。

6）防止各种计算误差。

【例8-1】 某施工单位承包某工程项目，甲乙双方签订的关于工程价款的合同内容有：

（1）合同总价1200万元，建筑材料及设备费占施工产值的比重为60%。

（2）工程预付款为合同总价的25%。工程实施后，工程预付款从未施工工程尚需的主要材料及构件的价值相当于工程预付款数额时起扣，从每次结算工程价款中按材料和设备占施工产值的比重扣抵工程预付款，竣工前全部扣清。

（3）工程进度款按月计算。

（4）工程保修金为合同总价的3%，从每月的工程款中按3%扣留。

（5）材料和设备价差调整按规定进行（按有关规定材料和设备价差上调10%，在竣工结算时一次调增）。

工程各月实际完成产值见表8-6。

表8-6 各月实际完成产值 （单位：万元）

月份	2	3	4	5	6	7
完成产值	150	180	250	250	220	150

问题：

（1）该工程的预付款及起扣点各为多少？

（2）该工程2~6月各月拨付工程款为多少？

（3）7月份办理工程竣工结算，该工程结算造价为多少？甲方应付工程结算款为多少？

解：（1）问题1。

工程预付款为　1200万元×25% = 300万元

起扣点为　1200万元 - 300万元÷60% = 700万元

（2）问题2。

2~6月各月拨付工程款为：

2月：工程款150万元，累计工程款150万元。

3月：工程款180万元，累计工程款330万元。

4月：工程款250万元，累计工程款580万元。

5月：工程款250万元 - （250 + 580 - 700）万元×60% = 172万元，累计工程款为752万元。

6月：工程款220万元 - 220万元×60% = 88万元，累计工程款为840

万元。

(3) 问题3。

工程结算总造价为：1200 万元 + 1200 万元 × 60% × 10% = 1272 万元

甲方应付工程结算款为：1272 万元 - 840 万元 - 1272 万元 × 3% - 300 万元 = 93.84 万元

8.3 竣工决算

8.3.1 建设项目竣工决算的概念及分类

竣工决算是指在竣工验收交付使用阶段，由业主单位编制的，以实物数量和货币指标为计量单位，综合反映竣工项目从筹建开始到项目竣工交付使用为止的全部建设费用、建设成果和财务情况的总结性文件，是竣工验收报告的重要组成部分。竣工决算是正确核定新增固定资产价值，考核分析投资效果，建立健全经济责任制的依据，是反映建设项目实际造价和投资效果的文件。

国家规定，所有新建、扩建、改建和恢复项目竣工后均要编制竣工决算。

根据建设项目规模的大小，可分为大、中型建设项目竣工决算和小型建设项目竣工决算两大类。

承包人在所承包的工程竣工后，也要编制单位工程（或单项工程）竣工成本决算，用作施工预算和实际成本的核算比较，以便总结经验，提高管理水平。但两者在概念和内容上存在着不同。

8.3.2 竣工决算的编制

8.3.2.1 竣工决算的编制依据

竣工决算的编制依据主要包括：

1）可行性研究报告、投资估算书、初步设计或扩大初步设计、修正总概算及其批复文件。

2）经批准的施工图及施工图预算书。

3）设计交底资料或者图样会审纪要。

4）设计变更记录、施工记录或施工签证单及其他施工发生的费用记录。

5）招投标标底、工程承包合同以及工程结算等资料。

6）竣工图以及各种竣工验收资料。

7）历年基建计划、历年财务决算及批复文件。

8）设备、材料调价文件和调价记录。

9）有关财务核算制度、办法和其他有关资料。

8.3.2.2 竣工决算的编制要求

为了严格执行建设项目竣工验收制度,正确核定新增固定资产价值,考核分析投资效果,建立健全经济责任制,所有新建、扩建和改建等建设项目竣工后,都应及时、完整、正确地编制好竣工决算。业主单位要做好以下工作:

1) 按照规定及时组织竣工验收,保证竣工决算的及时性。

2) 积累、整理竣工项目资料,特别是项目的造价资料,保证竣工决算的完整性。

3) 清理、核对各项账目,保证竣工决算的正确性。

按照规定竣工决算应在竣工项目办理验收交付手续后一个月内编好,并上报主管部门,有关财务成本部分,还应送经办银行审查签证。主管部门和财政部门对报送的竣工决算审批后,建设单位即可办理决算调整和结束有关工作。

8.3.2.3 竣工决算的内容

建设项目竣工决算应包括从筹建到项目竣工交付使用为止的全部实际建设费用,即包括建筑安装工程费、设备工器具购置费、工程建设其他费用、预备费、建设期贷款利息、固定资产投资方向调节税等内容。

按照财政部、国家发展改革委员会、住房和城乡建设部的有关文件规定,竣工决算是由竣工财务决算说明书、竣工财务决算报表、工程竣工图和工程竣工造价对比分析四部分组成。其中,竣工财务决算说明书和竣工财务决算报表两部分又称建设项目竣工财务决算,是竣工决算的核心内容。

1. 竣工财务决算说明书

竣工财务决算说明书主要反映竣工工程建设成果和经验,是对竣工决算报表进行分析和补充说明的文件,是全面考核分析工程投资与造价的书面总结,是竣工决算的重要组成部分,其内容主要包括:

(1) 建设项目概况,对工程总的评价 对工程总的评价一般从进度、质量、安全、造价及施工方面进行分析说明。进度方面主要说明开工和竣工时间,对照合理工期和要求工期,分析是提前还是延期;质量方面主要根据竣工验收委员会或质量监督部门的验收评定等级、合格率和优良品率进行说明;安全方面主要根据劳动工资和施工部门的记录,对有无设备和安全事故进行说明;造价方面主要对照概算造价,说明节约还是超支,用金额和百分率进行分析说明。

(2) 资金来源及运用等财务分析 资金来源及运用等财务分析主要包括工程价款结算、会计账务的处理、财产物资情况及债权债务的清偿情况。

(3) 基本建设收入、投资包干结余、竣工结余资金的上交分配情况 通过对基本建设投资包干情况的分析,说明投资包干数、实际支用数和节约额,投资包干的有机构成和包干节余的分配情况。

(4) 各项经济技术指标的分析 概算执行情况分析,根据实际投资完成额

与概算进行对比分析;新增生产能力的效益分析,说明支付使用财产占总投资额的比例、占支付使用财产的比例,不增加固定资产的造价占投资总额的比例,分析有机构成。

(5) 各项工作中有待解决的问题 工程建设的经验、项目管理和财务管理工作以及竣工财务决算中有待解决的问题。

(6) 需要说明的其他事项。

2. 竣工财务决算报表

建设项目竣工财务决算报表要根据大、中型建设项目和小型建设项目分别制定。有关报表组成如图8-2与8-3所示,报表格式分别见表8-7~表8-13。

$$
\text{大、中型建设项目竣工财务决算报表} \begin{cases} \text{建设项目竣工财务决算审批表(表8-7)} \\ \text{大、中型建设项目概况表(表8-8)} \\ \text{大、中型建设项目竣工财务决算表(表8-9)} \\ \text{大、中型建设项目交付使用资产总表(表8-10)} \\ \text{建设项目交付使用资产明细表(表8-11)} \end{cases}
$$

图8-2 大、中型建设项目竣工财务决算报表组成示意图

$$
\text{小型建设项目竣工财务决算报表} \begin{cases} \text{建设项目竣工财务决算审批表(表8-7)} \\ \text{小型建设项目竣工财务决算总表(表8-12)} \\ \text{建设项目交付使用资产明细表(表8-11)} \end{cases}
$$

图8-3 小型建设项目竣工财务决算报表组成示意图

(1) 建设项目竣工财务决算审批表 建设项目竣工财务决算审批表见表8-7。该表作为竣工决算上报有关部门审批时使用,其格式是按照中央级项目审批要求设计的,地方级项目可按审批要求作适当修改,大、中、小型项目均要按照下列要求填报此表。

表8-7 建设项目竣工财务决算审批表

建设项目法人(建设单位)		建设性质	
建设项目名称		主管部门	
开户银行意见: (盖章) 年　月　日			
专员办审批意见: (盖章) 年　月　日			
主管部门或地方财政部门审批意见: (盖章) 年　月　日			

1）表中"建设性质"按新建、改建、扩建、迁建和恢复建设项目等分类填列。

2）表中"主管部门"是指建设单位的主管部门。

3）所有建设项目均须经过开户银行签署意见后，按照有关要求进行报批；中央级小型项目由主管部门签署审批意见；中央级大、中型建设项目报所在地财政监察专员办事机构签署意见后，再由主管部门签署意见报财政部审批；地方级项目由同级财政部门签署审批意见。

4）已具备竣工验收条件的项目，三个月内应及时填报审批表，如三个月内不办理竣工验收和固定资产移交手续的视同项目已正式投产，其费用不得从基本建设投资中支付，所实现的收入作为经营收入，不再作为基本建设收入管理。

（2）大、中型建设项目概况表 大、中型建设项目概况表见表8-8。该表综合反映大、中型建设项目的基本概况、内容，包括该项目总投资、建设起止时间、新增生产能力、主要材料消耗、建设成本、完成主要工程量和主要技术经济指标及基本建设支出情况，为全面考核和分析投资效果提供依据，可按下列要求填写：

表8-8 大、中型建设项目概况表

建设项目（单项工程）名称			建设地址				项目	概算/元	实际/元	备注
主要设计单位			主要施工企业				建筑安装工程投资			
占地面积	计划	实际	总投资/万元			基本建设支出	设备、工具、器具			
							待摊投资其中：建设单位管理费			
新增生产能力	能力（效益）名称		设计	实际			其他投资			
							待核销基建支出			
建设起止时间	计划	从 年 月开工至 年 月竣工					非经营项目转出投资			
	实际	从 年 月开工至 年 月竣工					合 计			
设计概算批准文号										
完成主要工程量		建筑面积/m²				设备/台、套、吨				
	设计		实际		设计		实际			
收尾工程	工程项目内容		以完成投资额		尚需投资		完成时间			

1) 建设项目名称、建设地址、主要设计单位和主要施工单位,要按全称填列。

2) 表中各项目的设计、概算、计划指标可根据批准的设计文件和概算、计划等确定的数字填列。

3) 表中所列新增生产能力、完成主要工程量、主要材料消耗的实际数据,可根据建设单位统计资料和施工单位提供的有关成本核算资料填列。

4) 表中基建支出是指建设项目从开工起至竣工为止发生的全部基本建设支出,包括形成资产价值的交付使用资产,如固定资产、流动资产、无形资产、其他资产支出,还包括不形成资产价值按照规定应核销的非经营项目的待核销基建支出和转出投资。上述支出,应根据财政部门历年批准的"基建投资表"中的有关数据填列。

5) 表中"初步设计和概算批准日期、文号",按最后经批准的日期和文件号填列。

6) 表中收尾工程是指全部工程项目验收后尚遗留的少量收尾工程,在表中应明确填写收尾工程内容、完成时间,这部分工程的实际成本可根据实际情况进行估算并加以说明,完工后不再编制竣工决算。

(3) 大、中型建设项目竣工财务决算表 大、中型建设项目竣工财务决算表见表 8-9。该表反映竣工的大中型建设项目从开工到竣工为止全部资金来源和资金运用的情况,它是考核和分析投资效果,落实节余资金,并作为报告上级核销基本建设支出和基本建设拨款的依据。在编制该表前,应先编制出项目竣工年度财务决算,根据编制出的竣工年度财务决算和历年财务决算编制项目的竣工财务决算。此表采用平衡形式,即资金来源合计等于资金支出合计。具体编制方法是:

表 8-9 大、中型建设项目竣工财务决算表 (单位:元)

资金来源	金额	资金占用	金额	补充资料
一、基建拨款		一、基本建设支出		1. 基建投资借款期末余额
1. 预算拨款		1. 交付使用资产		
2. 基建基金拨款		2. 在建工程		2. 应收生产单位投资借款期末数
3. 进口设备转账拨款		3. 待核销基建支出		
4. 器材转账拨款		4. 非经营项目转出投资		3. 基建结余资金
5. 煤代油专用基金拨款		二、应收生产单位投资借款		
6. 自筹资金拨款		三、拨款所属投资借款		
7. 其他拨款		四、器材		

（续）

资金来源	金额	资金占用	金额	补充资料
二、项目资本金		其中：待处理器材损失		
1. 国家资本		五、货币资金		
2. 法人资本		六、预付及应收款		
3. 个人资本		七、有价证券		
三、项目资本公积金		八、固定资产		
四、基建借款		固定资产原值		
五、上级拨入投资借款		减：累计折旧		
六、企业债券资金		固定资产净值		
七、待冲基建支出		固定资产清理		
八、应付款		待处理固定资产损失		
九、未交款				
1. 未交税金				
2. 未交基建收入				
3. 未交基建包干节余				
4. 其他未交款				
十、上级拨入资金				
十一、留成收入				
合　计		合　计		

1）资金来源包括基建拨款、项目资本金、项目资本公积金、基建借款、上级拨入投资借款、企业债券资金、待冲基建支出、应付款和未交款以及上级拨入资金和留成收入等。

项目资本金是指经营性项目投资者按国家有关项目资本金的规定，筹集并投入项目的非负债资金，在项目竣工后，相应转为生产经营企业的国家资本金、法人资本金、个人资本金和外商资本金。

项目资本公积金是指经营性项目对投资者实际缴付的出资额超过其资金的差额（包括发行股票的溢价净收入）、资产评估确认价值或者合同、协议约定价值与原账面净值的差额、接收捐赠的财产、资本汇率折算差额，在项目建设期间作为资本公积金、项目建成交付使用并办理竣工决算后，转为生产经营企业的资本公积金。

基建收入是基建过程中形成的各项工程建设副产品变价净收入、负荷试车的试运行收入以及其他收入，在表中基建收入以实际销售收入扣除销售过程中所发生的费用和税后的实际纯收入填写。

2)表中"交付使用资产"、"预算拨款"、"自筹资金拨款"、"其他拨款"、"基建借款"、"其他借款"等项目,是指自开工建设至竣工的累计数,上述有关指标应根据历年批复的年度基本建设财务决算和竣工年度的基本建设财务决算中资金平衡表相应项目的数字进行汇总填写。

3)表中其余项目费用办理竣工验收时的结余数,根据竣工年度财务决算中资金平衡表的有关项目期末数填写。

4)资金支出反映建设项目从开工准备到竣工全过程资金支出的情况,内容包括基本建设支出、应收生产单位投资借款、库存器材、货币资金、有价证券和预付及应收款以及拨付所属投资借款和库存固定资产等,资金占用总额应等于资金来源总额。

5)基建结余资金可以按下列公式计算:

基建结余资金 = 基建拨款 + 项目资本金 + 项目资本公积金 +
　　　　　　　　基建投资借款 + 企业债券基金 + 待冲基建支出 -
　　　　　　　　基本建设支出 - 应收生产单位投资借款

(4)大、中型建设项目交付使用资产总表　大、中型建设项目交付使用资产总表见表8-10。该表反映建设项目建成后新增固定资产、流动资产、无形资产和递延资产价值的情况和价值,作为财务交接、检查投资计划完成情况和分析投资效果的依据。小型项目不编制"交付使用资产总表",而直接编制"交付使用资产明细表";大、中型项目在编制"交付使用资产总表"的同时,还需编制"交付使用资产明细表"。大、中型建设项目交付使用资产总表具体编制方法是:

表8-10　大、中型建设项目交付使用资产总表　　（单位:元）

序号	单项工程项目名称	总计	固定资产				流动资产	无形资产	其他资产
			合计	建安装工程	设备	其他			

交付单位:　　　　　负责人:　　　　　接收单位:　　　　　负责人:
　盖　章　　　　　　年　月　日　　　　盖　章　　　　　　年　月　日

1)表中各栏目数据根据"交付使用明细表"的固定资产、流动资产、无形资产、其他资产的各相应项目的汇总数分别填写,表中总计栏的总计数应与竣工财务决算表中的交付使用资产的金额一致。

2)表中第3、4、7、8、9、10栏的合计数,应分别与竣工财务决算表交付使用的固定资产、流动资产、无形资产、其他资产的数据相符。

(5)建设项目交付使用资产明细表　建设项目交付使用资产明细表见表8-11。

该表反映交付使用的固定资产、流动资产、无形资产和其他资产及其价值的明细情况，是办理资产交接的依据和接收单位登记资产账目的依据，同时是使用单位建立资产明细账和登记新增资产价值的依据。大、中型和小型建设项目均需编制此表。编制时要做到齐全完整，数字准确，各栏目价值应与会计账目中相应科目的数据保持一致。建设项目交付使用资产明细表具体编制方法是：

表 8–11　建设项目交付使用资产明细表

单项工程项目名称	建筑工程			设备、工具、器具、家具						流动资产		无形资产		其他资产	
	结构	面积/m²	价值/元	名称	规格型号	单位	数量	价值/元	设备安装费/元	名称	价值/元	名称	价值/元	名称	价值/元
合计															

1）表中"建筑工程"项目应按单项工程名称填列其结构、面积和价值。其中"结构"是指项目按钢结构、钢筋混凝土结构、混合结构等结构形式填写；面积则按各项目实际完成面积填列；价值按交付使用资产的实际价值填写。

2）表中"固定资产"部分要在逐项盘点后，根据盘点实际情况填写，工具、器具和家具等低值易耗品可分类填写。

3）表中"流动资产"、"无形资产"、"其他资产"项目应根据建设单位实际交付的名称和价值分别填列。

（6）小型建设项目竣工财务决算总表　小型建设项目竣工财务决算总表见表 8–12。由于小型建设项目内容比较简单，因此可将工程概况与财务情况合并编制一张"竣工财务决算总表"，该表主要反映小型建设项目的全部工程和财务情况。具体编制时可参照大、中型建设项目概况表指标和大、中型建设项目竣工财务决算表指标口径填写。

表 8–12　小型建设项目竣工财务决算总表

建设项目名称				建设地址			资金来源		资金运用	
初步设计概算批准文件号							项目	金额/元	项目	金额/元
占地面积	计划	实际	总投资/万元	计划		实际		一、基建拨款		一、交付使用资产
				固定资产	流动资产	固定资产	流动资产	其中：预算拨款		二、待核销基建支出
								二、项目资本		三、非经营项目转出投资
								三、项目资本公积金		

第8章 建设项目竣工阶段工程造价控制

(续)

建设项目名称			建设地址		资金来源	资金运用
新增生产能力	能力（效益）名称	设计	实际		四、基建借款	四、应收生产单位投资借款
					五、上级拨入借款	
建设起止时间	计划	从 年 月开工 至 年 月竣工			六、企业债券资金	五、拨付所属投资借款
	实际	从 年 月开工 至 年 月竣工			七、待冲基建支出	六、器材
基建支出	项　　目		概算/元	实际/元	八、应付款	七、货币资金
	建筑安装工程				九、未付款 其中： 未交基建收入 未交包干收入	八、预付及应收款
	设备、工具、器具					九、有价证券
	待摊投资 其中：建设单位管理费					十、原有固定资产
					十、上级拨入资金	
	其他投资				十一、留成收入	
	待摊销基建支出					
	非经营性项目转出投资					
	合　　计				合　　计	合　　计

3. 建设工程竣工图

建设工程竣工图是真实地记录各种地上、地下建筑物、构筑物等情况的技术文件，是工程进行交工验收、维护和扩建的依据，是国家的重要技术档案。国家规定：各项新建、扩建、改建的基本建设工程，特别是基础、地下建筑、管线、结构、井巷、桥梁、隧道、港口、水坝以及设备安装等隐蔽部位，都要编制竣工图。为确保竣工图质量，必须在施工过程中（不能在竣工后）及时做好隐蔽工程检查记录，整理好设计变更文件。其基本要求有：

1) 凡按图竣工没有变动的，由施工单位（包括总包和分包施工单位，下同）在原施工图加盖"竣工图"标志后，即作为竣工图。

2) 凡在施工过程中，虽有一般性设计变更，但能将原施工图加以修改补充作为竣工图，可不重新绘制，由施工单位负责在原施工图（必须是新蓝图）上注明修改的部分，并附以设计变更通知单和施工说明，加盖"竣工图"标志后，作为竣工图。

3）凡结构形式改变、施工工艺改变、平面布置改变、项目改变以及有其他重大改变，不宜再在原施工图上修改、补充时，应重新绘制改变后的竣工图。由原设计原因造成的，由设计单位负责重新绘制；由施工原因造成的，由施工单位负责重新绘图；由其他原因造成的，由建设单位自行绘制或委托设计单位绘制。施工单位负责在新图上加盖"竣工图"标志，并附以有关记录和说明，作为竣工图。

4）为了满足竣工验收和竣工决算需要，还应绘制反映竣工工程全部内容的工程设计平面示意图。

5）重大的改扩建工程项目涉及原有的工程项目变更时，应将相关项目的竣工图资料统一整理归档，并在原图案卷内增补必要的说明。

4. 工程造价比较分析

经批准的概、预算是考核实际建设工程造价和进行工程造价比较分析的依据。在分析时，可先对比整个项目的总概算，然后将建筑安装工程费、设备工器具购置费和其他工程费用逐一与竣工决算表中所提供的实际数据和相关资料及批准的概算、预算指标、实际的工程造价进行对比分析，以确定竣工项目总造价是节约还是超支，并在对比的基础上，总结先进经验，找出节约和超支的内容和原因，提出改进措施。在实际工作中，应主要分析以下内容：

1）主要实物工程量。对于实物工程量出入比较大的情况，必须查明原因。

2）主要材料消耗量。考核主要材料消耗量，要按照竣工决算表中所列明的三大材料实际超概算的消耗量，查明是在工程的哪个环节超出量最大，再进一步查明超耗的原因。

3）考核建设单位管理费、建筑及安装工程其他直接费、现场经费和间接费的取费标准。建设单位管理费、建筑及安装工程其他直接费、现场经费和间接费的取费标准要按照国家和各地的有关规定，根据竣工决算报表中所列的建设单位管理费与概预算所列的建设单位管理费数额进行比较，依据规定查明是否多列或少列的费用项目，确定其节约超支的数额，并查明原因。

8.3.2.4 竣工决算的编制步骤

工程项目的竣工决算编制步骤如图8-4所示。

图8-4 工程项目的竣工决算编制步骤

1）收集、整理和分析有关依据资料。在编制竣工决算文件之前，要系统地整理所有的技术资料、工程结算的经济文件、施工图和各种变更与签证资料，并分析它们的准确性。完整、齐全的资料，是准确而迅速编制竣工决算的必要条件。

2) 清理各项财务、债务和结余物资。在收集、整理和分析有关资料中，要特别注意建设工程从筹建到竣工投产或使用的全部费用的各项财务、债权和债务的清理，做到工程完毕账目清晰，即要核对账目，又要查点库有实物的数量，做到账与物相等，账与账相符，对结余的各种材料、工器具和设备，要逐项清点核实，妥善管理，并按规定及时处理，收回资金。对各种往来款项要及时进行全面清理，为编制竣工决算提供准确的数据和结果。

3) 填写竣工决算报表。按照建设工程决算表格中的内容，根据编制依据中的有关资料进行统计或计算各个项目和数量，并将其结果填到相应表格的栏目内，完成所有报表的填写。

4) 编制建设工程竣工决算说明。按照建设工程竣工决算说明的内容要求，根据编制依据材料填写报表，编写文字说明。

5) 做好工程造价对比分析。

6) 清理、装订好竣工图。

7) 上报主管部门审查。

将上述编写的文字说明和填写的表格经核对无误，装订成册，即为建设工程竣工决算文件。将其上报主管部门审查，并把其中财务成本部分送交开户银行签证。竣工决算在上报主管部门的同时，抄送有关设计单位。大、中型建设项目的竣工决算还应抄送财政部、建设银行总行和省、市、自治区的财政局和建设银行分行各一份。建设工程竣工决算的文件，由建设单位负责组织人员编写，在竣工建设项目办理验收使用一个月之内完成。

【例 8-2】 背景：某建设单位拟编制某工业生产项目的竣工决算。该建设项目包括 A、B 两个主要生产车间和 C、D、E、F 四个辅助生产车间及若干附属办公、生活建筑物。在建设期内，各单项工程竣工结算数据见表 8-13。工程建设其他投资完成情况如下：支付行政划拨土地的土地征用及迁移费 500 万元，支付土地使用权出让金 700 万元；建设单位管理费 400 万元（其中 300 万元构成固定资产）；地质勘察费 80 万元；建筑工程设计费 260 万元；生产工艺流程系统设计费 120 万元；专利费 70 万元；非专利技术费 30 万元；获得商标权 90 万元；生产职工培训费 50 万元；报废工程损失 20 万元；生产线试运转支出 20 万元，试生产产品销售款 5 万元。

表 8-13　某建设项目竣工决算数据表　　　　　　　（单位：万元）

项目名称	建筑工程	安装工程	需安装设备	不需安装设备	生产工器具 总额	生产工器具 达到固定资产标准
A 生产车间	1800	380	1600	300	130	80
B 生产车间	1500	350	1200	240	100	60
辅助生产车间	2000	230	800	160	90	50
附属建筑	700	40	-	20	-	-
合　　计	6000	1000	3600	720	320	190

试确定 A 生产车间的新增固定资产价值及该建设项目的固定资产、流动资产、无形资产和其他资产价值。

解：（1）确定 A 生产车间的新增固定资产价值。

新增固定资产价值包括建筑、安装工程造价；达到固定资产标准的设备和工器具的购置费用；增加固定资产价值的其他费用。增加固定资产价值的其他费用包括土地征用及土地补偿费、联合试运转费、勘察设计费、可行性研究费、施工机构迁移费、报废工程损失费和建设单位管理费中达到固定资产标准的办公设备、生活家具用具和交通工具等购置费。其中，联合试运转费是指整个车间有负荷或无负荷联合试运转发生的费用支出大于试运转收入的亏损部分。

新增固定资产价值的其他费用应按单项工程以一定比例分摊。分摊时，建设单位管理费由建筑工程、安装工程、需安装设备价值总额按比例分摊；土地征用及土地补偿费、地质勘察和建筑工程设计费等由建筑工程造价按比例分摊；生产工艺流程系统设计费由安装工程造价按比例分摊。

A 生产车间的新增固定资产价值 = [（1800 + 380 + 1600 + 300 + 80）+（500 + 80 + 260 + 20 + 20 - 5）× 1800 ÷ 6000 + 120 × 380 ÷ 1000 + 300 ×（1800 + 380 + 1600）÷（6000 + 1000 + 3600）] 万元 =（4160 + 875 × 0.3 + 120 × 0.38 + 300 × 0.3566）万元 = 4575.08 万元

（2）固定资产价值。

固定资产价值 =（6000 + 1000 + 3600 + 720 + 190）万元 +（500 + 300 + 80 + 260 + 120 + 20 + 20 - 5）万元 = 11510 万元 + 1295 万元 = 12805 万元

（3）流动资产价值。

流动资产价值是指达不到固定资产标准的设备工器具、现金、存货、应收及应付款项等价值。

流动资产价值 = 320 万元 - 190 万元 = 130 万元

(4) 无形资产价值。

无形资产价值是指专利权、非专利技术、著作权、商标权、土地使用权出让金及商誉等价值。

无形资产价值 =（700 + 70 + 30 + 90）万元 = 890 万元

(5) 其他资产价值。

其他资产价值是指开办费（建设单位管理费中未计入固定资产的其他费用，生产职工培训费）、以租赁方式租入的固定资产改良工程支出等。

其他资产价值 =（400 - 300）万元 + 50 万元 = 150 万元

8.4 保修费用的处理

8.4.1 建设项目保修的范围及年限

1. 建设项目保修及其意义

(1) 保修的含义　保修是指建设工程办理完交工验收手续后，在规定的保修期限内（按合同有关保修期的规定），因勘察设计、施工、材料等原因造成的质量缺陷，应由责任单位负责维修。

2000 年 1 月国务院发布的第 279 号令《建设工程质量管理条例》中规定，建设工程实行保修制度。建设工程承包人在向发包人提交工程竣工验收报告时，应当向发包人出具质量保修书。质量保修书应当明确建设工程的保修范围、保修期限和责任等。建设项目在保险期内和保修范围内发生的质量问题，承包人应履行保修义务，并对造成的损失承担赔偿责任。

项目竣工验收交付使用后，在一定期限内由承包人对发包人或用户进行回访，按照国家或行业现行的有关技术标准、设计文件以及合同中对质量的要求，对于工程发生的确实是由于承包人施工责任造成的建筑物使用功能不良或无法使用的问题，由承包人负责修理，直到达到正常使用的标准。保修回访制度属于建筑工程竣工后管理范畴。

(2) 保修的意义　工程质量保修是一种售后服务方式，是法律法规规定的承包人的质量责任，建设工程质量保修制度是国家所确定的重要法律制度，建设工程保修制度对于完善建设工程保修制度，促进承包人加强质量管理、改进工程质量，保护用户及消费者的合法权益能够起到重要的作用。

2. 保修的范围和最低保修期限

根据《中华人民共和国建筑法》、《建设工程质量管理条例》、《建设工程质量保证金管理暂行办法》、《房屋建筑工程质量质保修书（示范文本）》的有关规定：承包人在向业主提交工程竣工报告时，应向业主出具质量保修书。质量保修书中应明确建设工程的保修范围、保修期限和保修责任等。建设工程在保修范围和保修期限内如果发生质量问题，承包人应当履行保修义务，并对相应造成的损失承担赔偿责任。

（1）保修的范围　在正常使用条件下，建筑工程的保修范围应包括地基基础工程、主体结构工程、屋面防水工程和其他土建工程，以及电气管线、上下水管线的安装工程，供热、供冷系统工程等项目。一般包括以下问题：

1）屋面、地下室、外墙阳台、卫生间、厨房等处的渗水、漏水问题。

2）各种通水管道（如自来水、热水、污水、雨水等）的漏水问题，各种气体管道的漏气问题，通气孔和烟道的堵塞问题。

3）水泥地面有较大面积空鼓、裂缝或起砂问题。

4）内墙抹灰有较大面积起泡、脱落或墙面浆活起碱脱皮问题，外墙粉刷自动脱落问题。

5）暖气管线安装不妥，出现局部不热、管线接口处漏水等问题。

6）影响工程使用的地基基础、主体结构等存在质量问题。

7）其他由于施工不良而造成的无法使用或不能正常发挥使用功能的工程部位。

由于用户使用不当而造成建筑功能不良或损坏者，不属于保修范围。

（2）保修的期限　保修的期限应当按照保证建筑物合理寿命内正常使用，维护使用者合法权益的原则确定。具体的保修范围和最低保修期限由国务院规定。按照《建设工程质量管理条例》第四十条规定：

1）基础设施工程、房屋建筑的地基基础工程和主体结构工程，为设计文件规定的该工程的合理使用年限。

2）屋面防水工程、有防水要求的卫生间、房间和外墙面的防渗漏为5年。

3）供热与供冷系统为2个采暖期和供冷期。

4）电气管线、给排水管道、设备安装和装修工程为2年。

5）其他项目的保修期限由承发包双方在合同中规定。建设工程的保修期，自竣工验收合格之日算起。

8.4.2　建设项目保修的经济责任及费用处理

1. 保修的经济责任

1）因承包人未按施工质量验收规范、设计文件要求和施工合同约定组织施工而造成的质量缺陷所产生的工程质量保修，应当由承包人负责修理并承担经济责任；由承包人采购的建筑材料、建筑构配件、设备等不符合质量要求，或承包人应进行而没有进行试验或检验，进入现场使用造成质量问题的，应由承包人负责修理并承担经济责任。

2) 由于勘察、设计方面的原因造成的质量缺陷，由勘察、设计单位负责并承担经济责任，由施工单位负责维修或处理。新合同法规定，勘察、设计人应当继续完成勘察、设计，减收或免收勘察、设计费并赔偿损失。当由承包人进行维修或处理时，费用数额应按合同约定，通过发包人向勘察、设计单位索赔，不足部分由发包人补偿。

3) 由于发包人供应的材料、构配件或设备不合格造成的质量缺陷，或发包人竣工验收后未经许可自行改建造成的质量问题，应由发包人或使用人自行承担经济责任；由发包人指定的分包人或不能肢解而肢解发包的工程，致使施工接口不好造成质量缺陷的，或发包人或使用人竣工验收后使用不当造成的损坏，应由发包人或使用人自行承担经济责任。承包人、发包人与设备、材料、构配件供应部门之间的经济责任，应按其设备、材料、构配件的采购供应合同处理。

4) 原建设部第60号令《房屋建筑工程质量保修办法》规定：不可抗力造成的质量缺陷不属于规定的保修范围。所以，由于地震、洪水、台风等不可抗力原因造成损坏，或非施工原因造成的事故，承包人不承担经济责任；当使用人需要责任以外的修理、维护服务时，承包人应提供相应的服务，但应签订协议，约定服务的内容和质量要求。所发生的费用，应由使用人按协议约定的方式支付。

5) 有的项目经发包人和承包人协商，根据工程的合理使用年限，采用保修保险方式。这种方式不需扣保留金，保险费由发包人支付，承包人应按约定的保修承诺，履行其保修职责和义务。

建设工程在保修范围和保修期限内发生质量问题的，承包人应当履行保修义务，并对造成的损失承担赔偿责任。凡是由于用户使用不当而造成建筑功能不良或损坏，不属于保修范围；凡属工业产品项目发生问题，也不属保修范围。以上两种情况应由发包人自行组织修理。

在保修期内，工程项目出现质量问题影响使用，使用人应填写"工程质量修理通知书"告知承包人，注明质量问题及部位、维修联系方式，要求承包人指派人前往检查修理。

承包人接到"工程质量修理通知书"后，必须尽快派人检查，并会同发包人共同做出鉴定，提出修理方案，明确经济责任，尽快组织人力物力进行修理，履行工程质量保修的承诺。

对保修期间和保修范围内所发生的维修、返工等各项费用支出，应按合同和有关规定合理确定和控制。一般可参照建筑安装工程造价的确定程序和方法计算，也可以按照建筑安装工程造价或承包工程合同价的一定比例计算（目前取5%）。一般工程竣工后，承包人保留工程款的5%作为保修费用，保留金的性质和目的是一种现金保证金，目的是保证承包人在工程执行过程中恰当履行合同的约定。

2. 保修费用的处理

根据《中华人民共和国建筑法》的规定，在保修费用的处理问题上，必须根据修理项目的性质、内容以及检查修理等多种因素的实际情况，区别保修责任。保修的经济责任的应当由有关责任方承担，由发包人和承包人共同商定经济处理办法。

根据《中华人民共和国建筑法》第七十五条的规定，建筑施工企业违反该法规定，不履行保修义务的，责令改正，可以处以罚款。在保修期间因屋顶、墙面渗漏、开裂等质量缺陷，有关责任企业应当依据实际损失给予实物或价值补偿。因勘察设计原因、监理原因或者建筑材料、建筑构配件和设备等原因造成的质量缺陷，根据《民法》规定，施工企业可以在保修和赔偿损失之后，向有关责任者追偿。因建设工程质量不合格而造成损害的，受损害人有权向责任者要求赔偿。因发包人或者勘察设计的原因、施工的原因、监理的原因产生的建设质量问题，造成他人损失的，以上单位应当承担相应的赔偿责任。受损害人可以向任何一方要求赔偿，也可以向以上各方提出共同赔偿要求。有关各方之间在赔偿后，可以在查明原因后向真正责任人追偿。

涉外工程的保修问题，除参照有关经济责任的划分进行处理外，还应依照原合同条款的有关规定执行。

思 考 题

1. 简述建设项目竣工验收的概念及内容。
2. 简述竣工阶段与工程造价有关的工作内容。
3. 什么是竣工结算？竣工结算包括哪些内容？
4. 简述竣工结算的编制方法及编制程序。
5. 什么是竣工决算？其编制依据有哪些？
6. 竣工决算的内容有哪些？
7. 什么是建设工程的保修？试述保修的范围及期限。
8. 背景：某建设项目从 2006 年开始实施，至 2008 年底财务核算资料如下：

（1）已经完成部分单项工程，经验收合格后，交付的资产有：

1）固定资产 74739 万元。

2）为生产准备的使用期限在一年以内的随机备件、工具、器具 29361 万元。期限在 1 年以上，单件价值 2000 元以上的工具 61 万元。

3）建造期内购置的专利权、非专利技术 1700 万元，摊销期为 5 年。

4）筹建期间发生的开办费 79 万元。

（2）在建项目支出有：

1）建筑工程和安装工程 15800 万元。

2) 设备工器具 43800 万元。

3) 建设单位管理费，勘察设计费等待摊投资 2392 万元。

4) 通过出让方式购置的土地使用权形成的其他投资 108 万元。

（3）非经营项目发生待核销基建支出 40 万元。

（4）应收生产单位投资借款 1500 万元。

（5）购置需要安装的器材 49 万元，其中待处理器材损失 15 万元。

（6）货币资金 480 万元。

（7）工程预付款及应收有偿调出器材款 20 万元。

（8）建设单位自用的固定资产原价 60220 万元。累计折旧 10066 万元。

（9）反映在《资金平衡表》上的各类资金来源的期末余额是：

1) 预算拨款 48000 万元。

2) 自筹资金拨款 60508 万元。

3) 其他拨款 300 万元。

4) 建设单位向商业银行借入的借款 109287 万元。

5) 建设单位当年完成交付生产单位使用的资产价值中，有 160 万元属于利用投资借款形成的待冲基建支出。

6) 应付器材销售商 37 万元货款和应付工程款 1963 万元尚未支付。

7) 未交税金 28 万元。

问题：

（1）计算交付使用资产与在建工程有关数据，并将其填入表 8 - 14 中。

表 8 - 14　交付使用资产与在建工程数据表　　（单位：万元）

资产项目	金额	资产项目	金额
（一）使用资产		（二）在建工程	
1. 固定资产		1. 建安工程投资	
2. 流动资产		2. 设备投资	
3. 无形资产		3. 待摊投资	
4. 其他资产		4. 其他投资	

（2）编制大、中型建设项目竣工财务决算，把数据填入表 8 - 15。

表 8 - 15　建设项目竣工财务决算表　　（单位：万元）

资金来源	金额	资金占用	金额	补充资料
一、基建拨款		一、基本建设支出		1. 基建投资借款期末余额
1. 预算拨款		1. 交付使用资产		

(续)

资金来源	金额	资金占用	金额	补充资料
2. 基建基金拨款		2. 在建工程		2. 应收生产单位投资借款期末数
3. 进口设备转账拨款		3. 待核销基建支出		
4. 器材转账拨款		4. 非经营项目转出投资		3. 基建结余资金
5. 煤代油专用基金拨款		二、应收生产单位投资借款		
6. 自筹资金拨款		三、拨款所属投资借款		
7. 其他拨款		四、器材		
二、项目资本金		其中：待处理器材损失		
1. 国家资本		五、货币资金		
2. 法人资本		六、预付及应收款		
3. 个人资本		七、有价证券		
三、项目资本公积金		八、固定资产		
四、基建借款		固定资产原值		
五、上级拨入投资借款		减：累计折旧		
六、企业债券资金		固定资产净值		
七、待冲基建支出		固定资产清理		
八、应付款		待处理固定资产损失		
九、未交款				
1. 未交税金				
2. 未交基建收入				
3. 未交基建包干节余				
4. 其他未交款				
十、上级拨入资金				
十一、留成收入				
合　计		合　计		

（3）计算基建结余资金。

参 考 文 献

[1] 住房和城乡建设部标准定额司. 建设工程工程量清单计价规范（GB50500—2008）[S]. 北京：中国计划出版社，2008.
[2] 住房和城乡建设部标准定额司. 建设工程工程量清单计价规范（GB50500—2008）宣贯辅导教材[M]. 北京：中国计划出版社，2008.
[3] 柯洪. 全国造价工程师执业资格考试培训教材：工程造价计价与控制（2009版）[M]. 北京：中国计划出版社，2009.
[4] 齐宝库，黄如宝. 全国造价工程师执业资格考试培训教材：工程造价案例分析（2009版）[M]. 北京：中国计划出版社，2009.
[5] 中国建设监理协会. 全国监理工程师培训考试教材（2009）：建设工程投资控制[M]. 北京：知识产权出版社，2008.
[6] 标准文件编制组. 中华人民共和国标准施工招标文件[S]. 北京：中国计划出版社，2007.
[7] 国家发展改革委员会，建设部. 建设项目经济评价方法与参数[M] 3版. 北京：中国计划出版社，2006.
[8] 刘钦. 工程招投标与合同管理[M] 2版. 北京：高等教育出版社，2008.
[9] 夏青东，刘钦. 工程造价管理[M]. 北京：科学出版社，2004.
[10] 殷惠光. 建设工程造价[M]. 北京：中国建筑工业出版社，2004.
[11] 刘元芳. 建设工程造价管理[M]. 北京：中国电力出版社，2005.
[12] 宁素莹. 工程造价管理[M]. 北京：科学出版社，2006.
[13] 沈杰. 工程造价管理[M]. 南京：东南大学出版社，2006.
[14] 严玲，尹贻林. 工程估价学[M]. 北京：人民交通出版社，2007.

信息反馈表

尊敬的老师：

　　您好！感谢您多年来对机械工业出版社的支持和厚爱！为了进一步提高我社教材的出版质量，更好地为我国高等教育发展服务，欢迎您对我社的教材多提宝贵意见和建议。另外，如果您在教学中选用了《工程造价控制》（刘钦主编），欢迎您提出修改建议和意见。索取课件的授课教师，请填写下面的信息，发送邮件即可。

一、基本信息

姓名：_____　性别：_____　职称：_____　职务：_____

单位：_____

邮编：_____　地址：_____

任教课程：_____　电话：____—_____（H）_____（O）

电子邮件：_____　手机：_____

二、您对本书的意见和建议

　　（欢迎您指出本书的疏误之处）

三、您对我们的其他意见和建议

请与我们联系：

100037　北京百万庄大街 22 号

机械工业出版社·高等教育分社　冷彬　收

Tel：010—8837 9720（O），6899 4030（Fax）

E-mail：myceladon@yeah.net

http://www.cmpedu.com（机械工业出版社·教材服务网）

http://www.cmpbook.com（机械工业出版社·门户网）

http://www.golden-book.com（中国科技金书网·机械工业出版社旗下网站）